空间建模与可视分析丛书

DEM 插值算法适应性理论与方法

张锦明 著

电子工业出版社

Publishing House of Electronics Industry

北京·BEIJING

内 容 简 介

DEM 精度研究是 DEM 研究体系的重要组成部分，原始数据精度、插值算法、地貌类型、采样数据分布特征和尺度是影响 DEM 精度的主要因素之一。插值算法作为其中的直接因素，地貌类型、采样数据分布特征和尺度等因素通过插值算法影响 DEM 精度。因此，从影响 DEM 插值精度的不同因素出发，研究 DEM 插值算法的适应性问题，对降低 DEM 插值的不确定性、提高 DEM 插值精度具有十分重要的意义。本书围绕 DEM 插值参数、地貌类型适应性、采样数据分布特征适应性、尺度适应性等问题展开了 DEM 插值算法适应性的研究和实践。

本书可以作为地图学与地理信息工程（系统）、环境科学与工程、地理学、地质学、作战环境学等地球科学领域的研究生或本科生的辅助教材，也可以作为测绘科学与技术、遥感科学、地理信息科学等相关领域研究人员的科研参考书。

图书在版编目（CIP）数据

DEM 插值算法适应性理论与方法 / 张锦明著. —北京：电子工业出版社，2020.5
（空间建模与可视分析丛书）

ISBN 978-7-121-37617-7

Ⅰ. ①D… Ⅱ. ①张… Ⅲ. ①地理信息系统－空间信息系统－数字高程模型－数值分析－插值法 Ⅳ. ①P208

中国版本图书馆 CIP 数据核字（2019）第 219933 号

责任编辑：李　敏
印　　刷：北京富诚彩色印刷有限公司
装　　订：北京富诚彩色印刷有限公司
出版发行：电子工业出版社
　　　　　北京市海淀区万寿路 173 信箱　　邮编：100036
开　　本：720×1 000　1/16　印张：20.5　字数：344 千字
版　　次：2020 年 5 月第 1 版
印　　次：2020 年 5 月第 1 次印刷
定　　价：129.00 元

凡所购买电子工业出版社图书有缺损问题，请向购买书店调换。若书店售缺，请与本社发行部联系，联系及邮购电话：（010）88254888，88258888。

质量投诉请发邮件至 zlts@phei.com.cn，盗版侵权举报请发邮件至 dbqq@phei.com.cn。

本书咨询联系方式：010-88254753 或 limin@phei.com.cn。

　　数字地形模型（Digital Terrain Model，DTM）通常是地形表面形态属性信息的数学表达，其定义为，"描述各种特性空间分布的有序数值阵列，在最通常的情况下，所记录的地面特性是高程 z，它们的空间分布可以由 x、y 水平坐标系统描述，也可以由经度、纬度描述海拔 h 的分布。"当用地形表面形态属性表示地形表面高程时，数字地形模型就是数字高程模型（Digital Elevation Model，DEM）。

　　DEM 精度研究是 DEM 研究体系的重要组成部分，关于影响 DEM 精度的主要因素，许多学者虽然表述各异，但基本认同原始数据精度、插值算法、地貌类型、采样数据分布特征和尺度是主要因素。插值算法作为其中的直接因素，地貌类型、采样数据分布特征和尺度通过它影响 DEM 精度。因此，从影响 DEM 插值精度的不同因素出发，研究 DEM 插值算法的适应性问题，对降低 DEM 插值的不确定性、提高 DEM 插值精度具有十分重要的意义。

　　本书围绕 DEM 插值参数、地貌类型适应性、采样数据分布特征适应性、尺度适应性等问题展开了深入研究和实践。

　　（1）运用多种实验方法系统地研究了 DEM 插值参数的"优选"问题。

　　提出了 DEM 插值参数的确定性和不确定性分类标准，运用交叉验证法、相关分析、趋势面分析、方差分析等一系列实验方法，系统地研究了不确定性插值参数的"优选"问题。实验结果将为广大用户提供插值参数选择的"最优"取值区间，消除插值参数选择的随意性。

　　（2）建立了地貌类型模糊隶属度函数模型，实现了插值算法的地貌类型适应性研究。

运用模糊数学方法建立了基于规则分布采样数据的地貌类型模糊隶属度函数，实现了地貌类型的自动判别，为 DEM 插值算法的地貌类型适应性研究奠定了统一的地形基础；提出了宏观地形特征因子最佳分析区域预测模型，使得地形特征因子的计算在统一的基础上完成；提出了地形特征因子动态谱系图，为选择地形特征因子判别不同标准地貌类型提供了依据。

（3）提出了局部地形特征描述模型，实现了插值算法的采样数据分布特征适应性研究。

根据 DEM 插值算法的特性，选择地表粗糙度指标、空间分布指标、距离指标，建立了局部地形特征描述模型，用于衡量局部区域内采样数据的地形特征，为 DEM 插值算法的采样数据分布特征适应性研究提供了全新的思路。

（4）提出了水系和地形套合精度定量化描述模型，实现了插值算法的尺度适应性研究。

根据水系和地形的特点，利用偏移量隶属度函数，建立了水系和地形套合精度定量化描述模型，实现了水系和地形套合精度的定量计算，为等高线综合、DEM 多尺度转换提供了崭新的方法。

全书共 8 章，第 1~2 章描述了数字高程模型和插值算法的基本概念；第 3~6 章为主要内容，分别详细描述了 DEM 插值参数的"优选"问题、插值算法的地貌类型适应性问题、插值算法的采样数据分布特征适应性问题、插值算法的尺度适应性问题，逐步完善了 DEM 插值算法的适应性研究的主体框架和基本内容，为后续的研究奠定了坚实的基础；第 7~8 章描述了常用的数据处理与地形建模软件，以及 DEM 插值算法未来发展的重点。

本书的撰写力求紧跟数字高程模型建模领域的发展步伐，做到理论脉络清晰、模型方法严谨、实验数据可靠。但是，由于作者水平有限，书中难免存在不足和错漏，恳请各位学术前辈和同行专家见谅，同时希望大家不吝赐教；如果有任何有益的意见和建议，欢迎发送邮件至 mapviewer@163.com，在此致以深深的谢意！

专著的写作是一项工作量巨大的工程。本书在写作过程中得到了老师、同学、朋友、家人的无私帮助，正是这些帮助，使写作工作得以有条不紊地进行。感谢游雄教授！时间仿佛又回到了 14 年前，在本科、硕士、博士的求学过程中，是您的谆谆教诲指导我在浩瀚的学海中不断前行，尤其在博士学习的 7 年中，从论文选题、研究、撰写和审阅，每步都得到了您的具体指导和帮助。您卓越的治学理念、严谨的治学方法、忘我的敬业精神，一直激励和鞭策着我在学术道路上不断探索，是我终生学习的榜样。感谢王光霞教授、王青山教授、郭建忠教授、张保明教授、万刚教授、陈刚教授、武志强副教授的热情支持和帮助，你们对研究内容、研究方法等方面提出的开放性、建设性意见，使我不再拘泥于自己狭窄的思路框架之内。感谢电子工业出版社的李敏老师，为本书的编辑、审校、出版付出了大量的心血。感谢我的爱人和我的儿子，2019 年是非常特殊的一年，也是非常困难的一年，但正是你们的无私包容和理解，使我有勇气、有信心、有毅力完成了本书的写作。

本书的出版同时得到了国家自然科学基金项目 U1609215、41371383，以及海岸带地理环境监测国家测绘地理信息局重点实验室、空间信息智能感知与服务深圳市重点实验室开放基金资助项目（2015）的资助！

谨以本书献给无悔的青春岁月、曾经的军旅生涯！

张锦明

2019.7.15

目 录

1 绪论 ·· 1

  1.1 数字高程模型 ·· 2

  1.2 DEM 插值算法的适应性 ··· 8

  1.3 本书结构 ··· 19

  1.4 本章小结 ··· 20

2 DEM 插值算法 ··· 21

  2.1 DEM 插值原理 ··· 22

  2.2 DEM 插值算法特性 ·· 27

  2.3 DEM 插值算法分类 ·· 28

  2.4 常压 DEM 插值算法 ··· 31

  2.5 本章小结 ··· 42

3 DEM 插值参数"优选"研究 ··· 45

  3.1 DEM 插值参数 ··· 46

  3.2 DEM 插值参数"优选"实验 ··· 55

  3.3 反距离加权插值算法的"最优"插值参数 ························· 62

3.4　改进谢别德插值算法的"最优"插值参数 ················· 76

3.5　径向基函数插值算法的"最优"插值参数 ················· 92

3.6　克里格插值算法的"最优"插值参数 ····················· 123

3.7　本章小结 ··· 132

4　DEM 插值算法的地貌类型适应性研究 ····················· 135

4.1　基本地形特征因子 ······································· 136

4.2　宏观地形特征因子最佳分析区域预测模型 ················· 143

4.3　地形特征因子模糊聚类模型 ······························· 162

4.4　地貌类型隶属度函数模型 ································· 170

4.5　DEM 插值算法的地貌类型适应性实验 ······················· 189

4.6　本章小结 ··· 194

5　DEM 插值算法的采样数据分布特征适应性研究 ··············· 197

5.1　局部地形特征描述模型 ··································· 199

5.2　边界因素影响 ··· 209

5.3　K 均值聚类分析 ·· 210

5.4　局部地形特征适应性实验 ································· 212

5.5　本章小结 ··· 237

6　DEM 插值算法的尺度适应性研究 ························· 239

6.1　尺度与 DEM 尺度 ··· 240

6.2　水系和地形套合精度定量化描述模型 ····················· 246

6.3　DEM 插值算法尺度适应性实验 ····························· 255

6.4　本章小结 ··· 274

7 数据处理与地形建模软件 ·· 275

　7.1　DPS 数据处理系统 ·· 276

　7.2　自动地球科学分析系统 ·· 290

　7.3　Golden Software Surfer ··· 297

　7.4　本章小结 ·· 304

8 总结与展望 ·· 305

　8.1　主要研究工作 ·· 306

　8.2　主要创新点 ·· 308

　8.3　需要进一步研究的问题 ·· 309

参考文献 ·· 311

1
绪论

摘要

DEM 精度研究是 DEM 研究体系的重要组成部分，原始数据精度、插值算法、地貌类型、采样数据分布特征和尺度是影响 DEM 精度的主要因素。插值算法作为其中的直接因素，地貌类型、采样数据分布特征和尺度通过它影响 DEM 精度。因此，从影响 DEM 插值精度的不同因素出发，研究 DEM 插值算法的适应性问题，对降低 DEM 插值的不确定性、提高 DEM 插值精度具有十分重要的意义。

本章主要讨论 DEM 相关的基本概念，以及 DEM 插值算法适应性的定义、研究目的、研究意义、研究内容等相关内容，同时介绍了本书的基本结构。

1.1 数字高程模型

▶ 1.1.1 数字高程模型的基本概念

数字地形模型（Digital Terrain Model，DTM）通常是地形表面形态属性信息的数学表达，定义为："描述各种特性空间分布的有序数值阵列，在最通常的情况下，所记录的地面特性是高程 z，它们的空间分布可以由 x、y 水平坐标系统描述，也可以由经度、纬度描述海拔 h 的分布。"可以用式（1.1）所示的二维函数的系列取值的有序集合概括表示数字地形模型的丰富内容和多种形式（柯正谊等，1993）。

$$K_p = f_k\left(u_p, v_p\right) \qquad k = 1, 2, 3, \cdots, m\,; \quad p = 1, 2, 3, \cdots, n \qquad (1.1)$$

式中，K_p 为第 p 号地面点（一般为单点或者其微小邻域所划定的范围）上的第 k 类特性信息的取值；$\left(u_p, v_p\right)$ 为第 p 号地面点的二维坐标，可以采用任意地图投影下的平面坐标，或者经纬度坐标，或者矩阵的行列号；m（$m \geqslant 1$）为特性信息类型的数目；n 为地面点的个数。

当 $m=1$ 且 f_1 表示地形表面高程的映射时，式（1.1）所表达的数字地形模型就是数字高程模型（Digital Elevation Model，DEM）。

从数学意义上来说，数字高程模型是指定义在二维空间上的连续函数 $H=f(x,y)$。由于连续函数的无限性，DEM 表现为将有限的采样点使用某种规则连接成一系列的曲面片或平面片来逼近原始曲面（汤国安等，2005）。因此 DEM 的数学定义为区域 D 内的采样点 P_j 按照某种规则 ξ 连接成的面片 M 的集合 DEM：

$$\text{DEM} = \{M_i = \xi(P_j) \mid P_j(x_j, y_j, H_j) \in D，\quad j=1,2,\cdots,n；\quad i=1,2,\cdots,m\} \quad （1.2）$$

连接规则 ξ 构成 DEM 的数据结构，可以是呈规则分布的格网或不规则分布的格网。

当 ξ 为正方形格网时，DEM 称为基于规则格网的 DEM。由于正方形格网的规则性，格网点的平面位置 (x,y) 隐含在格网的行列号 (i,j) 当中，因此 DEM 相当于一个 n 行 m 列的高程矩阵 $\boldsymbol{G}_{\text{DEM}}$：

$$\boldsymbol{G}_{\text{DEM}} = \begin{bmatrix} H_{11} & H_{12} & \cdots & H_{1m} \\ H_{21} & H_{22} & \cdots & H_{2m} \\ \vdots & \vdots & \ddots & \vdots \\ H_{n1} & H_{n2} & \cdots & H_{nm} \end{bmatrix} \quad （1.3）$$

当 ξ 为三角形网格时，DEM 表现为使用互不交叉、互不重叠的，连接在一起的三角形网络逼近的表面，称为基于不规则三角网（Triangulated Irregular Network，TIN）的 DEM。基于不规则三角网的 DEM 表示为三角形 T 的集合 T_{DEM}：

$$T_{\text{DEM}} = \left\{ T_i，T_i = \tau\left(P_j, P_l, P_k\right) \right\} \quad （1.4）$$

式中，τ 是三角剖分准则；P_j、P_l、P_k 是空间离散点。

一般将地形表面看作一个单值曲面。也就是说，模型中的任意一点都是唯一的，并且相同的 x、y 仅对应一个 z 值，严格来讲，这样的模型是 2.5 维模型。数字地形模型中的"数字"主要用来强调与其他非数字表达形式的地形模型之间的区别，如纸质地图表示的晕渲图、等高线图等。随着计算机的广泛应用和数字地形模型研究的发展，人们更应该强调数字地形模型是一个三维的模型，而不应该强调它是以属性形式表达的模型。因此，将数字地形模型称为"三维地形模型"更合理（王光霞，2005）。

▶ 1.1.2　DEM 误差及其来源与分类

误差是指观测数据与其真值之间的差异。不管采用何种测量方法，测量数据总会包含各种各样的误差。根据误差的性质可以将其分为系统误差、随机误差和粗差。

系统误差由数据采集设备引起，表现为常数或函数特征，通过对采样数据施加改正数或遵循工艺流程可以将其影响降到最低。

随机误差由数据采集过程中的不确定性因素引起，毫无表现规律可言。但是，随机误差服从统计规律，单个误差的大小并无实际意义。

粗差是在操作过程中由于粗心或不遵守规定引起的，实际上是一种错误，必须将其剔除。因此，DEM 数据生产流程必须统筹规划，以利于粗差的检测和剔除。

对于 DEM 误差而言，当原始数据中的粗差剔除后，严格检验校正数据采集仪器，并遵守操作规定，那么系统误差将处于次要地位。因此，大多数学者认为 DEM 误差属于随机误差。

许多学者对 DEM 误差的来源与分类提出了不同的看法。

汤国安等（2005）认为，对 DEM 误差的分析和研究，不但需要研究高程数据误差，还需要研究逼近误差，因此将 DEM 误差分为数据误差和描述误差。数据误差是 DEM 数据源误差和由插值引起的高程数据误差；描述误差是 DEM 对地形表达的误差，包括地形特征、尺度、DEM 结构和采样点分布方式等产生的误差。

Fisher 等（2006）提出的 DEM 误差来源与汤国安等（2005）一致；但是，在 DEM 误差分类方面，Fisher 等（2006）将 DEM 数据源误差和由插值引起的误差分别当作两种不同的误差来源。

胡鹏（2007）认为，从 DEM 生产流程考虑，DEM 误差来源可以明确分为两个过程：一是在测量和绘图过程中产生的误差；二是在测绘数据上构造插值函数所产生的逼近误差。胡鹏（2007）还认为，两者所产生的误差的度量方法是明确的。

王光霞（2005）同样认为 DEM 误差主要存在两种形式：一种是对实际地形表面采样所引起的误差，即原始数据误差；另一种是由数据重采样引起的误差，即由 DEM 插值算法引起的插值误差。

本书倾向于将 DEM 误差归结为数据源误差和由插值算法产生的插值误差。

数据源误差表现为系统误差和随机误差，它们由各种不同的插值算法传播到 DEM 误差中，形成 DEM 误差的一部分。这部分误差可以使用"样本采样计算，用实地高精度测量样本'真值'检核，十分明确，规范齐全"（胡鹏，2007）。

插值误差表现为逼近误差或描述误差，由插值算法本身产生。同时，插值误差也受地貌类型、采样点分布方式与密度、格网尺寸（尺度）等外在因素的影响。这些因素通过插值算法最终影响 DEM 插值误差。

▶ 1.1.3 DEM 精度模型

DEM 精度模型主要探讨影响 DEM 精度的各种因素，并且使用各种定性、定量和可视化方法加以描述，从而控制 DEM 的质量。它的研究内容主要包括 DEM 误差来源与分类、DEM 粗差的探测、DEM 精度指标、DEM 误差模型、DEM 误差可视化、DEM 误差的减少和修正、DEM 插值算法评价、DEM 误差的空间结构等（卢华兴，2008）。

中误差（Root Mean Square Error，RMSE）是传统的 DEM 精度评价指标。国家测绘地理信息局和美国地质勘探局（United States Geological Survey，USGS）采用 28 个高精度的随机参考点，计算 28 个检查点的 RMSE 来评价整幅 DEM 的精度；英国地形测量局（Ordance Survey，OS）也采用 RMSE 指标。但是，RMSE 并不能反映单个误差的大小，它从整体意义上描述地形参数和真值的离散程度（刘学军，2002）。RMSE 的前提假设是误差的随机性，即服从均值为零的正态随机分布；但是不能解释误差中的系统成分，即平均误差一般不为零（Li，1988；Fisher，1998）。因此，有学者为了满足特定应用，尝试采用不同的 DEM 精度指标，如标准差、相对中误差、对数中误差、精度比率等。刘学军（2002）对常用的 DEM 数值精度指标进行了归纳总结（见表 1.1）。

表 1.1　常用的 DEM 数值精度指标

精度指标	表　达　式
中误差（RMSE）	$\mathrm{RMSE} = \sqrt{\dfrac{\sum\limits_{i=1}^{n} \varepsilon_i^2}{n}}$
相对中误差（R-RMSE）	$\mathrm{R\text{-}RMSE} = \sqrt{\dfrac{\sum\limits_{i=1}^{n}\left(\dfrac{\varepsilon_i}{z_i}\right)^2}{n}}$
对数中误差（L-RMSE）	$\mathrm{L\text{-}RMSE} = \sqrt{\dfrac{\sum\limits_{i=1}^{n}\left(\ln\left(\dfrac{\varepsilon_i}{z_i}\right)\right)^2}{n}}$
平均中误差（ME）	$\mathrm{ME} = \dfrac{\sum\limits_{i=1}^{n} \varepsilon_i}{n}$
标准差（SD）	$\mathrm{SD} = \sqrt{\dfrac{\sum\limits_{i=1}^{n}\left(z_i - \mathrm{ME}\right)^2}{n}}$
精度比率（AR）	$\mathrm{AR} = \sqrt{\dfrac{\sum\limits_{i=1}^{n} \varepsilon_i^2}{\sum\limits_{i=1}^{n}\left(z_i - \mathrm{ME}\right)^2}}$

注：Z 为地形参数的真值，z 为观测值或计算值，$\varepsilon = z - Z$ 为误差，n 为误差个数。

本书仍然使用中误差作为 DEM 精度的度量指标。

▶ 1.1.4　DEM 精度影响因素

李志林和朱庆（2003）认为，影响 DEM 精度的主要因素包括地形表面的粗糙度、插值算法，以及原始数据的精度、密度和分布等。因此，DEM 精度的数学模型可以写为

$$A_c = f\left(S, M, R, A, D_s, D_n, O\right) \tag{1.5}$$

式中，A_c 表示 DEM 的精度，S 表示 DEM 结构特征，M 表示 DEM 插值算法，R 表示地形特征，A、D_s、D_n 分别表示 DEM 原始数据的 3 个属性（精度、

分布、密度)，O 表示其他因素。

DEM 误差是 DEM 插值过程中传播的各种误差的综合。

其中，地形特征（或者地貌类型）决定了地形表达的难度，因而在影响 DEM 精度的各种因素中扮演了重要角色。DEM 可以通过两种方法建立：一是直接以量测数据建立，二是通过从随机点到格网点的插值处理以间接的方式建立。从随机点到格网点的插值处理对原始数据中表现出来的空间变化具有一定的综合作用，而直接建模方式可以有效避免因插值带来的地形表达可信度的损失。

毋庸置疑，原始数据的误差肯定会通过插值过程传递到最终的 DEM 表面。原始数据的误差可以使用中误差、方差和协方差的形式来表达。如果每个格网点的量测被认为是独立的，则协方差可以忽略。

原始数据的分布特征（包括分布方式和密度）是影响 DEM 精度的另一个主要因素。

DEM 的结构特征是决定 DEM 表面和地形表面相互吻合程度的因素，因而也就决定了 DEM 的表面精度。DEM 表面既可以是连续的，也可以是不连续的，还可以是光滑的或不光滑的。

Heritage 等（2009）认为，DEM 质量在很大程度上是原始数据精度（Accuracy of Individual Survey Points）、采样策略（Field Survey Strategy）和插值算法（Method of Interpolation）的函数。与李志林、朱庆（2003）的观点相比，Heritage 等（2009）将地貌类型、采样数据的分布和密度归纳为采样策略。这是有道理的。因为每个区域的地貌类型差异是"存在"的，是不以人的意志为转移的；在插值过程中，地貌类型的差异只有通过采样数据的差异明确体现时，地貌类型才存在"实在"意义。

结合李志林和朱庆（2003）与 Heritage 等（2009）的观点，可以认为影响 DEM 精度的主要因素包括原始数据精度、插值算法、地貌类型、采样数据分布特征和 DEM 结构等。

▶ 1.1.5　DEM 插值算法

DEM 表面建模和 DEM 插值存在一些细微的差别。DEM 插值包括估计新点高程的整个过程，这个新点可能随后被用于表面重建。DEM 表面建模强调重建表面的实际过程，这个过程或许并不包含插值计算，因此表面建模只涉及"如何重建表面，以及哪类表面将被重建"的问题。

因此，DEM 插值包含比 DEM 表面建模更为广泛的内容，它可能包含了表面重建及从重建表面提取高程信息的过程，也可能包含了根据随机分布点或从规则格网中获取的高程量测值生成等高线的过程。因此，本书使用 DEM 插值的概念。

DEM 插值是 DEM 的核心问题，它贯穿于 DEM 的生产、质量控制、精度评定、分析应用等多个环节（李志林和朱庆，2003）。20 世纪 70 年代以来，许多学者提出了一系列 DEM 插值算法，包括多项式插值算法、多面函数插值算法、径向基函数插值算法、最小二乘配置插值算法、克里格插值算法、加权平均插值算法、三角线性剖分插值算法、数学形态学插值算法等。不同的插值算法具有不同的优点和不足，因此 DEM 插值算法的研究具有现实意义。

1.2　DEM 插值算法的适应性

▶ 1.2.1　适应性与 DEM 插值算法的适应性

适应性，《辞海》解释为，"生物体随外界环境条件的改变而改变自身特性或生活方式的能力。"例如，动物的保护色、警戒色、拟态等。

对于 DEM 插值算法而言，其适应性表现在两个层面。

一是 DEM 插值参数层面的适应性。George 等（2008）提出的"适应性"反距离加权插值算法，就是一种根据插值点周围采样点的数据分布方式的插值参数适应性研究，即根据采样点分布方式的变化而改变权指数的取值。

二是 DEM 插值算法层面的适应性。影响 DEM 精度的主要因素包括原始数据精度、插值算法、地貌类型、采样数据分布特征和 DEM 结构，其中，插值算法是影响 DEM 精度的直接因素。原始数据的误差通过 DEM 插值算法传递到

DEM 表面,但是原始数据精度的高低并不会因为插值算法的不同而产生传递的差异。也就是说,对于同一种插值算法而言,原始数据误差大,那么传递到 DEM 表面的误差就大;反之亦然。但是,地貌类型、采样数据分布特征产生的误差和原始数据精度产生的误差明显不同。不同地貌类型、不同采样数据分布特征和 DEM 插值算法的关系是不确定的,某种地貌类型的实验数据可能适合使用这几种插值算法进行插值计算,或者某种插值算法适合这几种地貌类型的实验区域。DEM 的结构特征是决定 DEM 表面和地形表面相互吻合程度的因素,当使用规则格网时,DEM 结构对 DEM 精度的影响主要取决于 DEM 格网尺寸(尺度)。因此,DEM 插值算法层面的适应性表现在:随着地貌类型、采样数据分布特征、尺度等"外界环境条件"的变化,可以选择不同的 DEM 插值算法。

▶ 1.2.2 DEM 插值算法适应性研究现状

纵观 DEM 研究的发展历程,"适应性"命题很少出现在各种文献中,但是在 DEM 精度或 DEM 插值算法研究中,许多文献或多或少地涉及了"适应性"的概念和内容。只是研究角度、研究目的的差异,没有特别指明"适应性"的主体和客体。

在广泛参阅 DEM 插值算法相关文献的基础上,本节将 DEM 插值算法适应性的研究现状归纳为 3 个方面。

1. 插值参数适应性研究

国内外关于插值参数适应性研究的参考文献较少。

王家耀(2001)在各种插值算法所需最少采样点经验值的前提下,提出了基于搜索圆和搜索正方形的自适应搜索方式,提高了插值效率。

汤国安等(2005)、武胜林等(2001)根据采样数据分布的情况,在插值算法中加入了方向改正数,使得插值结果更加符合地形各向异性的特点。

George 等(2008)指出反距离加权插值算法中权值的确定,不能简单地依赖插值点和采样点之间的距离,而应当根据插值点附近的采样点的空间样式,进而提出了"适应性"反距离加权插值算法。实验结果表明,"适应性"反距离加权插值算法较传统反距离加权插值算法在多数情况下表现更佳;当实验区域的空间结构不能有效地通过实验半变异函数获得时,"适应性"反距离加权插值算法可以比普通克里格插值算法取得更好的 DEM 插值精度。

2. 以提高 DEM 精度为目标的插值算法适应性研究

插值算法是影响 DEM 精度的主要因素之一。为了提高 DEM 精度,许多学者研究了插值算法对 DEM 精度的影响,以及插值算法在不同条件下的表现效果。因此,以提高 DEM 插值精度为目标的插值算法比较研究,基本上属于 DEM 插值算法适应性研究范畴。

吕言(1982)通过对多面函数插值算法和最小二乘配置插值算法的比较研究,认为多面函数插值算法比最小二乘配置插值算法良好,特别适合采样点稀疏的情况。

Zimmerman 等(1999)指出,在不考虑地形种类和采样方式的情况下,克里格插值算法的估计精度优于反距离加权插值算法,产生这个结果的原因可能是克里格插值算法考虑了采样数据的空间结构。

Keranc-henko 和 Bullock(1999)以 30 个区域的数据作为实验数据,比较研究了反距离加权插值算法、普通克里格插值算法和对数克里格插值算法之间的差异,发现如果基础数据呈现对数分布且数据量小于 200 个点时,对数克里格插值算法优于反距离加权插值算法和普通克里格插值算法,否则普通克里格插值算法是最成功的插值算法。

Gao(2001)使用 3 个地形单元的数字化等高线数据,从格网尺寸、采样密度、最邻近高程的个数、距离衰减指数、高程缺失等方面比较了加权平均插值算法、最小曲率插值算法和克里格插值算法之间的差异。实验结果表明,当格网尺寸较大时,不管使用哪种插值算法得到的 DEM 精度都是相当的。其中,最小曲率插值算法创建的 DEM 对格网尺寸的变化最敏感;克里格插值算法几乎不受最近邻域中高程个数的影响。但是,加权平均插值算法却严格依赖最近邻域中高程的个数;最小曲率插值算法在处理由于高程缺失的地形不确定影响时,比加权平均插值算法和克里格插值算法更好。

陈联(2005)采用薄板样条函数建立了沙漠地区的 DEM,认为薄板样条函数具有的连续、光滑的数学特性,特别适合地面高程没有突变的地区,如沙漠、河床、近岸海底等。

Chaplot 等（2006）在研究了 DEM 精度和地貌类型、采样密度之间的关系后认为，如果不考虑空间结构的可变性，在采样密度足够高的情况下，已有的插值算法几乎没有显著性差别；但是，在低采样密度、强空间结构、低变异系数、弱各向异性时，克里格插值算法有较好的估计精度；在低变异系数、弱空间结构时，规则张力样条插值算法有较好的估计精度；在高变异系数、强空间结构、强各向异性时，反距离加权插值算法表现较好。

Fencík 和 Vajsáblová（2006）以匈牙利的 Morda Harmonia 地区作为实验区域，比较了基于各种半变异函数模型的克里格插值算法生成的 DEM 精度，认为基于线性模型的克里格插值算法最适合 Morda Harmonia 地区，但是文献没有描述其地形特征。

Tran Quoc Binh 等（2008）研究了插值算法对 DEM 精度的影响，认为样条函数插值算法适合山地地形的建模，反距离加权插值算法和普通克里格插值算法适合丘陵和平原地形的插值。

Heritage 等（2009）研究了 5 种不同的采样策略（Cross Section、Bar Outline Only、Bar and Chute Outline、Bar and Chute Outline with Spot Heights、Aerial LiDAR Equivalent）和 5 种不同的插值算法（反距离加权插值算法、点克里格插值算法、克里格插值算法、最小曲率插值算法、三角线性剖分插值算法）对 DEM 插值精度的影响。实验结果表明：对于 Bar 采样数据而言，三角线性剖分插值算法和点克里格插值算法总是可以提供最好的插值精度；对于 LiDAR 采样数据而言，插值算法没有任何区别；对于 Bar-Chute-Spot 采样数据而言，三角线性剖分插值算法和点克里格插值算法总是可以提供较好的插值精度。

Maidment（2009）从定性（水网套合分析）和定量（Kappa 系数）两个角度分析了 4 种插值算法对 DEM 插值精度的影响，实验结果表明：TOPGRID 插值算法胜过所有的插值算法，克里格插值算法和径向基函数插值算法的插值精度类似，在平缓地区反距离加权算法插值精度最差。

Caruso 等（1998）认为，空间插值用于评估连续区域内的物理数据，但是依据原始数据的不同特征，许多不同的插值算法提供了不同的表现。因此，必须根据数据集的特征，为选择最好的插值算法和评估方法提供帮助。Caruso 等

（1998）从精度和预测两个方面运用地形粗糙度和空间分布两个指标，评估了各种不同插值算法基于原始数据集特征的表现。

此外，还有一些学者虽然没有明确给出插值算法比较研究的基准点，但是实验结论隐含了插值算法比较的结果。

靳国栋等（2003）运用交叉验证方法比较了反距离加权插值算法和克里格插值算法之间的差异，认为克里格插值算法优于反距离加权插值算法。

史文中（2005）在 DEM 高次插值算法的精度研究中指出：从总误差（也就是包括模型误差和传播误差的 DEM 误差）来看，四次插值算法和双三次插值算法的精度要高于双样条函数插值算法。

Jaakkola 和 Oksanen（2000）在研究基于等高线数据建立 DEM 的过程中发现：由于三角网在坡度发生剧烈变化的区域通常表现得极其尖锐，因此在将等高线三角化后通过 TIN 插值得到 DEM 的过程中，可能在地形形态上存在严重的偏差。他们进一步认为，三角化属于中间步骤，在 DEM 插值过程中是不需要的。

岳天祥（2005，2006a，2006b）为了从理论上彻底解决长期困扰数字高程模型的误差问题，经过长期和大量的理论研究、实验分析，建立了高精度曲面建模方法（HASM）。数值实验结果表明，HASM 的插值精度较传统的 DEM 插值算法的插值精度提高了多个数量级。

王耀革（2009）认为，目前的局部插值算法和分块插值算法主要由离散的格网数据直接构造连续的地形曲面；但是直接由点位坐标推导曲面方程，不符合几何曲面构造上"由点构成线，再由线构成面"的构造机理，导致在理论上可能存在较大的地形误差。基于此，王耀革提出了基于 Coons 曲面的 DEM 表面模型。

3. 以提高地形分析精度为目标的插值算法比较适应性研究

DEM 插值算法是影响 DEM 精度的主要因素之一，因此在使用不同插值算法建立 DEM 并进行相关地形分析时，不可避免地影响分析结果。Fisher（1993）证实不同插值算法形成的 DEM 会对视场分析产生显著性影响。因此，非常有必要研究不同插值算法对于地形分析的影响，近些年来这方面的研究也在逐渐增多。

韩富江等（2007）基于不同插值算法得到的规则格网 DEM，分别进行可视性对比分析和相关分析，得到了不同插值算法对可视性结果的敏感程度。

贾旖旎等（2009）研究了 DEM 插值算法对坡度、坡向的影响后认为：在坡度方面，样条函数插值算法得到的坡度最精确，其次依次为克里格插值算法、反距离加权插值算法、三角线性剖分插值算法；在坡向方面，样条函数插值算法内插出来的坡向最接近真值，其次依次为克里格插值算法、三角线性剖分插值算法、反距离加权插值算法。

张君（2009）研究了大多数商用软件生成的 DEM，认为 DEM 均存在由于不同的插值算法而导致的差异，并且差异具有空间分布的规律性及负高差多于正高差的特点；进而认为三角线性剖分插值算法适合三维显示、土石方计算等应用，多项式插值算法适合粗差检测等应用。

▶ 1.2.3　DEM 插值算法适应性研究的主要问题

无论是插值参数层面，还是插值算法层面，其适应性研究的终极目标都是提高 DEM 精度。因此，当基于原始采样数据进行 DEM 插值时，插值算法的选择必须非常谨慎，因为它可能对 DEM 的质量产生较大影响。虽然存在很多插值算法，但中心问题仍然是哪种插值算法在什么环境下最为合适，以及比较各自的插值精度。这是 DEM 插值算法适应性研究的最终目的，即根据原始数据的特征，选择适合的 DEM 插值算法，以提高插值精度。但是，在现有 DEM 插值算法的研究中，多数学者对"哪种插值算法精度最高"这个问题采取了模棱两可的态度，最终得到的实验结论存在较大差异，甚至截然相反。

Mitas 指出，不同的插值算法会产生完全不同的空间结果，并且使用不合适的插值算法或不合适的插值变量将产生空间分布扭曲的模型，而基于错误的空间信息可能做出潜在的错误决策（Longley et al.，1999）。

仔细剖析可以发现，DEM 插值算法适应性研究面临如下几个方面的问题。

（1）DEM 插值算法种类的多样性，导致几乎所有的研究都以某几种插值算法为研究对象开展工作，因而实验结论存在局限性。

经过近半个世纪的发展，已经存在数十种不同的 DEM 插值算法，因此，没有哪一个研究能够穷尽。通常，研究人员根据应用需求选择几种值得研究的 DEM 插值算法作为研究对象。对于以研究 DEM 精度为最终目标的 DEM 插值算法比较研究，这没有任何问题。但是，以研究 DEM 插值算法为目标的研究，必须选择尽可能多的 DEM 插值算法，或者选择常用的 DEM 插值算法。

卢华兴（2008）尝试提取不同 DEM 插值算法的核函数，进而建立 DEM 插值算法的统一模型，以便在研究 DEM 误差模型时剔除 DEM 插值算法的影响。对于 DEM 误差模型而言，这种做法是可行的。但是，以比较 DEM 插值算法为目标的研究，不同 DEM 插值算法的核函数存在差异，不同核函数中的插值参数存在差异，插值函数的表达式存在差异等一系列原因导致了统一模型的局限性。因此，回到最简单的表达层面，也就是穷举插值算法，是较为可行的方案。

（2）忽视插值参数的重要性，导致插值算法适应性研究结论存在一定程度的差异。

插值算法通常由一系列可以影响数学函数性质的参数控制。对于用户而言，正确选择插值函数的插值参数是困难的，甚至是不清楚的，这直接导致空间插值变成了一个"黑箱"（Black Box）。因此，稳健的插值算法应当提供可以理解的插值参数，或者向用户提供尽可能多的插值参数提示信息（Jaroslav et al.，2005）。但是现有文献表明，插值算法中关于插值参数选择的研究相对较少，多数学者对于插值参数的选择一般根据经验或直接指定。这可能是得到相左实验结论的原因之一。

在实际应用中，可以使用反复实验的方法获得最佳的插值参数，但是需要很大的努力，结果却有可能不尽如人意。最好的方式是使用交叉验证方法，因为交叉验证方法是一种与用户、DEM 格网尺寸无关的方法，可以让我们尽可能将注意力集中在不同的插值参数本身。

（3）地貌类型标准选择的随意性，导致实验结论的差异和相互矛盾。

现有文献表明，几乎所有的研究实验都以小范围区域或某一理论曲面作为实验区域。地貌类型判别标准的不同、测量方法的差异，以及应用层次的区别，造成了实验结论的差异和互相矛盾，这是一个必须面对的现实问题。地貌类型判别标准必须规划到统一的层面，这样 DEM 插值算法的比较研究才有现实意义，否则所有的比较实验依然停留在基于某个区域的数据、选择某些插值算法、运用某个度量指标、得到某个结论的基础层面。

（4）局部地形特征指标的差异，导致实验结论各不相同。

许多研究试图避开 DEM 插值算法对地貌类型的适应性研究，直接分析插值过程中的局部地形特征的差异，然后建立 DEM 插值算法的适应性关系。但是，由于局部地形特征指标的差异，导致实验结论各不相同，如 Gao、Chaplot 的实验。相对而言，Caruso 提出的解决方案可能是比较彻底的，即首先探索性地分析原始采样数据，然后根据原始采样数据描述指标的差异，选择合适的插值算法。但是，Caruso 的实验结果没有给出明显的倾向性结论。

综上所述，DEM 插值算法适应性研究仍然需要继续深入。

▶ 1.2.4　DEM 插值算法适应性研究的主要内容

DEM 插值算法适应性研究包括 4 个部分的内容。

1．DEM 插值参数的"优选"研究

在 DEM 插值过程中，在确定 DEM 插值算法之后，需要根据特殊用途确定一些和插值算法相关的插值选项，包括搜索方式和插值核函数，这些选项统称为插值参数。插值参数是构成 DEM 插值算法的基本元素，不同的插值参数产生不同的插值误差，有时插值误差的差异非常大。DEM 插值参数对 DEM 误差的不确定性研究是合理运用 DEM 插值算法的第一步，是保证高精度 DEM 插值结果的首要步骤。

现有多数文献在涉及"插值参数是如何影响 DEM 插值精度"，或者"插值参数如何选择"这类问题时，多是一笔带过。例如，在 DEM 插值算法比较研究中，几乎所有研究者都是在"指定"插值参数的前提下进行 DEM 插值算法比较的。忽略插值参数对插值精度的影响，会最终导致 DEM 插值算法比较的准确性失真，甚至导致研究结论完全相反。

因此，DEM 插值参数"优选"研究是第一个主要研究内容。

2. DEM 插值算法的地貌类型适应性研究

地貌类型是具有共同形态特征和成因的地貌单元。按照地貌成因的外应力可以将其分为流水地貌、湖成地貌、干燥地貌、风成地貌、黄土地貌、喀斯特地貌、海岸地貌等；按照地貌的形态类型可以将其分为平原地貌、丘陵地貌、低山地貌、中山地貌和高山地貌。

地貌类型直接反映地表形态特征，不同地貌类型区域采集得到的采样点数据具有不同表现，反映在等高线的疏密程度和陡峭平缓程度、局部区域内地形特征点、特征线的位置等方面，或者反映在不同的地形特征因子方面，如坡度、坡向、地形起伏度、平面曲率、剖面曲率等。

地貌类型作为影响 DEM 插值精度的主要因素之一，不同的插值算法适应不同的地貌类型数据，并产生不同的插值结果。因此，在 DEM 插值过程中必须考虑地貌类型的因素，根据不同的地貌类型选择合适的插值算法。但是，在实际插值过程中，由于需要事先了解原始采样数据的地貌类型，才有可能进行地貌类型和插值算法之间的适应性匹配，这导致在实际插值过程中都使用确定性（根据需要的地貌类型选择相应的实验样区）的例子。不同学者使用不同的分类标准，因此即使同一实验样区也可能存在不同的分类结果。对于插值算法的比较研究而言，这样得出的实验结果差别巨大，甚至截然相反，其根本原因就在于实验区域的地貌类型判别标准的差异。

因此，地貌类型与 DEM 插值算法的适应性研究（不同插值算法适合何种地貌类型，即插值算法的适应性；何种地貌应当采用哪种或哪几种插值算法，即地貌类型的选择性）的首要任务是，建立不同地貌类型数据的统一判别标准，实现地貌类型和 DEM 插值算法的适应性研究，这是第二个主要研究内容。

3. DEM 插值算法的采样数据分布特征适应性研究

采样数据分布特征包括采样数据的分布方式和密度。

采样数据的分布方式一般可以分为规则采样分布和不规则采样分布。规则采样分布是指采样点在空间上不考虑地形的特征，以规则的几何形状在区域范围内均匀分布采样点。不规则采样分布是指采样点的选择需要兼顾地形的特征。

例如，在地形变化缓慢的地区，采样点分布相对稀疏；在地形变化剧烈的地区，采样点分布相对密集。

采样数据的密度指在同一区域内采样点数目的多少或密集程度。对于同一地区，采样点越多，DEM 对地形的表达程度就越真实；否则就越粗糙。

采样数据分布特征和 DEM 插值算法存在较强的相关关系。对于绝大多数 DEM 插值算法而言，插值过程都是在局部范围内进行的，这在很大程度上依赖局部范围内采样点数据集的特性：一种插值算法可能适合某一个数据集，而对于其他的数据集可能不适合。如果建立局部范围的采样点数据集的特征指标，就可以判断不同 DEM 插值算法的适应性，即预先判断哪些 DEM 插值算法适合哪种形式的局部地形，或者哪种形式的局部地形适合采用哪些 DEM 插值算法进行插值计算。

因此，建立局部地形特征描述模型（采样数据分布方式和密度的统一描述模型），选择最合适的 DEM 插值算法，保证最佳的插值精度是第三个主要研究内容。

4. DEM 插值算法的尺度适应性研究

尺度问题是 DEM 研究的主要问题之一。作为地形表面的数字化表达，DEM 在通过离散方式表达连续变化的地形表面过程中，存在尺度依赖性。这表现在：①原始采样数据的尺度特性影响着插值生成的 DEM 尺度，即使用某种尺度的原始数据并不能建立任意尺度的 DEM 数据，因而存在最适宜的尺度范围；②DEM 数据的尺度转换问题。经典等级理论认为，每个尺度上的数据都具有其特定的约束体系和临界值，尺度转换必然超越这些约束体系和临界值，尺度转换后所获得的结果可能很难理解。DEM 数据的尺度转换可以分为 DEM 尺度上推和 DEM 尺度下推。因此，无论是 DEM 尺度的上推还是下推，都涉及一个合理的、能够理解的尺度范围。这是 DEM 插值算法尺度适应性研究的重要内容之一。

DEM 插值算法的尺度适应性研究的另一个内容是，在建立多尺度 DEM 时，使用不同插值算法的差异性，即运用不同 DEM 插值算法建立的多尺度 DEM，在插值精度上是否存在显著性差异。

▶ 1.2.5　DEM 插值算法适应性研究的意义

1．DEM 插值算法适应性研究有助于提高 DEM 插值精度

DEM 是地理信息系统中重要的基础空间信息数据源，是 GIS、遥感、虚拟现实等领域进行三维空间数据处理与地形分析的核心数据。Goodchild 和 Dubuc 曾经指出，没有以准确数据为基础的 GIS 是不健全的，并将其比喻为"一位体魄健壮如青年运动员，但智力低于幼儿的决策者"。Alber 则十分尖锐地指出，由于现有的 GIS 不能处理数据、模型和空间操作中的不确定问题，虽然它能以相当快的速度生产各种表面上看来精美无比的产品，但实际上是一堆废物。随着 DEM 在各行各业的深入发展，人们对高精度 DEM 产品的需求也越来越强烈。因此，研究 DEM 插值算法的适应性，验证产生 DEM 插值误差的各主要因素及其显著性影响，为 GIS 分析、决策与应用的可信度提供科学、合理的质量标准，为精确制导武器系统和重点目标精确定位提供高精度的 DEM 产品，为数字城市建设提供高精度的三维地理环境，具有十分重要的理论意义和实际应用价值（王光霞，2005）。

2．DEM 插值算法适应性研究有助于建立插值算法评价体系，实现插值算法的"优选"

随着 DEM 插值技术研究的不断深入，数十种较为完善的插值算法已被提出，这为广大用户进行插值分析提供了简单有效、灵活多样的手段和方法。然而，插值算法的多样性，在一定程度上给用户带来了困扰：如何选择插值方法？如何确定各种插值参数？如何得知插值结果的精度，并进行进一步分析……

正如 *ESRI Using GeoStatistical Analyst* 一书所描述的，利用数据探索分析充分地对插值数据在数据采集、数据格式、数据精度、空间分布、空间相关等各方面的知识挖掘，再加上操作分析人员对插值方法特点的熟悉和使用经验，即可成就最为可靠的数据插值结果。但是，纷繁复杂的实际情况往往不能尽如人意：数据的使用者无法得到采集的详尽背景信息；同时，随着 GIS 应用范围的扩大，实际操作人员亦可能并不具备足够的相关专业知识和经验。这一切都为操作人员和插值结果数据的使用者带来了一定的困扰。

因此，为用户特别是非专业人员或初学者提供足够的辅助决策信息，进而

在不同的 DEM 插值算法之间实现"优选"，是 DEM 插值算法适应性研究的重要意义所在。

1.3　本书结构

本书共 8 章，具体组织结构如下。

第 1 章绪论：简要介绍 DEM 插值算法适应性研究的背景和必要性，阐述研究目的、研究意义和研究内容。

第 2 章 DEM 插值算法：通过对 DEM 插值机理、分类体系、常用插值算法等方面的阐述，分析各种不同的 DEM 插值算法的特性与差异，详细描述各种 DEM 插值算法的特性及适用标准，为第 3 章 DEM 插值参数"优选"研究奠定算法基础。

第 3 章 DEM 插值参数"优选"研究：详细介绍插值参数的基本概念和研究现状等；总结在 DEM 插值过程中影响 DEM 插值精度的插值参数种类和分类；设计插值参数"优选"实验，用于研究反距离加权插值算法、改进谢别德插值算法、径向基函数插值算法、克里格插值算法的"最优"插值参数问题。

第 4 章 DEM 插值算法的地貌类型适应性研究：应用模糊数学中的模糊隶属度函数实现地貌类型的模糊判别，最终为 DEM 插值算法的地貌类型适应性研究提供统一的地貌类型划分基础。为了达到这一目的，建立了宏观地形特征因子最佳分析区域预测模型用于预测最佳分析区域；建立了地形特征因子动态谱系图；建立了平原、丘陵、山地的模糊隶属度函数；实现了 DEM 插值算法的地貌类型适应性实验。

第 5 章 DEM 插值算法的采样数据分布特征适应性研究：应用局部地形特征描述模型，研究 DEM 插值算法和采样数据分布特征的适应性研究。不同的插值算法具有不同的优点和不足，对于绝大多数 DEM 插值算法而言，插值过程都是在局部范围内进行的，在很大程度上依赖局部范围的采样点数据集的特性。如果建立局部范围内采样点数据集的特征指标，就可以判断不同 DEM 插值算法的适应性。本章将局部范围内采样点数据集的特征指标称为局部地形特征描述模型，用于解决 DEM 插值算法的采样数据分布特征适应性问题。

第 6 章 DEM 插值算法的尺度适应性研究：DEM 插值算法的尺度适应性研究包括两个方面，一是在建立多尺度 DEM 时插值算法的差异；二是不同插值算法实现的尺度转换适宜范围的差异。因此本章主要研究 DEM 插值算法、小波分析算法之间的差异和 DEM 尺度转换之间的关系；运用中误差精度模型从精度角度研究 DEM 尺度转换的适宜范围；运用水系和地形套合精度定量化描述模型从套合角度研究 DEM 尺度转换的适宜范围。

第 7 章数据处理与地形建模软件：为了验证第 3～6 章涉及的 DEM 插值算法适应性实验，本书的部分实验选择了 DPS 数据处理系统、自动地球科学分析系统（System for Automated Geoscientific Analyses，SAGA）和 Golden Software Surfer 系统，完成实验数据处理、数字高程模型建模、实验结果统计分析等工作，本章专门讲述上述商用软件提供的相应功能。

第 8 章总结与展望：总结了 DEM 插值算法适应性研究的关键问题，探讨了 DEM 插值算法适应性研究今后的研究内容和重点。

1.4　本章小结

首先，本章讨论了 DEM 相关的基本概念，包括 DEM 误差及其来源与分类、DEM 精度模型、DEM 精度影响因素和 DEM 插值算法。一般而言，DEM 插值算法是影响 DEM 精度的直接因素，其他因素通过 DEM 插值算法影响 DEM 精度。

其次，本章提出了 DEM 插值算法适应性的概念，分析了研究现状、研究内容、研究目的、研究意义。总之，DEM 插值算法适应性研究从适应性角度研究 DEM 插值算法和影响 DEM 插值精度各因素之间的关系，减小影响 DEM 插值精度的不确定因素，提高 DEM 插值精度。

最后，本章简单描述了本书的基本结构和主要内容。

2
DEM 插值算法

摘要

DEM 插值是 DEM 的核心问题，它贯穿 DEM 的生产、质量控制、精度评定、分析应用等多个环节，因此 DEM 插值算法的研究具有现实意义（李志林和朱庆，2003）。从 DEM 概念提出至今，许多学者提出了各种不同的插值算法。本章通过对 DEM 插值机理、分类体系、常用插值算法等方面的全面阐述，分析了 DEM 插值算法的特性与差异，详细描述了常用 DEM 插值算法的特性及其适用标准，为第 3 章的研究奠定了算法基础。

2.1 DEM 插值原理

DEM 插值是根据已知采样点的高程值估计未知插值点的高程值的过程（卢华兴，2008），其主要目的是缺值估计、等值线内插和离散点数据的格网化（李新等，2000）。DEM 插值可以根据已知采样点估计未知插值点的理论基础在于研究对象——"地形"的特殊性。地形具有空间相关性和空间异质性的基本特征，这使利用空间位置合理的采样点获得对地形表面相对精确的描述成为可能。

▶ 2.1.1 空间相关性

1970 年，美国地理学家 Waldo Tobler 提出了"地理学第一定律"，即地球表面的事物或现象之间存在某种联系，并且以相似或差异的方式表现出来。简单地说，就是所有事物或现象在空间上都是有联系的，但是距离相近的事物或现象之间的联系一般较距离较远的事物或现象之间的联系更加紧密。地理学第一定律也被称为空间相关性定律，它为空间相关的普遍性提供了原理性基础。在经典统计学中，空间相关性的影响程度可以用一系列空间自相关的统计量进行度量，如 Moran's I、Geary's C、Getis、Join Count 等（刘湘南等，2005）。更为重要的是，在地统计学（Geo-Statistics）学科中，其从表达空间自相关如何随距离的增加而降低的函数角度描述了空间变异的特性。

地形是地球表面各种起伏形态（地貌）和所有固定性物体（地物）的总称。从微观尺度看，任何区域都可以划分为一系列内部具有极大相似性的更微小区域，在每个微小区域内部总是存在某种属性的相似性。从宏观尺度看，地形表面的相邻点之间的属性并不是独立和随机的，而是表现出显著的相互依赖性。当然也存在例外，高程可能在短距离内发生快速变化。例如，在平原和山脉之间，或者在沿海悬崖与相邻海洋之间，高程都发生了显著变化。但是，总体而言，地形表面表现出显著的空间相关性。

地理学第一定律的意义极其重大：如果它不成立，那么从理论上讲，地形表面的任何地方的所有情况都可能在任何一个小区域中被发现，显然就不存在对事物近似均匀描述的现象，进而地形表面将变得非常混乱无序，任何地方的坡度都可能无限大，等高线也变得无限稠密和弯曲。在这种情况下，进行空间插值和空间分析本身就变得没有任何意义（de Smith et al.，2007）。

▶ 2.1.2 空间异质性

1986 年，美国地理学家 Michael Goodchild 提出了地理学第二定律，即空间的隔离可以造成地形之间的差异。因此，地理学第二定律又称为空间异质性定律（Law of Spatial Heterogeneity）。空间异质性可以分为空间局域异质性（Spatial Local Heterogeneity）和空间分层异质性（Spatial Stratified Heterogeneity）。前者是指某个点的属性值与其周围点的属性值不同，如热点或冷点；后者是指多个区域之间互不相同，如分类和生态分区。

对于地形而言，如果不考虑地物对地球表面形态的影响，地球表面就表现出令人难以置信的多样性：从华北平原到黄土高原，从江南丘陵到青藏高原，没有任何一个地方可以合理地描述为一个均匀区域。因此，在这种情况下，试图将地球表面任意一个子集作为整体的代表性样本是不现实的，任何一个在有限区域上的分析结果都可能因为这个有限区域的位置变化而发生变化（de Smith et al.，2007）。

空间异质性决定了地形表面的多样性，也决定了空间插值范围的有限性，即空间插值在局部范围内才有意义，在超出一定范围之后，空间插值将变得没有任何意义。

总之，空间相关性从属性相关的角度、空间异质性从空间范围的角度为 DEM 插值提供了理论基础，使利用一些空间位置合理的采样点获得对地形表面相对精确的描述，以及根据这些空间位置合理的采样点进行未知点的估计成为可能。

▶ 2.1.3 DEM 插值机理

DEM 插值的理论基础是地形的空间相关性和空间异质性，特别是空间相关性。DEM 插值算法都是建立在"地理学第一定律"基础之上的，并调节着已知采样点对未知插值点的权重影响，其地理意义间接或直接地表达了相邻两个空间对象的空间相关关系（卢华兴，2008）。

对于反距离加权插值算法而言，其权函数如式（2.1）所示。

$$\lambda_i = \frac{d_i^{-u}}{\sum\limits_{i=1}^{n} d_i^{-u}} \tag{2.1}$$

式中，λ_i 为第 i 点的权重，d_i 为第 i 点和插值点之间的距离，u 为权指数。很明显，λ_i 是以距离为自变量的衰减函数，表达了插值点和采样点之间的空间相关关系，权重随着采样点和插值点之间距离的增加而减弱（见图 2.1）。距离插值点越近的采样点的权重越大；反之越小，甚至可以忽略不计。

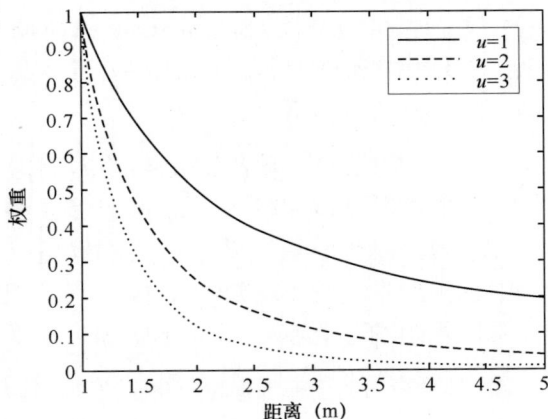

图 2.1 距离衰减函数权重衰减示意

对于多项式插值算法而言，虽然它不是显式的距离衰减函数，但其空间相关关系却可以推导得到。例如，线性插值算法的相关函数如式（2.2）所示。

$$C(d) = \frac{s-d}{s} \qquad (2.2)$$

式中，s 为已知采样点之间的距离，d 为未知插值点与已知采样点之间的距离，$C(d)$ 为权重值。

类似地，对于高阶的多项式插值算法而言，已知采样点和插值点之间同样存在特定的空间相关关系；不同的是，它的空间相关关系是非线性函数关系（卢华兴，2008）。

对于径向基函数插值算法而言，不同的径向基函数具有不同的表达式，各径向基函数都是以距离为自变量的函数。虽然不一定是衰减函数，却是解析意义上的普通距离函数（见图 2.2），同样直接表达了已知采样点和插值点之间的空间相关关系。

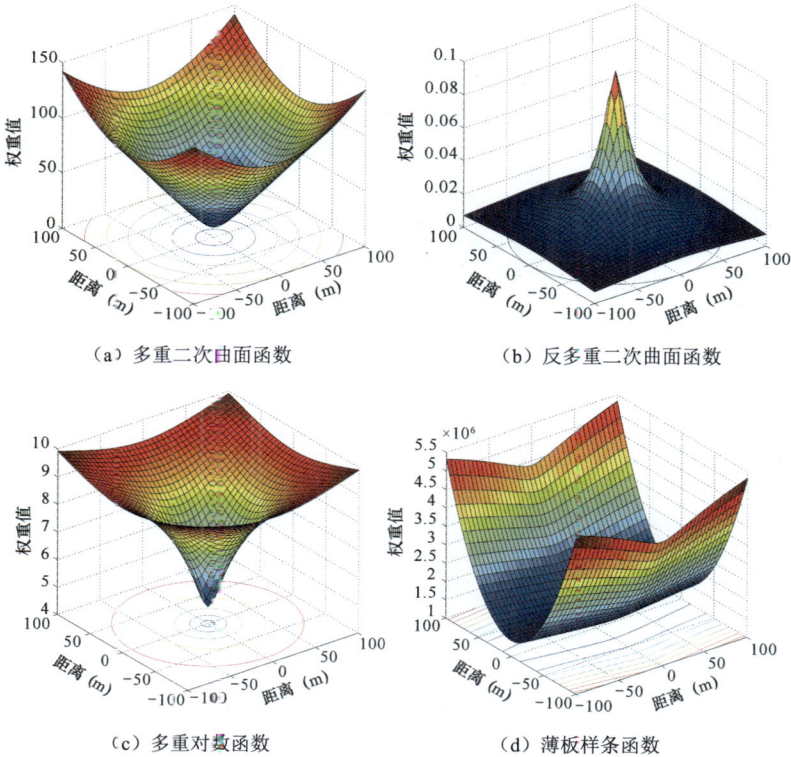

（a）多重二次曲面函数　　　　　（b）反多重二次曲面函数

（c）多重对数函数　　　　　（d）薄板样条函数

图 2.2　径向基函数插值算法的核函数图解（光滑因子为 10）

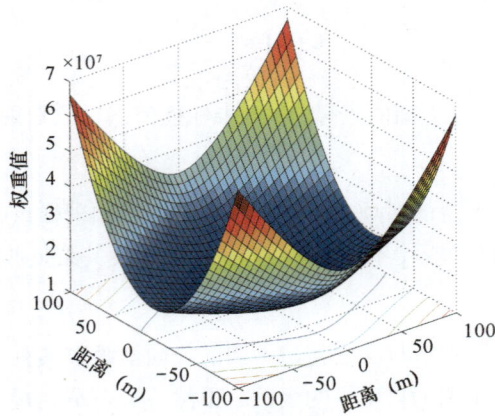

（e）自然三次样条函数

图 2.2　径向基函数插值算法的核函数图解（光滑因子为 10）（续）

对于克里格插值算法而言，其研究对象是区域化变量。区域化变量的空间相关关系通过半变异函数模型表达，是空间变量相关性的定量化描述模型（张仁铎，2005；张景雄，2008），它直接表达了地形起伏在空间上的变异特性（见图 2.3）。

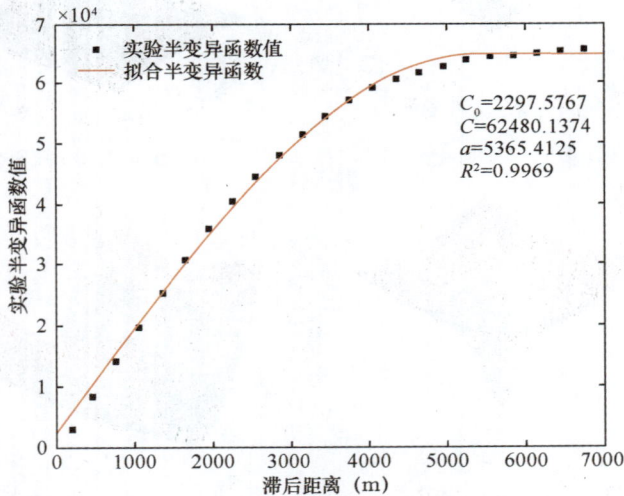

C_0=2297.5767
C=62480.1374
a=5365.4125
R^2=0.9969

图 2.3　低山地貌的实验半变异函数的拟合效果

2.2 DEM 插值算法特性

DEM 插值算法具有许多重要的特征，如全局性与局部性、精确性与非精确性、确定性与随机性、光滑性与突变性、单因素与多因素、规则分布与不规则分布等。

（1）全局性与局部性。

全局性指使用插值区域内的所有采样点进行地形趋势面计算，然后根据地形趋势面函数估计未知插值点的高程值。局部性指使用未知插值点周围小范围内的采样点进行地形趋势面计算，并且估计未知插值点的高程值。

（2）精确性与非精确性。

精确性指 DEM 插值算法在已知采样点处计算得到的估计值和观察值一致。非精确性指 DEM 插值算法在已知采样点处计算得到的估计值和观察值不一致。

（3）确定性与随机性。

确定性指在 DEM 插值过程中仅提供估计值的计算，而不提供该估计值的误差统计。随机性指在 DEM 插值过程中不仅提供估计值计算，而且提供该估计值的误差统计。

（4）光滑性与突变性。

光滑性指生成的 DEM 曲面具有连续光滑的特性。突变性指生成的 DEM 曲面是离散的（如最近邻法），或者连续但不光滑的（如三角线性剖分法）。

（5）单因素与多因素。

在插值过程中仅使用主要变量完成未知插值点估计的 DEM 插值模型称为单因素插值算法。如果在插值过程中还要使用其他次要变量的辅助才能完成未知插值估计的 DEM 插值模型称为多因素插值算法。在地统计学中，简单克里格插值算法、普通克里格插值算法属于单因素插值算法，而简单协克里格插值算法、普通协克里格插值算法属于多因素插值算法。

（6）规则分布与不规则分布。

根据采样点的分布情况可以将 DEM 插值算法划分为基于规则分布的插值算法和基于不规则分布的插值算法；这里仅考虑离散采样点的情况，所以不包含等高线分布。规则分布是指离散采样点在 x 方向和 y 方向均以各自等间距的形式分布。不规则分布是指离散采样点以杂乱无章的形式存在。

2.3　DEM 插值算法分类

DEM 插值算法的任意特性都可以成为 DEM 插值算法划分的依据。Schuts（1976）从相关论的角度将 DEM 插值算法分为相关插值和非相关插值，其中相关插值主要指各种克里格插值算法。王家耀（2001）将 DEM 插值算法分为加权平均插值、多面叠加插值、移动曲面拟合插值三大类。Johnston（1998）根据插值面是否经过已知点将插值算法分为精确性插值和非精确性插值。李志林和朱庆（2003）根据已知点的搜索范围将插值算法分为全局插值、局部插值和分块插值。汤国安等（2005）从数据分布、插值范围、插值曲面与采样点关系、插值函数性质、地形特征理解 5 个方面对 DEM 插值算法进行了全面、详细的分类（见表 2.1）。de Smith 等（2007）根据确定性与随机性将插值模型分为确定性插值和地统计插值。卢华兴（2008）在王家耀分类的基础上，构建了 DEM 统一插值模型，并且按照加权平均插值、移动曲面拟合插值、多面叠加插值分别罗列了幂函数、二次多项式、径向基函数、样条函数等一系列的插值核函数。

考虑 DEM 插值算法的各种基本特征，以及现有的各种 DEM 插值算法的分类方法，可以发现各种 DEM 插值算法的分类方法本质上是相互隐含的。以插值范围分类标准为例，可以将插值算法分为整体插值、局部插值和逐点插值。对于每类插值范围分类标准下的插值算法，在选择具体的插值函数时，又可以使用诸如多项式插值、样条函数插值、克里格插值、多层叠加插值等算法。再如，纯二维插值及移动曲面拟合插值、高次多项式插值、径向基函数插值等可以在不同的采样条件下分别进行纯二维插值和移动曲面拟合插值。对于纯二维插值和移动曲面拟合插值而言，两者的不同之处在于根据参与插值的采样点个数的不同而采取不同的计算策略。如果采样点的个数多于未知参数的个数，那么使用最小二乘方法，使得采样点和曲面拟合值之差的平方和最小，即移动曲面拟合插值；如果采样点的个数和未知参数的个数相等，在保证存在唯一有解的情况下，可以实现纯二维插值，即拟合的曲面准确地通过每个采样点。

表 2.1　DEM 插值分类方法

DEM 插值	数据分布	规则分布	
		不规则分布	
		等高线分布	
	插值范围	整体插值	
		局部插值	
		分块插值	
	插值曲面与采样点关系	纯二维插值	
		移动曲面拟合插值	
	插值函数性质	多项式插值	线性插值
			双线性插值
			高次多项式插值
		样条插值	
		有限元插值	
		最小二乘配置插值	
	地形特征理解	克里格插值	
		曲面叠加插值	
		加权平均插值	
		分形插值	
		傅里叶级数插值	

　　因此，整体介绍且比较各种插值算法的基本特征和适用标准，更加有利于对 DEM 插值算法特征及其适用标准的理解（见表 2.2）。

表 2.2 常用 DEM 插值算法插值方式及其特性

插值算法		单因素与多因素	确定性与随机性		全局性与局部性	精确性与非精确性	光滑性与突变性	规则分布与不规则分布	
		单因素	确定性	随机性	局部性	精确性	光滑性（突变性）	规则分布	不规则分布
加权平均插值	最近邻法	✓	✓		✓	✓		✓	✓
	反距离加权法	✓	✓		✓	✓	✓	✓	✓
	改进谢别德法	✓	✓		✓	✓	✓	✓	✓
	自然临近法	✓	✓		✓	✓	✓	✓	✓
多项式插值	线性函数	✓	✓		✓	✓		✓	✓
	双线性函数	✓	✓		✓	✓	✓	✓	✓
	高次多项式函数	✓	✓		全局性 ✓	✓	✓	✓	✓
径向基函数插值	多重二次曲面函数	✓	✓		✓	✓	✓	✓	✓
	反多重二次曲面函数	✓	✓		✓	✓	✓	✓	✓
	多重对数函数	✓	✓		✓	✓	✓	✓	✓
	薄板样条函数	✓	✓		✓	✓	✓	✓	✓
	自然三次样条函数	✓	✓		✓	✓	✓	✓	✓
克里格插值	球形函数	✓		✓	✓	✓	✓	✓	✓
	指数函数	✓		✓	✓	✓	✓	✓	✓
	线性函数	✓		✓	✓	✓	✓	✓	✓
三角线性剖分插值	三角线性剖分函数	✓	✓		✓	✓		✓	

2.4 常用 DEM 插值算法

纵观 DEM 插值算法研究的发展历程，反距离加权插值算法、改进谢别德插值算法、径向基函数插值算法、克里格插值算法是常用的 DEM 插值算法。

▶ 2.4.1 反距离加权插值算法

反距离加权插值算法（Inverse Distance Weighted，IDW）最早是由气象学家和地质工作者提出的（王建等，2004），是空间数据插值最常见的算法之一。

反距离加权插值算法基于相近、相似的原理（卢华兴，2008），每个采样点都对插值点有一定的影响，即权重。权重随着采样点和插值点之间距离的增加而减弱，距离插值点越近的采样点的权重越大；当采样点在距离插值点一定范围以外时，权重可以忽略不计。任意插值点的值是各采样点的权重之和（王家华等，1999），如式（2.3）所示。

$$\begin{cases} z_p = \sum_{i=1}^{n} \lambda_i z_i \\ \lambda_i = \dfrac{d_i^{-u}}{\sum\limits_{i=1}^{n} d_i^{-u}} \\ \sum_{i=1}^{n} \lambda_i = 1 \end{cases} \qquad (2.3)$$

式中，z_p 为插值点的高程值，λ_i 为第 i 个点的权重，d_i 为第 i 个采样点到插值点的距离，d^{-u} 为距离衰减函数，幂指数 u 具有随着距离的增加减小其他位置影响的作用（de smith et al.，2007）。当 $u=0$ 时，距离没有影响；当 $u=1$ 时，距离的影响是线性的；当 $u \gg 1$ 时，快速地减小遥远位置的影响。幂指数 u 通常取值为 1 或 2（Lam，1983），但是大多数学者认为，幂指数采用 2 将取得更好的实验效果（Declercq，1996）。

反距离加权插值算法的计算易受采样点集群的影响，导致在采样点附近局部出现明显的隆起或凹陷的"牛眼"效应（Johns，1998）。

另外，由于反距离加权插值算法是一种精确性插值算法，因此插值生成的最大值和最小值只会出现在采样点处。这会直接导致出现山顶高程被降低、山谷高程被抬高的局部细节湮没。

基于反距离加权插值算法的缺点，许多学者提出了反距离加权插值算法的多种改进形式，用于克服上述缺点。

（1）给距离衰减函数增加一个平滑参数：一个微小的距离增量 t，即 $d^* = \sqrt{d_i^2 + t^2}$，这样可能导致平滑，而不是精确插值。

（2）给距离衰减函数增加一个调和参数：基于最远点的距离 R 调整权重值，即

$$\lambda_i = \frac{\left(\dfrac{R-d_i}{Rd_i}\right)^u}{\displaystyle\sum_{i=1}^{n}\left(\dfrac{R-d_i}{Rd_i}\right)^u} \tag{2.4}$$

（3）使用其他的距离衰减函数，如高斯函数，即 $\lambda_i = \mathrm{e}^{-(d/m)^2}$。

▶ 2.4.2　改进谢别德插值算法

谢别德插值算法（Modified Shepards Method，SPD）由南非地质学家 Shepard 最早提出，本质上是一种标准的导数距离加权过程（王金玲等，2010），权函数如式（2.5）所示。

$$w_i = \begin{cases} \dfrac{1}{d_i}, & 0 < d_i < \dfrac{r}{3} \\ \dfrac{27}{4r}\left(\dfrac{d_i}{r}-1\right)^2, & \dfrac{r}{3} < d_i < r \\ 0, & r < d_i \end{cases} \tag{2.5}$$

式中，w_i 为权重，d_i 为第 i 点距待插值点的距离，r 为调整距离。

改进谢别德插值算法一般存在两种变化形式。

一是基于最远点的距离（在整个数据集中或在给定搜索半径范围内）调整权重。假设最远距离为 r，那么修正的距离倒数加权函数如式（2.6）所示。

$$w_i = \frac{\left(\dfrac{r-d_{ij}}{rd_{ij}}\right)^u}{\sum\limits_{i=1}^{n}\left(\dfrac{r-d_{ij}}{rd_{ij}}\right)^u} \qquad (2.6)$$

二是使用拟合的局部二次多项式调整权重，即参与距离倒数加权函数的高程值并不是原始采样点的高程值，而是使用拟合的局部二次多项式修正的高程值，如式（2.7）所示。

$$z_j = \frac{\sum\limits_{i=1}^{n}\dfrac{Q_i}{d_{ij}^u}}{\sum\limits_{i=1}^{n}\left(\dfrac{1}{d_{ij}}\right)^u} \qquad (2.7)$$

式中，z_j 为待插值点的高程值；$d_{ij}=\sqrt{\left(x_j-x_i\right)^2+\left(y_j-x_i\right)^2+\delta^2}$，为插值点至采样点的距离；$\delta$ 为平滑因子，当 $\delta=0$ 时为精确性插值，当 $\delta\neq 0$ 时为非精确性插值；Q_i 为二次多项式函数；u 为权指数。

▶ 2.4.3 径向基函数插值算法

径向基函数插值（Racial Basis Functions，RBF）算法是一系列用于精确插值算子的统称（de smith et al.，2007）。它来源于 Hardy 的多面函数法，其插值原理是任何一个表面都可以使用多个曲面的线性组合逼近（卢华兴，2008）。在多数情况下，径向基函数插值算法与地统计插值算法相似，但具有不需要分析半变异函数模型的优点，而且不需要有关采样点的任何假设（除了非共线性）。

在通常情况下，径向基函数插值算法可以表述为两个部分之和（Mitasova and Mitas，1993），即

$$z_p = \sum_{i=1}^{n}\lambda_i\,\varphi(d_i) + \sum_{j=1}^{m}a_j f_j(x) \qquad (2.8)$$

式中，z_p 为插值点的高程值；λ_i 为第 i 个点的权重；d_i 为第 i 个采样点到插值点的距离；$\varphi(d_i)$ 为径向基函数，它代表第 j 个核函数对多层叠加曲面的贡献；$f_j(x)$ 为"趋势"函数，是次数小于 m 的基本多项式函数，由于 $f_j(x)$ 并不能提高插值的精度，因此在插值过程中不考虑"趋势"函数的影响（de smith et al.,2007）。径向基函数插值算法的解算过程可以使用矩阵符号表示为如下步骤。

步骤 1：计算源数据中所有 (x,y) 点对的点间距离构成的 $n×n$ 阶矩阵 $\boldsymbol{D}$；

$$\boldsymbol{D} = \begin{bmatrix} d_{00} & d_{01} & \cdots & d_{0(n-1)} & d_{0n} \\ \vdots & \vdots & \ddots & \vdots & \vdots \\ d_{n0} & d_{n1} & \cdots & d_{n(n-1)} & d_{nn} \end{bmatrix} \tag{2.9}$$

步骤 2：对 $\boldsymbol{D}$ 中的每个矩阵值应用选择的径向基函数 $\varphi(\cdot)$，从而产生一个新的矩阵 $\boldsymbol{\Phi}$；

$$\boldsymbol{\Phi} = \begin{bmatrix} \varphi_{00} & \varphi_{01} & \cdots & \varphi_{0(n-1)} & \varphi_{0n} \\ \vdots & \vdots & \ddots & \vdots & \vdots \\ \varphi_{n0} & \varphi_{n1} & \cdots & \varphi_{n(n-1)} & \varphi_{nn} \end{bmatrix} \tag{2.10}$$

步骤 3：用单位列矢量和单位行矢量增大矩阵 $\boldsymbol{\Phi}$，并且在位置 $(n+1,n+1)$ 处插入零值，称这个增广矩阵为 $\boldsymbol{A}$；

$$\boldsymbol{A} = \begin{bmatrix} \varphi_{00} & \varphi_{01} & \cdots & \varphi_{0(n-1)} & \varphi_{0n} & 1 \\ & & & & & 1 \\ \vdots & \vdots & \ddots & \vdots & \vdots & \vdots \\ & & & & & 1 \\ \varphi_{n0} & \varphi_{n1} & \cdots & \varphi_{n(n-1)} & \varphi_{nn} & 1 \\ 1 & 1 & \cdots & 1 & 1 & 0 \end{bmatrix} \tag{2.11}$$

步骤 4：计算从格网点 P 到用来创建 $\boldsymbol{D}$ 的每个源数据点间的距离构成的列矢量 $\boldsymbol{r}$；

$$\boldsymbol{r} = \begin{bmatrix} d_{p0} \\ \vdots \\ d_{pn} \end{bmatrix} \tag{2.12}$$

步骤 5：将选择的径向基函数应用于 r 中的每个距离产生一个列矢量 φ，然后生成一个 $n+1$ 阶的列矢量 c，它由 φ 加上元素 1 构成，即

$$\varphi = \begin{bmatrix} \varphi_{p0} \\ \vdots \\ \varphi_{pn} \end{bmatrix} \qquad c = \begin{bmatrix} \varphi_{p0} \\ \vdots \\ \varphi_{pn} \\ 1 \end{bmatrix} \qquad (2.13)$$

步骤 6：计算矩阵积 $b = A^{-1}c$。这样就给出了用于计算 P 点的估计值的 n 个权重，即

$$\begin{bmatrix} \Phi & 1 \\ 1 & 0 \end{bmatrix} \begin{bmatrix} \lambda \\ 0 \end{bmatrix} = \begin{bmatrix} \varphi \\ 1 \end{bmatrix} \qquad (2.14)$$

径向基函数插值算法可以选用许多不同的径向基函数（见表 2.3）。

表 2.3　常用径向基函数

径向基函数	表　达　式	备　注
多重二次曲面函数 （Multi-Quadric Function，MQF）	$\varphi(d) = \sqrt{d^2 + c^2}$	
倒数多重二次曲面函数 （Inverse Multi-Quadric Function，IMQF）	$\varphi(d) = \dfrac{1}{\sqrt{d^2 + c^2}}$	
薄板样条函数 （Thin Plate Splines Function，TPSF）	$\varphi(d) = c^2 d^2 \ln(cd)$	ArcGIS
	$\varphi(d) = (c^2 + d^2)\ln(c^2 + d^2)$	Surfer
多重对数函数 （Multi-Log Function，MLF）	$\varphi(d) = \ln(c^2 + d^2)$	
自然三次样条函数 （Natural Cubic Splines Function，NCSF）	$\varphi(d) = (c^2 + d^2)^{3/2}$	
弹性样条函数 （Tension Splines Function，TSF）	$\varphi(d) = \ln(cd/2) + I_0(cd) + \gamma$	$I_0(\cdot)$ 是改进的贝塞尔函数，γ 是欧拉常数
完全规则样条函数（Completely Regularized Splines Function，CRSF）	$\varphi(d) = \ln(cd/2)^2 + E_1(cd)^2 + \gamma$	$E_1(\cdot)$ 是指数积分函数，γ 是欧拉常数

注：在表达式中，d 为采样点和插值点之间的距离，c 为光滑因子。

表中，c 为光滑因子，一般由用户指定。c 的值取决于对插值结果产生重

要影响的采样点的数目、高程、空间分布等因素（Rippa，1999）。

对于如何确定 c，没有普遍认可的方法，但也有一些学者提出了各种方法。Hardy（1971）使用 $c = 0.815d$，其中，$d = (1/N)\sum\limits_{i=1}^{N} d_i$，$d_i$ 为第 i 个点到其最近邻的距离。Franke（1982）使用 $D/\sqrt{N}$ 替换 d，其中，D 是数据集最小外接圆的直径，于是建议使用 $c = 1.25D/\sqrt{N}$。Foley（1987）做出了和 Franke 类似的建议，不过使用数据集的最小外接矩形的边长代替最小外接圆的直径。Rippa（1999）提出了使用递归算法寻找使得插值表面全局误差最小的参数 c 的方法。Aguilar 等（2005）认为，在 MQF 插值算法和 MLF 插值算法中应当使用接近于零的光滑因子；在 IMQF 插值算法、NCSF 插值算法、TPSF 插值算法中则应当使用非常大的光滑因子，因为在 IMQF 插值算法、NCSF 插值算法、TPSF 插值算法中如果使用较小的光滑因子，将会产生显著的数值不稳定性。

径向基函数插值算法作为一种精确的插值算法，不同于局部多项式插值算法。局部多项式插值算法作为一种非精确的插值算法，并不要求表面经过所有的采样点。径向基函数插值算法和同为精确插值算法的反距离加权插值算法的不同之处在于，反距离加权插值算法不能计算出高于或低于采样点的插值点的值，而径向基函数插值算法则可以计算出高于或低于采样点的插值点的值。

▶ 2.4.4 克里格插值算法

克里格插值算法也称局部估计插值或空间局部插值，是地统计学的两大主要内容之一（张景雄，2008）。地统计学源于 20 世纪 50 年代 Krige 在地质和采矿业方面的工作，1963 年法国学者 Matheron 发表了专著《应用地质统计学》，提出了区域化变量理论，并且给出了地统计学的概念：以区域化变量理论为基础，以变异函数为主要工具，研究在空间分布上既有随机性又有结构性的自然现象的科学（侯景儒，1998）。

1. 区域化变量

区域化变量是以空间采样点 x 的三维直角坐标 (x_u, x_v, x_w) 为自变量的随机场函数 $Z(x_u, x_v, x_w) = Z(x)$，在对其进行一次观测后，就得到随机场函数 $Z(x)$ 的一个具体实现 $z(x)$。在空间的每个点取某个确定的数值后，当由一个点移动到下一个点时，函数具体实现 $z(x)$ 是变化的。

区域化变量具有随机性和结构性的双重特征。随机性是指区域化变量在具体实现时表现出一定的不规则特征；结构性是指区域化变量在不同的空间方位具有某种程度的空间自相关性。

地形表面作为一个连续的随机场表面，符合区域化变量的双重特征，因此以区域化变量理论为基础的"地统计学"在地形建模、空间分析等方面的应用方兴未艾。

2. 半变异函数

半变异函数是一种空间变量相关性的定量化描述模型。当空间采样点在一维轴 x 上变化时，区域化变量在 x 和 $x+h$ 处的值为 $Z(x)$ 和 $Z(x+h)$，两者之差的方差的一半定义为区域化变量在 x 轴上的半变异函数，记为 $\gamma(x,h)$。

$$\begin{aligned}\gamma(x,h) &= \frac{1}{2}\operatorname{var}\left[Z(x)-Z(x+h)\right]\\ &= \frac{1}{2}E\left[Z(x)-Z(x+h)\right]^2 - \frac{1}{2}\left\{E\left[Z(x)\right]-E\left[Z(x+h)\right]\right\}\end{aligned} \tag{2.15}$$

在二阶平稳假设下，有

$$E\left[Z(x+h)\right] = E\left[Z(x)\right] = m \tag{2.16}$$

那么 $\gamma(x,h)$ 可以改写成

$$\gamma(x,h) = \frac{1}{2}E\left[Z(x)-Z(x+h)\right]^2 \tag{2.17}$$

从式（2.17）可知，半变异函数依赖于两个自变量 x 和 h，当半变异函数 $\gamma(x,h)$ 与位置 x 无关时，它仅依赖于分隔两个采样点之间的距离，那么 $\gamma(x,h)$ 可以改写成 $\gamma(h)$，即

$$\gamma(h) = \frac{1}{2}E\left[Z(x)-Z(x+h)\right]^2 \tag{2.18}$$

在通常情况下，半变异函数值随着采样点间距的增加而增大，并在到达某一个间距值后趋于稳定（见图 2.4）。半变异函数具有 3 个重要的参数，分别是

块金值（Nugget）、基台值（Sill）和变程（Range），它们表示区域化变量在一定尺度上的空间变异性和相关性。

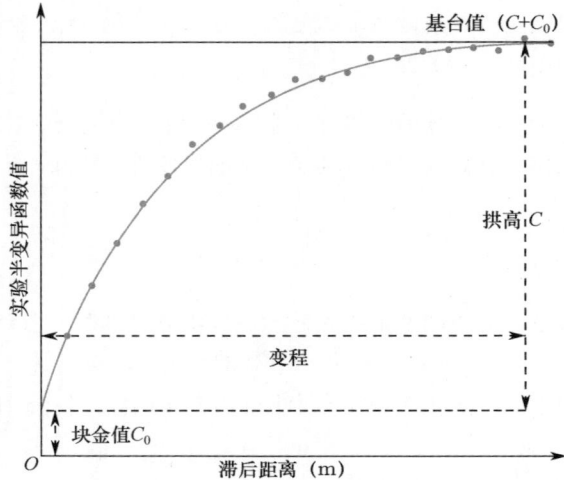

图 2.4　半变异函数图解

（1）**块金值**。根据半变异函数的定义，理论上当 $h=0$ 时，半变异函数值应等于 0。但是，由于采样误差等原因，即使两个采样点之间的距离 h 很小，其变量依然存在差异，这表示区域化变量在小于观测尺度时的非连续性变异。

（2）**基台值**。基台值表示半变异函数随着间距递增到一定程度时出现的平稳值，即 $C_0 + C$。其中，C 称为结构方差（或拱高），在数值上等于基台值与块金值之间的差值，代表由于样本数据中存在空间相关性而引起的方差变化的范围。

（3）**变程**。变程表示半变异函数达到基台值时的距离，反映了空间采样点的自相关距离尺度。在变程距离之内，空间上越近的点之间的相关性越大；当 h 大于变程时，空间采样点之间不具备自相关性，除非半变异函数具有周期性变化特征。更为重要的是，变程表示了空间插值的极限距离，选择在变程范围内的采样点参与插值才有意义（张仁铎，2005）。

在实际插值估计中，由于空间采样点是离散的，无法获取半变异函数 $\gamma(h)$ 的理论值，所以需要通过实验方法获得实验半变异函数值 $\gamma^*(h)$，即

$$\gamma^{*}(h) = \frac{1}{2N(h)} \sum_{i=1}^{N} \left[z(x_i) - z(x_i + h) \right]^2 \qquad (2.19)$$

式中，$N(h)$ 是近似相隔 h 的采样点对的数目。

之后，根据实验半变异函数值选择合适的理论半变异函数模型，并且拟合半变异函数模型的基本参数。

理论半变异函数模型包括几种简单的模型，如图 2.5 所示。

（1）线性模型（LINE）：

$$\gamma(h) = \begin{cases} C_0, & h = 0 \\ C_0 + \dfrac{C}{a} h, & 0 < h \leqslant a \\ C_0 + C, & h > a \end{cases} \qquad (2.20)$$

（2）球形模型（SPHERE）：

$$\gamma(h) = \begin{cases} 0, & h = 0 \\ C_0 + C \left(\dfrac{3}{2} \dfrac{h}{a} - \dfrac{1}{2} \dfrac{h^3}{a^3} \right), & 0 < h \leqslant a \\ C_0 + C, & h > a \end{cases} \qquad (2.21)$$

当 $C_0 = 0$、$C = 1$ 时，球形模型称为标准球形模型。

（3）指数模型（EXP）：

$$\gamma(h) = \begin{cases} 0, & h = 0 \\ C_0 + C(1 - e^{-h/a}), & h > 0 \end{cases} \qquad (2.22)$$

当 $C_0 = 0$、$C = 1$ 时，指数模型称为标准指数模型。

（4）高斯模型（GAUSS）：

$$\gamma(h) = \begin{cases} 0, & h = 0 \\ C_0 + C(1 - e^{-h^2/a^2}), & h > 0 \end{cases} \qquad (2.23)$$

当 $C_0 = 0$、$C = 1$ 时，高斯模型称为标准高斯模型。

（a）线性模型　　　　　　　　　　（b）球形模型

（c）指数模型　　　　　　　　　　（d）高斯模型

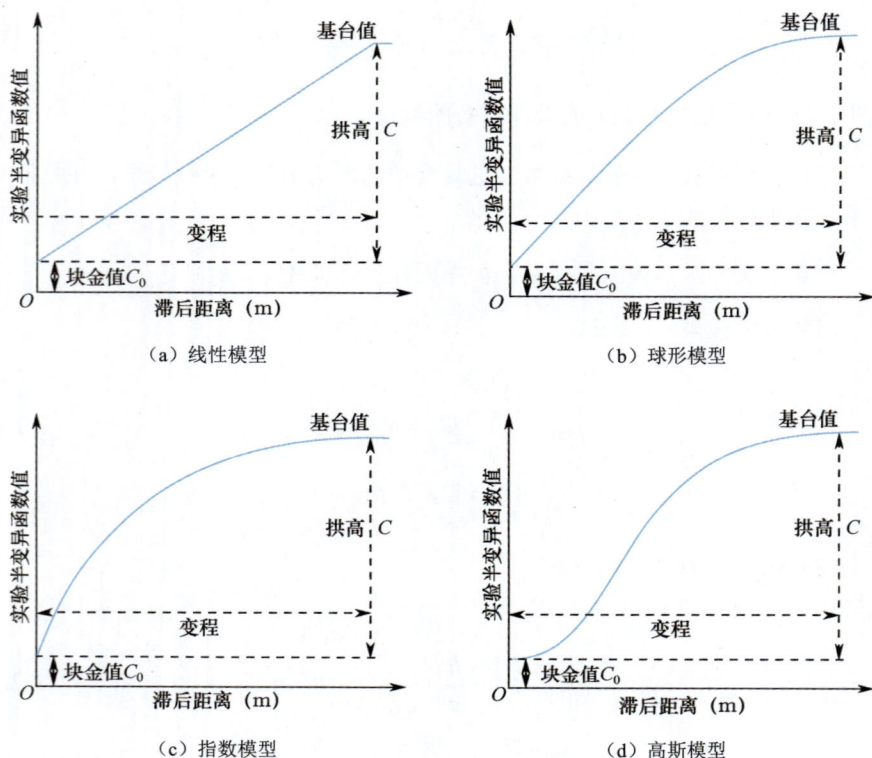

图 2.5　常用半变异函数模型图解

3. 普通克里格插值算法

克里格插值算法包括简单克里格插值算法、普通克里格插值算法、通用克里格插值算法、指标克里格插值算法、概率克里格插值算法、分离克里格插值算法、分层克里格插值算法、联合克里格插值算法、因子克里格插值算法等 20 多种不同的变形形式（de Smith et al.，2007），但是所有的克里格插值算法都是基于式（2.24）的微小变异。

$$\hat{Z}(x_0) - m = \sum_{i=1}^{n} \lambda_i \left[Z(x_i) - m(x_0) \right] \tag{2.24}$$

式中，m 为整个区域内所有采样数据的均值，λ_i 是克里格权重，n 是以 x_0 为中心的、指定搜索区域内的参与克里格插值的采样点个数，$m(x_0)$ 是指定搜索区域内的采样点均值。

当 m 为已知参数时，克里格插值称为简单克里格插值；当 m 为未知参数时，克里格插值称为普通克里格插值。

从式（2.24）可以看出，克里格插值的关键在于求解克里格权重 λ_i，并且克里格权重 λ_i 必须满足无偏条件，使估计方差最小。

其中，无偏条件的数学表达式为

$$\sum_{i=1}^{n} \lambda_i = 1 \tag{2.25}$$

估计方差表示为

$$
\begin{aligned}
\operatorname{var}\left[\hat{Z}(x_0)\right] &= E\left[\left\{\hat{Z}(x_0) - Z(x_0)\right\}^2\right] \\
&= E\left[\left(\hat{Z}(x_0)\right)^2 + \left(Z(x_0)\right)^2 - 2\hat{Z}(x_0)Z(x_0)\right] \\
&= \sum_{i=1}^{n}\sum_{j=1}^{n} \lambda_i\lambda_j C(x_i - x_j) + C(x_0 - x_0) - 2\sum_{i=1}^{n} \lambda_i C(x_0 - x_i)
\end{aligned} \tag{2.26}
$$

式中，$C(x_i - x_j) = \operatorname{Cov}\left[Z(x_i) - Z(x_j)\right]$ 为协方差函数，协方差函数和半变异函数之间具有如下关系：

$$\gamma(h) = C(0) - C(h) \tag{2.27}$$

式中，$C(0)$ 为区域化变量的 $Z(x)$ 的方差。

要使估计方差在无偏条件下最小，则问题变为一个求解条件极值的方程，可以采用标准拉格朗日乘数法求解。依据拉格朗日原理构造函数 F，即

$$F = \operatorname{var}\left[\hat{Z}(x_0)\right] - 2\mu\left(\sum_{i=1}^{n} \lambda_i - 1\right) \tag{2.28}$$

式中，μ 为拉格朗日乘数法。

分别对 F 求 λ_i 和 μ 的偏导，可得

$$\begin{cases} \dfrac{\partial F}{\partial \lambda_i} = 2\sum_{j=1}^{n} \lambda_j C(x_i - x_j) - 2C(x_i - x_0) - 2\mu = 0 \\ \dfrac{\partial F}{\partial \mu} = -2\left(\sum_{i=1}^{n} \lambda_i - 1\right) = 0 \end{cases} \qquad (2.29)$$

式（2.29）是一个 $n+1$ 阶线性方程组，有 n 个未知数 λ_i 和 1 个未知数 μ。因此，可以建立 $n+1$ 维线性方程组，即

$$\begin{bmatrix} C(x_1 - x_1) & C(x_1 - x_2) & \cdots & C(x_1 - x_n) & 1 \\ C(x_2 - x_1) & C(x_2 - x_2) & \cdots & C(x_2 - x_n) & 1 \\ \vdots & \vdots & \vdots & \vdots & \vdots \\ C(x_n - x_1) & C(x_n - x_2) & \cdots & C(x_n - x_n) & 1 \\ 1 & 1 & \cdots & 1 & 0 \end{bmatrix} * \begin{bmatrix} \lambda_1 \\ \lambda_2 \\ \vdots \\ \lambda_n \\ -\mu \end{bmatrix} = \begin{bmatrix} C(x_1 - x_0) \\ C(x_2 - x_0) \\ \vdots \\ C(x_n - x_0) \\ 1 \end{bmatrix} \qquad (2.30)$$

将已知采样点数据代入式（2.30），即可解得 λ_i。

2.5　本章小结

DEM 插值是 DEM 的核心问题，它贯穿 DEM 的生产、质量控制、精度评定、分析应用等多个环节，因此 DEM 插值算法的研究具有现实意义。

首先，本章介绍了 DEM 插值的原理，即地形的空间相关性和空间异质性。空间相关性从属性相关的角度，空间异质性从空间范围的角度，分别为 DEM 插值提供了理论基础，使利用一些空间位置合理的采样点获得对地形表面相对精确的描述，以及根据这些空间位置合理的采样点进行未知点的估计成为可能。

其次，本章论述了 DEM 插值算法的共有特性，包括全局性与局部性、精确性与非精确性、确定性与随机性、光滑性与突变性、单因素与多因素、规则

分布与不规则分布等，从每个基本特征出发都可以对 DEM 插值算法进行分类。本章合并介绍并比较各种插值算法的基本特征和适用标准，这样更加有利于对 DEM 插值算法特征及其适用标准进行理解。

最后，本章详细论述了常用 DEM 插值算法的基本特性和实现思路，为第 3 章 DEM 插值参数"优选"研究提供了算法基础。

3

DEM 插值参数"优选"研究

摘要

DEM 插值参数是构成 DEM 插值算法的基本元素，包括搜索方式和插值核函数。只有合理的插值参数才能得出"最佳"的插值结果，从而提高 DEM 的插值精度（卢华兴，2008）。本章详细介绍了插值参数的基本概念、研究现状等内容；总结了影响 DEM 插值精度的插值参数种类，并且将其划分为确定性和不确定性两类；设计了插值参数"优选"实验，确定了反距离加权插值算法、改进谢别德插值算法、径向基函数插值算法、克里格插值算法的"最优"插值参数。

3.1　DEM 插值参数

在 DEM 插值过程中，当确定插值算法之后，需要根据特殊用途确定一些和插值算法相关的插值选项，包括搜索方式和插值核函数，这些选项统称为插值参数。插值参数是构成插值算法的基本元素，不同的插值参数产生不同的插值结果，插值结果的差异有时是非常大的。因此，合理运用 DEM 插值算法的首要步骤是确定合理的插值参数。

▶ 3.1.1　搜索方式

绝大多数 DEM 插值算法都是在局部范围内进行的未知插值点高程信息的估计，即以未知插值点为中心，确定某个局部范围（邻域），利用位于该范围内的已知采样点完成插值计算。其中，选择已知采样点的过程称为采样点搜索方式。和采样点搜索方式相关的一些选项包括搜索形状、搜索点数、搜索半径、搜索方向，以及在搜索时是否考虑等高线、结构线、断裂线、边界线等。

1. 搜索形状

搜索形状是指以未知插值点为中心的局部范围的形状，常用的搜索形状包括搜索圆和搜索正方形（王家耀，2001）。

搜索圆指以未知插值点为中心，按照一定半径建立圆形的局部搜索区域，邻域的初始半径可以按照经验公式（3.1）确定，即

$$R = \sqrt{k \frac{A}{n\pi}} \qquad (3.1)$$

式中，A 是包含所有采样点的局部区域面积；n 为采样点个数；k 是数据量的平均值，一般为 7。

搜索正方形指以未知插值点为中心，按照一定边长建立正方形的局部搜索区域，邻域的初始边长可以按照经验公式（3.2）确定，即

$$S = \sqrt{k \frac{A}{n}} \qquad (3.2)$$

式中各参数的含义同搜索圆。

搜索形状最主要的作用是控制哪些区域内的采样点可以参与插值计算，并且确定搜索采样点的判断方法。例如，在搜索过程中使用半径为 R 的搜索圆，并且使用四方向搜索，那么未知插值点(x_0, y_0)在第一象限内符合要求的采样点(x_i, y_i)可以使用式（3.3）确定。

$$\left(x_i, y_i \right) \in \begin{cases} \sqrt{\left(x_0 - x_i\right)^2 + \left(y_0 - y_i\right)^2} \leqslant R \\ 0 \leqslant \tan\left(\dfrac{y_i - y_0}{x_i - x_0}\right) < \pi / 2 \end{cases} \qquad (3.3)$$

同理，如果在搜索过程中使用边长为 S 的搜索正方形，同样使用四方向搜索，那么未知插值点(x_0, y_0)在第一象限内符合要求的采样点(x_i, y_i)可以使用式（3.4）确定。

$$\left(x_i, y_i \right) \in \begin{cases} x_0 - \dfrac{S}{2} \leqslant x_i \leqslant x_0 + \dfrac{S}{2} \\ y_0 - \dfrac{S}{2} \leqslant y_i \leqslant y_0 + \dfrac{S}{2} \end{cases} \qquad (3.4)$$

比较而言，在相同条件下采用搜索正方形可以加快搜索速度，进而提高 DEM 插值算法的效率。

2．搜索点数

搜索点数指参与插值计算的采样点个数，它是影响 DEM 插值精度的重要因素。在 DEM 插值过程中，无论是搜索半径的控制，还是搜索方向的控制，本质都是控制参与插值计算的采样点个数的问题。

王家耀（2001）通过实验发现局部插值的搜索点数根据插值算法的不同而不同，并总结了不同插值算法对应的最佳搜索点数的实验值（见表 3.1）。

表 3.1　不同插值算法对应的最佳搜索点数实验值

插值算法	最佳搜索点数实验值（个）
加权平均插值	4～10
多项式插值	>8
多层曲面叠加插值	4～10
最小二乘插值	>8
有限元插值	4～10

Kinder（2003）在研究多项式插值的过程中发现，对于高次多项式插值而言，搜索点数越多越好。

Aguilar 等（2005）在研究地貌类型、采样密度和插值算法对规则格网精度的影响时，使用 8 个搜索点数完成径向基函数插值算法和反距离加权插值算法的插值计算。

George 和 David（2008）在反距离加权插值算法的适应性优化研究中指出，"邻域"指距离插值点最近的 5 个采样点组成的局部范围，即搜索点数为 5 个。

可以说，在搜索点数选取的问题上，多数学者采取的是简化原则，即在研究过程中直接指定搜索点数的多少。但是，这样做可能导致得出的结论存在差异。

搜索点数是影响 DEM 插值精度的重要因素，"最优"搜索点数应随 DEM 插值算法的不同而不同。

3．搜索半径

搜索半径指参与插值计算的采样点所占据的邻域范围。根据邻域形状的不同，搜索半径可以是邻域的半径或者边长。搜索半径和搜索点数是相互作用的，既可以由搜索点数控制搜索半径，也可以由搜索半径控制搜索点数。但是，更多时候是通过搜索点数控制搜索半径的，甚至提出了确定邻域搜索半径的自适应搜索方法（王家耀，2001）或变长搜索方法（汤国安等，2005）。

以邻域搜索圆为例，邻域搜索圆的初始半径可以通过式（3.1）确定，此时可以根据未知插值点、搜索方向和邻域搜索圆的初始半径确定落在邻域范围内的采样点个数 N_{obs}。假如 N_{obs} 小于表 3.1 所需要的搜索点数要求，那么就扩大邻域搜索圆的初始半径，如图 3.1（a）所示；假如 N_{obs} 大于表 3.1 所需要的搜索点数要求，那么就缩小邻域搜索圆的初始半径，如图 3.1（b）所示。

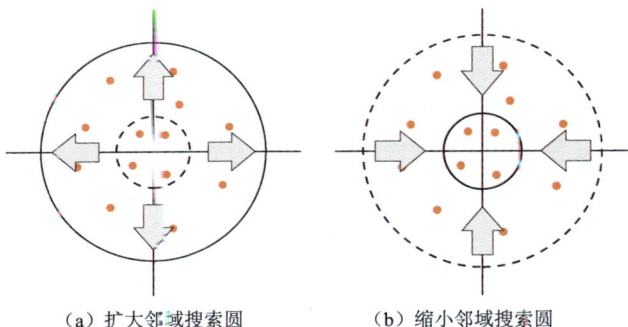

（a）扩大邻域搜索圆　　　　　（b）缩小邻域搜索圆

图 3.1　自适应邻域搜索圆

关于搜索半径的确定。无论是初始半径、自适应半径还是变长半径，都不能脱离类似表 3.1 指定的搜索点数的经验值，这给搜索半径的确定带来一定经验性取值。按照地统计学原理的描述，半变异函数是衡量空间变量相关性的定量描述模型（张景雄，2003），其中，半变异函数的变程表示空间插值的极限距离，在此范围内的插值才是有意义的。因此可以认为，变程定义的极限距离应当是最合理的搜索半径，即首先通过变程确定邻域搜索半径，然后由搜索半径确定搜索点数，这是水到渠成的解决方案。

4. 搜索方向

搜索方向指在搜索参与插值计算的已知采样点的过程中考虑方向的因素。当采样数据分布不均匀时，可能出现在未知插值点周围的某个方向内没有足够的采样点，而在另一个方向内又存在大量采样点的情况，从而影响了 DEM 插值精度。此时可以采用限制搜索方向的做法，即要求未知插值点周围各方向内的采样点都应满足一定数量的要求。搜索方向根据象限划分数量的不同分为无方向限制、四方向限制、八方向限制、十六方向限制等。

使用不同的搜索方向，最直接的结果就是在相同搜索点数的要求下，各参与插值计算的采样点存在一定的差异。这种差异表现为搜索得到的采样点和插值点之间的距离会增大。假定需要搜索的采样点有 16 个，那么使用无方向限制、四方向限制、八方向限制下的表现如图 3.2 所示。以搜索到的 16 个采样点中最大距离为半径画圆，落在圆内的已知采样点的个数关系明显是 $N_{null} \leqslant N_{four} \leqslant N_{eight}$，相应的距离是 $D_{null} \leqslant D_{four} \leqslant D_{eight}$。这种关系对于受距离影响敏感的插值算法而言，插值结果就会存在一定差异。因此，搜索方向的选择对 DEM 插值精度存在一定的影响。

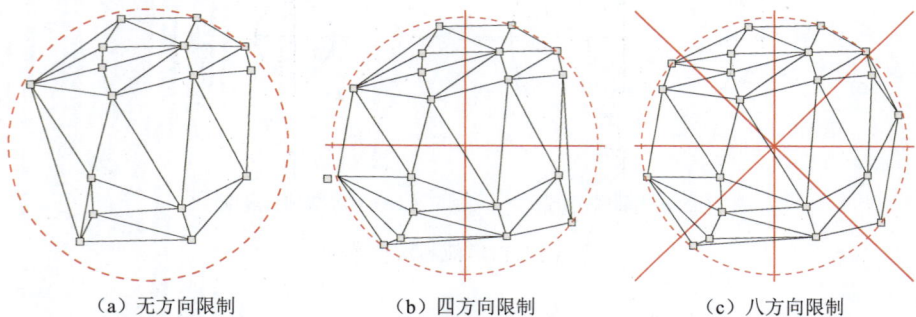

（a）无方向限制　　　（b）四方向限制　　　（c）八方向限制

图 3.2　搜索点数在不同搜索方向限制下的表现

5. 等高线、结构线、断裂线、边界线

等高线指地形图上高程相等的各点连接而成的闭合曲线，可以看作不同海拔高度的水平面与实际地面的交线在水平面上的投影，是三维地形的二维表现。

结构线是地形的骨架线，实际上是地形单点连续移动构成的空间曲线，如山谷线、山脊线等。

断裂线表示地形的边缘。从统计意义来说，断裂线两侧的点之间不存在相关性，或者相关性很小；从几何意义来说，断裂线表示地形的不光滑地段。

边界线表示无须进行插值计算的区域，如居民地、湖泊、河流、道路等。边界线往往可以看作断裂线的一种特殊形式。

在 DEM 插值过程中，必须考虑等高线、结构线、断裂线或边界线，这将有助于采样点的选择，最终提高 DEM 插值精度。

基于等高线分布的 DEM 插值，一般可以通过两种方法实现：一是直接基于等高线数据，运用相邻等高线之间最陡坡度方法直接进行插值；二是首先将等高线离散化处理，然后基于离散点数据进行插值，在插值过程中应考虑等高线的因素。第一种方法需要建立等高线数据之间的拓扑关系，即等高线数据的组织。但是，等高线数据的不连续、自交叉等现象常常导致不能很好地建立等高线拓扑关系。因此，第二种方法是最常用的形式，在插值过程中考虑等高线因素，可以有效地避免"块纹"现象（高俊等，1999）。

"块纹"现象是由于在插值过程中没有考虑等高线因素所导致的。假设 P 点所在某个邻域搜索圆内存在一系列由离散点组成的等高线数据，如果仅考虑离散点数据，那么使用四方向搜索得到的参与 P 点插值的采样点分别是 A、B、C、D。显然，A 点是不合适的，因为在 A 点和 P 点之间还存在一条等高线（设为 l），跨过等高线 l 直接使用 A 点参与 P 点插值，直接的后果是导致 DEM 存在"块纹"现象。"块纹"现象的解决方案是计算 AP 和 l 的交点 A'，用 A' 代替 A 进行 DEM 插值（见图 3.3）。

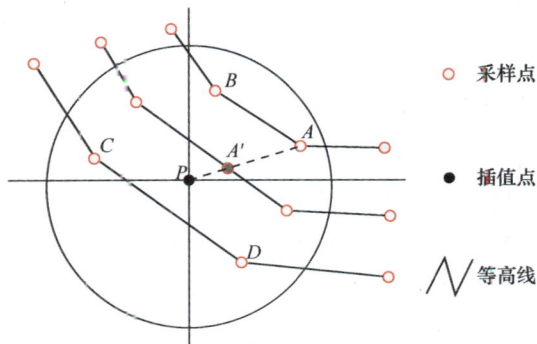

图 3.3 利用等高线消除 DEM "块纹"现象示例

在 DEM 插值过程中考虑结构线、断裂线、边界线等因素，对 DEM 插值结果具有确定性的优化作用。

假设在某个邻域搜索圆中存在山谷线，则未知插值点位于山谷两侧的坡面上（见图 3.4）。如果使用多项式逼近地形表面，那么无论是一次平面，还是二次曲面都不能有效地逼近。如果采用加权平均插值，那么在第一象限内的 A 点是较 B 点更近的采样点，其权重也就更大，对插值点 P 的影响也就更大。实际上，A 点落在东侧的坡面上，A 点和 P 点之间存在地貌突变现象，以较大的权重参与 P 点的插值必然降低插值精度。

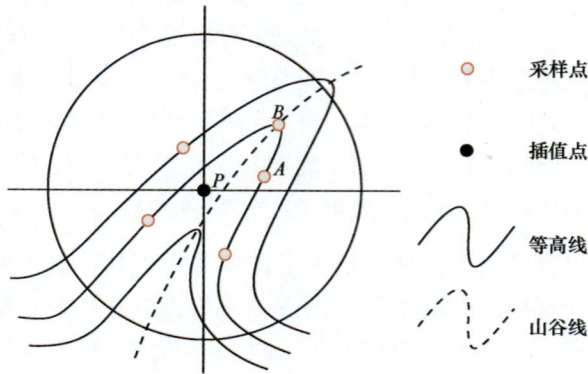

图 3.4　含有地形特征线的 DEM 插值

▶ 3.1.2　插值核函数

插值核函数是影响 DEM 插值结果的重要因素，在整个插值过程中起着调节已知采样点权重的作用，其地理意义直接或间接地表达了相邻两个空间对象之间的空间相关关系（卢华兴，2008）。

卢华兴在插值核函数的基础上，分别总结了加权平均插值算法、移动拟合插值算法、径向基函数插值算法、克里格插值算法等的插值核函数（见表 3.2、表 3.3、表 3.4、表 3.5），提出了"统一插值模型"的概念。

表 3.2　加权平均插值算法核函数

核　函　数	表达式（d 为距离）	备　　注
幂函数、改进谢别德函数	$p(d)=(d+t)^{-u}$	u 为权指数，t 为光滑因子
调和函数	$p(d)=\left(\dfrac{R-(d+t)}{R(d+t)}\right)^{-u}$	u 为权指数，t 为光滑因子，R 为全局搜索点最大距离

表 3.3 移动拟合插值算法核函数

核 函 数	表达式（d 为距离）	备 注
线性平面函数	$z = ax + by + c$	
双线性平面函数	$z = ax + by + cxy + d$	
二次曲面函数	$z = ax^2 + by^2 + cxy + dx + ey + f$	
三次曲面函数	$z = ax^3 + by^3 + cx^2 y + dxy^2 +$ $ex^2 + fy^2 + gxy + hx + iy + j$	

表 3.4 径向基函数插值算法核函数

核 函 数	表达式（d 为距离）	备 注
多重二次曲面函数	$\varphi(d) = \sqrt{d^2 + c^2}$	c 为光滑因子
反多重二次曲面函数	$\varphi(d) = \dfrac{1}{\sqrt{d^2 + c^2}}$	c 为光滑因子
多重对数函数	$\varphi(d) = \ln(d^2 + c^2)$	c 为光滑因子
薄板样条函数	$\varphi(d) = (d^2 + c^2)\ln(d^2 + c^2)$	c 为光滑因子
自然双三次样条函数	$\varphi(d) = (d^2 + c^2)^{3/2}$	c 为光滑因子

表 3.5 克里格插值算法核函数

核 函 数	表达式（d 为距离）	备 注
线性函数	$\gamma(d) = C_0 + Cd$	C_0 为块金值，C 为拱高
球形函数	$\gamma(d) = C_0 + C\left(\dfrac{3}{2}\dfrac{d}{a} - \dfrac{1}{2}\dfrac{d^3}{a^2}\right)$	C_0 为块金值，C 为拱高，a 为变程
指数函数	$\gamma(d) = C_0 + C\left(1 - e^{-d/a}\right)$	C_0 为块金值，C 为拱高，a 为变程
高斯函数	$\gamma(d) = C_0 + C\left(1 - e^{-d^2/a^2}\right)$	C_0 为块金值，C 为拱高，a 为变程

从表 3.2、表 3.3、表 3.4、表 3.5 可以看出，不同的插值核函数都直接或间接地表达了空间对象的空间相关关系。

▶ 3.1.3 不确定性 DEM 插值参数

在 DEM 插值过程中，当确定 DEM 插值算法之后，插值参数是影响 DEM 插值精度的主要因素之一。根据 3.1.1 节和 3.1.2 节的描述，插值参数可以分为搜索方式和插值核函数两个部分，它们在 DEM 插值算法中具有不同的表现。

一是不同 DEM 插值算法中的插值参数是不一致的。例如，反距离加权插值算法，除公共的组成搜索方式的插值参数外，构成插值核函数的主要变量是权指数 u 和光滑因子 t；同样地，径向基函数插值算法中除公共的组成搜索方式的插值参数外，构成插值核函数的主要变量是光滑因子 c。

二是相同 DEM 插值算法中的插值参数性质是不一致的。有些插值参数对 DEM 插值精度具有确定性的优化作用，有些插值参数对 DEM 插值精度具有确定性的降低作用，而更多的插值参数对 DEM 插值精度的影响随着插值参数的不同取值而表现出不同的效果。

因此，插值参数一般可以划分为确定性和不确定性两大类。插值参数"优选"实验的研究对象是不确定性插值参数。

搜索方式中的插值参数存在确定性变量和不确定性变量。邻域搜索形状主要用于控制如何更高效地获取参与插值的采样点，对于提高 DEM 插值精度并没有太大的影响，更大的作用是提高 DEM 插值效率。在使用邻域搜索正方形判断哪些采样点落在指定范围内时，通常采用的是数值大小的比较，而不涉及乘、除和三角函数的运算，相比邻域搜索圆具有更高的插值效率。根据 3.1.1 节的描述，搜索半径一般受到搜索点数的控制，因此产生了自适应搜索半径和变长搜索半径的解决方案。搜索点数的选择如下：在采样点较为密集时，一般在较小的区域范围内就可以取到足够的采样点数；对于采样点稀疏的区域，可能需要较大的搜索半径才能取到足够的采样点数，此时可能出现距离未知插值点渐远的采样点。较远的采样点对未知插值点的贡献率较低，不但不会提高 DEM 插值精度，甚至会影响 DEM 插值精度（汤国安等，2005）。但是，如果忽略这样的采样点，又可能导致在插值时由于取不到（或取不够）采样点而导致插值计算无法实现的现象。例如，Gloden Suffer 软件中存在的 DEM 插值点被"白化"处理的现象。通常，我们应当尽量避免这种情况的发生。常规做法是忽略搜索半径的影响，以取到足够的采样点为准绳，虽然 DEM 精度有所下降，但是总比 DEM 插值点被"白化"要强。

三是通过 3.1.2 节的描述，在插值过程中考虑等高线、特征线、断裂线、边界线等因素，对 DEM 插值精度产生确定性的优化作用。

插值核函数中的插值参数同样存在确定性变量和不确定性变量。例如，反距离加权插值算法中的权指数 u 和光滑因子 t，权指数 u 是形成 DEM 插值误差的不确定性变量，而光滑因子 t 是形成 DEM 插值误差的确定性变量。也就是说，随着光滑因子的增大，插值得到的 DEM 最大高程逐渐减小，最小高程逐渐增大，地形表面趋于平坦，DEM 插值误差逐渐增大。对于克里格插值算法中的块金值（C_0）、拱高（C）和变程（a），由于块金值、拱高和变程的取值都需要根据采样数据建立实验半变异函数确定，因此对于同样的采样数据，最优的块金值、拱高和变程取值对于 DEM 插值误差的影响是确定不变的，但是半变异函数有不同的模型，具有不确定性。

综上所述，表 3.6 总结了常用 DEM 插值算法中对插值精度具有不确定性影响的参数，主要包括搜索点数（P）、搜索方向（D）和插值核函数。

表 3.6　常用 DEM 插值算法中的不确定性插值参数

插值算法		搜索方式		插值核函数
		搜索点数	搜索方向	
反距离加权插值算法		P	D	u
改进谢别德插值算法		P	D	u
径向基函数插值算法	多重二次曲面函数	P	D	c
	反多重二次曲面函数	P	D	c
	多重对数函数	P	D	c
	薄板样条函数	P	D	c
	自然三次样条函数	P	D	c
克里格插值算法	线性函数	P	D	C_0、C、a
	球形函数	P	D	
	指数函数	P	D	
	高斯函数	P	D	

3.2　DEM 插值参数 "优选" 实验

为研究不同 DEM 插值算法中不确定性插值参数对 DEM 插值精度的影响，本节专门设计了插值参数 "优选" 实验，尝试通过实验分析得出不同 DEM 插值算法的"最优"插值参数。"最优"并不是唯一值，而是在随机选取不同实验区域时，各种不同插值参数使插值精度相对较好的模糊取值区间，为用户更好地选择不同的 DEM 插值算法或同一种插值算法的不同插值参数提供一个参考数值。

▶ 3.2.1 实验数据来源与特征

实验选取江苏、山东、河南、贵州、西藏、辽宁 6 个地区的 15km×15km 范围内的 30m 分辨率 ASTER GDEM 作为基础源数据（实验数据来源于中国科学院计算机网络信息中心科学数据中心），图形特征如图 3.5 所示，地形特征描述参数如表 3.7 所示。

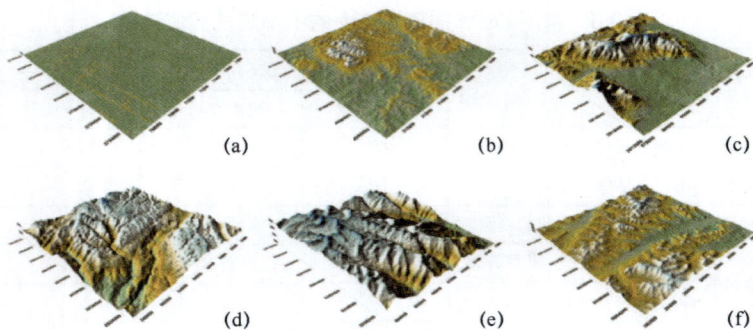

图 3.5　不同实验区域的图形特征

注：（a）江苏；（b）山东；（c）河南；（d）贵州；（e）西藏；（f）辽宁

表 3.7　不同实验区域的地形特征描述参数统计

地形描述参数	江　苏	山　东	河　南	贵　州	西　藏	辽　宁
最低高程（m）	2	33	285	1235	3940	575
最高高程（m）	50	354	1444	2252	5769	1081
平均坡度（°）	1.2745	5.5126	13.3578	16.6297	23.7719	9.1109

同时，对 ASTER GDEM 数据进行等高线内插获得等高距为 10m 的等高线数据，并对等高线数据进行离散化处理，最终将得到的离散点数据作为实验数据源。由于本书单纯进行 DEM 插值参数"优选"研究，因此可以认为实验数据不存在源数据误差，都是"真值"。这符合实验的假设和要求。

▶ 3.2.2 实验对象

实验选取了反距离加权插值算法、改进谢别德插值算法、径向基函数插值算法、普通克里格插值算法中的各种不同插值参数作为研究对象，各插值参数的实验取值如表 3.8 所示。

表 3.8 DEM 插值算法中的各插值参数的实验取值

插值算法		搜索方式		插值核函数
		搜索点数（个）	搜索方向	
加权平均插值算法	反距离加权插值算法	$P = 1、2、3、4、$ $5、7、8$	$D = $ 无方向限制、四方向限制、八方向限制	$u = 1、2、3、4、5$
	改进谢别德插值算法			
径向基函数插值算法	多重二次曲面函数	$P = 1、2、3、4、$ $5、7、8$	$D = $ 无方向限制、四方向限制、八方向限制	$c = 0、20、40、60、$ $80、100、200、300、$ $400、500、600、700、$ $800、900、1000$
	反多重二次曲面函数			
	多重对数函数			
	薄板样条函数			
	自然三次样条函数			
普通克里格插值算法	线性函数	$P = 1、2、3、4、$ $5、7、8$	$D = $ 无方向限制、四方向限制、八方向限制	实验拟合
	球形函数			
	指数函数			
	高斯函数			

搜索方向分为无方向限制搜索、四方向限制搜索和八方向限制搜索。无方向限制搜索不考虑方向因素，直到搜索到指定的采样点数；四方向限制搜索以插值点为中心，将邻域范围均分为 4 等分，然后在每个区域内选择相同数量的采样点；八方向限制搜索以插值点为中心，将邻域范围均分为 8 等分，然后在每个区域内选择相同数量的采样点。

搜索点数的取值指每个区域内的采样点数。假设搜索方向为四方向限制搜索，搜索点数为 1 个，则表明四方向限制搜索中的 4 个等分区域，每个区域的采样点数为 1 个，总的搜索点数为 4 个。无方向限制搜索中搜索点数的含义类似于四方向限制搜索。

▶ 3.2.3　实验方法

为了更好地分析插值参数对 DEM 插值精度的影响，实验中分别运用交叉验证方法、相关分析、趋势面分析和方差分析等一系列实验方法"优选"DEM 插值参数。

1. 交叉验证方法

在实验过程中运用交叉验证方法计算每个采样点的残差，并根据残差计算中误差值，最终根据中误差值判定在不同插值参数下的 DEM 插值精度。

交叉验证方法的基本思路是：假定研究变量 $Z(x)$，存在 n 个采样点 $z(x_i, y_i)$（$i=1,2,\cdots,n$）；依次删除第 i 个采样点，其他采样点保持不变，利用剩余的 $n-1$ 个采样点中的全部或部分采样点重新插值计算被删除采样点的 $z(x_i, y_i)$ 值，记为 $z^*(x_i, y_i)$；然后对 n 个采样点的插值结果和实际结果进行比较，并进行误差的统计学分析，进而计算得到中误差值。

运用交叉验证方法可以最大限度地减少其他因素对 DEM 插值精度的影响，如 DEM 格网尺寸。假设使用高精度检查点判定 DEM 插值精度，其步骤为：首先需要插值计算某个格网尺寸的 DEM，其次将检查点的平面坐标代入 DEM，再次计算得到每个检查点的高程计算结果，最后比较检查点的插值结果和测量结果，并得到中误差值用于 DEM 插值精度的判定。毋庸置疑，格网尺寸是必须考虑的因素，因为基于不同格网尺寸的 DEM 计算得到的中误差值是不一致的。这对于"最优"插值参数的研究，无疑增加了复杂程度。

2. 相关分析

相关分析是经典统计分析中最基本的方法之一。它主要从统计分析的角度，定量分析要素之间的相关程度，拟合变量之间的数量关系。要素之间的相关分析揭示了要素之间相互关系的密切程度，而要素之间密切程度的测定主要通过相关系数（r）的计算与检验来完成（徐建华，2010）。常用的相关系数主要有 Pearson 简单相关系数、Spearman 等级相关系数、Kendall τ 相关系数（张庆利，2011）。这里使用 Pearson 简单相关系数定量分析各变量之间的相关关系。

Pearson 简单相关系数用于度量定距型变量之间的线性相关关系，其计算公式如式（3.5）所示。

$$r = \frac{\sum\limits_{i=1}^{n}(x_i-\overline{x})(y_i-\overline{y})}{\sqrt{\sum\limits_{i=1}^{n}(x_i-\overline{x})^2(y_i-\overline{y})^2}} \qquad (3.5)$$

式中，n 为样本容量，x_i、y_i 为两个变量的样本值。

相关系数 r 的取值一般为 $-1\sim1$。当 $r>0$ 时，表示两个变量之间存在正相关关系；反之，两个变量之间存在负相关关系。一般认为，当相关系数的绝对值大于 0.8 时，两个变量之间具有较强的线性关系；而当相关系数的绝对值小于 0.3 时，两个变量之间的相关关系较弱。

在计算两个变量的相关系数之后，需要对两个变量的样本所来自的总体是否存在显著的线性关系进行推断。Pearson 简单相关系数的检验统计量为 t 统计量，定义为

$$t = \frac{r\sqrt{n-2}}{\sqrt{1-r^2}} \qquad (3.6)$$

给定置信水平为 0.05 检验相关系数的显著性。如果计算得到 $p<0.05$，则表示相关系数具有显著性意义；反之，不存在显著性意义，即两个变量之间不存在强线性相关关系。

3. 趋势面分析

趋势面分析是利用数学函数模拟要素在空间上的分布及其变化趋势的一种数学方法。趋势面分析的本质是通过回归分析，运用最小二乘法拟合二维非线性函数，模拟要素在空间上的分布规律，展示要素在空间上的变化趋势。

假设存在采样数据 $z(x_i, y_i, z_i)$（$i=1,2,\cdots,n$），拟合回归方程 $z=f(x, y)$，使得

$$Q = \sum_{i=1}^{n}\left[z_i - f(x_i, y_i)\right]^2 \rightarrow 最小 \qquad (3.7)$$

这是最小二乘法意义下的曲面拟合问题。经常用于曲面拟合的数学表达式有多项式函数和傅里叶级数。但是，最常用的数学表达式还是多项式函数，因

为任何函数在一个适当的范围内都可以使用多项式逼近，并且可以根据需要调整多项式的次数，多项式趋势面函数如下所示。

一次趋势面函数：$z = a_0 + a_1x + a_2y$；

二次趋势面函数：$z = a_0 + a_1x + a_2y + a_3x^2 + a_4xy + a_5y^2$；

三次趋势面函数：$z = a_0 + a_1x + a_2y + a_3x^2 + a_4xy + a_5y^2 + a_6x^3 + a_7x^2y + a^8xy^2 + a_9y^3$。

根据高斯-马尔可夫定理，最小二乘法给出多项式系数的最佳线性无偏估计值，也就是使残差平方和达到最小。所以，回归拟合就是根据采样数据 $z(x_i, y_i, z_i)$（$i = 1, 2, \cdots, n$）确定多项式的系数 a_0，a_1，a_2，$\cdots$，a_m，并且使残差平方和最小。

令 $x = x_1$，$y = x_2$，$x^2 = x_3$，$\cdots$，则 $\hat{z} = a_0 + a_1x_1 + a_2x_2 + \cdots + a_mx_m$。

由此，多项式回归分析问题转化为多元线性回归问题。根据最小二乘法原理，可以求出参数 a_0，a_1，a_2，$\cdots$，a_m。由于在正规方程组的系数矩阵 $\boldsymbol{X'X}$ 中，矩阵元素大小和级次相差悬殊，当矩阵中元素在[0,1]时，高次多项式进行最小二乘法拟合，系数矩阵接近于奇异矩阵，因此一般采用正交变换法求解正规方程（唐启义，2007）。

趋势面分析中需要检验拟合得到的趋势面函数的适度问题，因为它直接关系到趋势面分析的应用效果。从统计学观点来看，趋势面分析拟合程度的高低是回归效果好坏的关键。常用 F 检验来检验趋势面的适度问题，其方法是将 z 的总离差平方和 $\mathrm{SS_T}$ 分解为两部分，即

$$\mathrm{SS_T} = \mathrm{SS_R} + \mathrm{SS_S} = \sum_{i=1}^{n}\left(z_i - \hat{z}_i\right)^2 + \sum_{i=1}^{n}\left(\hat{z}_i - \overline{z}_i\right)^2 \tag{3.8}$$

式中，回归平方和 $\mathrm{SS_R}$ 是所有 m 个自变量对因变量 z 变异的影响；剩余平方和 $\mathrm{SS_S}$ 是其他随机因素对因变量 z 变异的影响。$\mathrm{SS_R}$ 越大（或 $\mathrm{SS_S}$ 越小），表示因变量 z 与自变量的线性关系越密切，回归效果越好。以 $R^2 = \mathrm{SS_R}/\mathrm{SS_T} \times 100\% = (1 - \mathrm{SS_S}/\mathrm{SS_T}) \times 100\%$ 表示趋势面的拟合度，拟合度越高，回归效果越好。因此，对于 K 次趋势面分析的显著性检验，可以使用式（3.9）所示的统计量进行方差分析（其中，m 是趋势面的项数，常数项除外）。

$$F = \frac{SS_R / m}{SS_S / (n - m - 1)} \qquad (3.9)$$

如果 F 值大于临界 F 值，即 $F_\alpha(m, n-m-1)$，那么趋势面显著；否则，趋势面不显著。

4．方差分析

方差分析用于两个及两个以上样本均数差别的显著性检验。由于各种因素的影响，研究所得的数据呈现波动状态，造成波动的原因可以分为两类：一类是不可控的随机因素；另一类是在研究中施加的对结果形成影响的可控因素。方差分析的基本思想是：研究不同变量的变异对总变异的贡献大小，分析不同水平的控制变量是否对结果产生了显著性影响。

一般而言，方差分析需要满足 3 个基本假设，即要求各总体应服从正态分布，各总体的方差应相同，并且有独立的观测值。因此，在进行方差分析计算之前需要对实验数据进行方差齐次性分析。只有在满足方差齐次性分析的前提下，方差分析的结果才能让人信服（刘贤赵等，2009）。

在方差分析得出的结果中，p 值是用于推断实验因素之间差异程度的指标。当给定置信水平 0.05 时，只有计算得到的概率 p 值小于或等于 0.05，才可以认为各实验因素之间存在显著性差异。

方差分析可以利用 DPS 数据处理系统提供的 "二因素有重复实验统计分析" 完成，具体操作步骤参见 7.1 节。

▶ **3.2.4　实验流程**

DEM 插值参数 "优选" 实验流程如图 3.6 所示，具体如下：

（1）从 30m 分辨率的 ASTER GDEM 数据中选择不同区域的数据作为实验数据；

（2）根据插值核函数、搜索点数、搜索方向的不同取值运用交叉验证方法计算任意点的计算值和真实值之间的残差，并且计算残差中误差值；

（3）考察单个插值参数对 DEM 插值精度的影响，得出各插值参数的 "最优" 值；

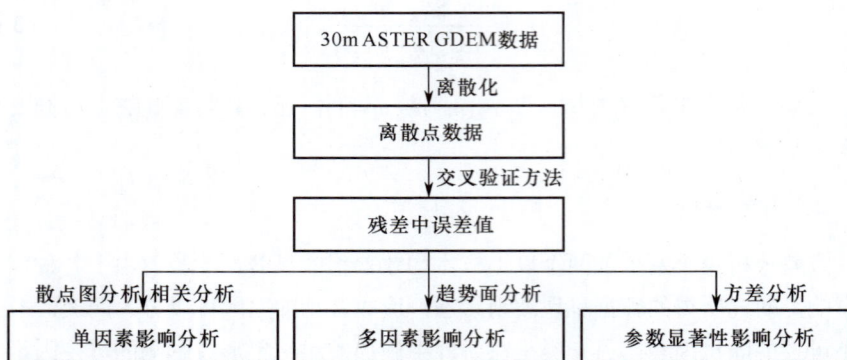

图 3.6   DEM 插值参数"优选"实验流程

（4）考虑各插值因素共同对 DEM 插值精度的影响，运用趋势面分析方法研究存在的"最优"插值参数；

（5）运用方差分析方法研究各不同插值参数对 DEM 插值精度影响的显著性差异，为插值参数的"优选"奠定基础。

3.3   反距离加权插值算法的"最优"插值参数

反距离加权插值算法的不确定性插值参数涉及搜索方向、权指数、搜索点数。

▶ 3.3.1   搜索方向

固定搜索点数、权指数，研究无方向限制搜索（D0）、四方向限制搜索（D1）和八方向限制搜索（D2）对 DEM 插值精度的影响。

首先，使用 DPS 数据处理系统计算在不同搜索方向下 DEM 中误差的相关系数，可以发现三者之间的相关性均在 0.83 以上，特别是四方向限制搜索和八方向限制搜索的相关性高达 0.99 以上（见表 3.9，其中"D0×D1"表示无方向限制搜索和四方向限制搜索的 DEM 中误差相关系数，其他类似），这表明四方向限制搜索和八方向限制搜索对 DEM 插值精度的影响不大。

表 3.9　不同搜索方向之间的相关系数（基于反距离加权插值算法）

实验区域	江　苏	山　东	河　南	贵　州	西　藏	辽　宁
D0×D1	0.9591	0.9901	0.9293	0.9524	0.8774	0.9783
D0×D2	0.9584	0.9915	0.9083	0.9395	0.8358	0.9761
D1×D2	0.9980	0.9994	0.9982	0.9989	0.9963	0.9997

其次，研究不同实验区域的无方向限制搜索、四方向限制搜索和八方向限制搜索的中误差值。在所有情况下，无方向限制的中误差值大于四方向限制搜索和八方向限制搜索；随着地形复杂程度的增加，八方向限制搜索逐渐优于四方向限制搜索。图 3.7 是不同实验区域在权指数为 2，且搜索点数为 8 个和 16 个的实验结果。

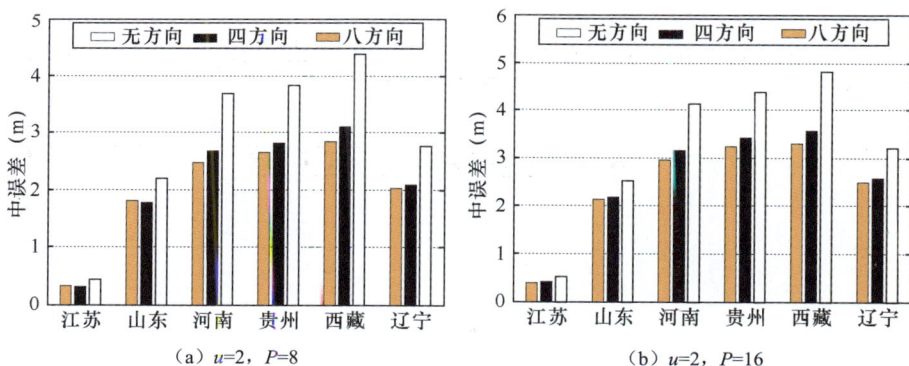

（a）$u=2$，$P=8$　　　　　　　（b）$u=2$，$P=16$

图 3.7　无方向、四方向和八方向限制搜索对 DEM 插值精度的影响

结合上述两个方面的分析可以认为，在无方向限制搜索下建立的 DEM 插值精度最差，在四方向限制搜索和八方向限制搜索下建立的 DEM 插值精度相当。因此，在强调插值效率和插值精度均衡的前提下，可以使用较少的搜索方向，如四方向限制搜索。

▶ 3.3.2　搜索点数

固定搜索方向、权指数，研究搜索点数对 DEM 插值精度的影响，建立以搜索点数为横轴、以 DEM 中误差为纵轴的曲线，每条曲线分别代表当权指数不同时搜索点数对 DEM 插值精度的影响（见图 3.8），可以得到如下结论。

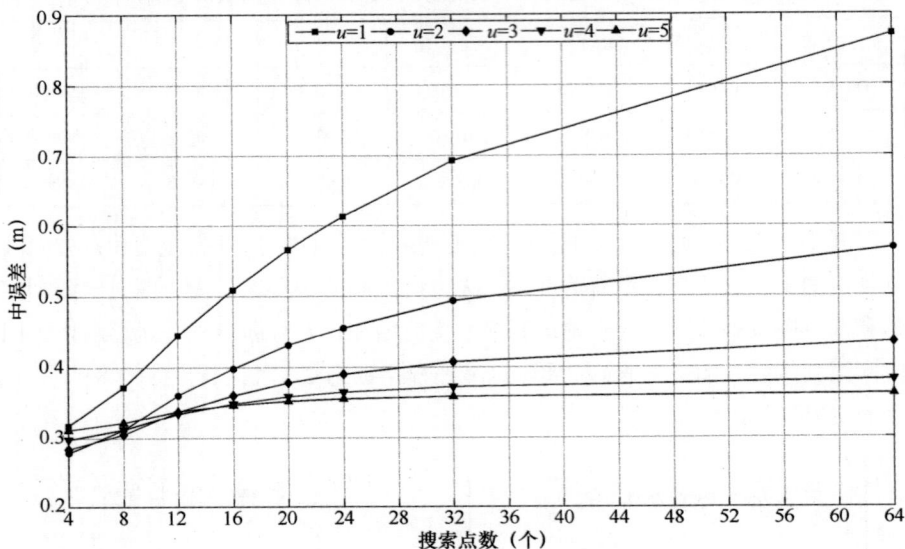

（a）江苏

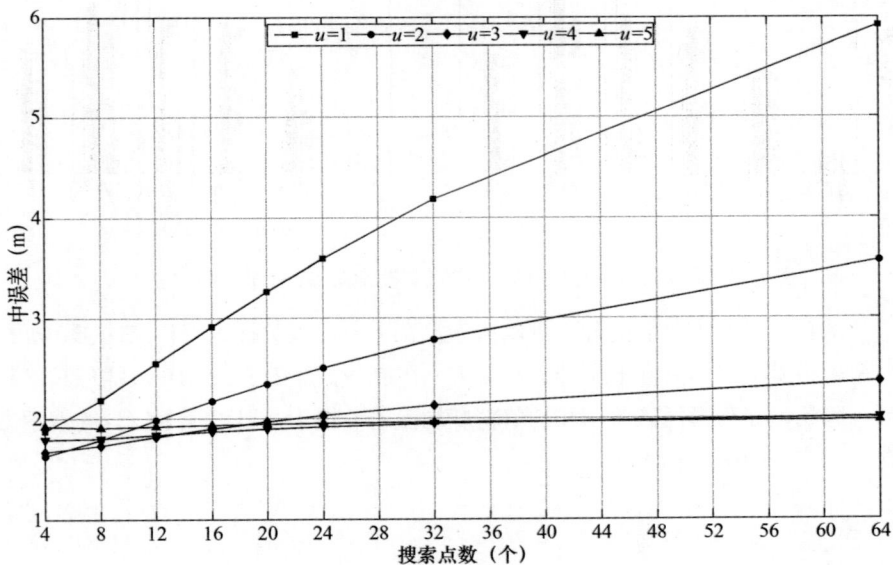

（b）山东

图 3.8　在四方向限制搜索下搜索点数和 DEM 中误差的关系

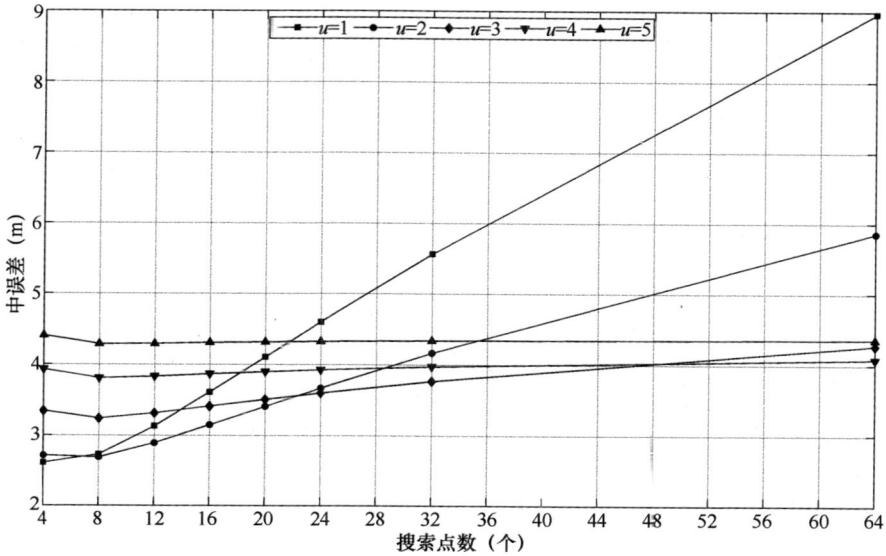

（c）河南

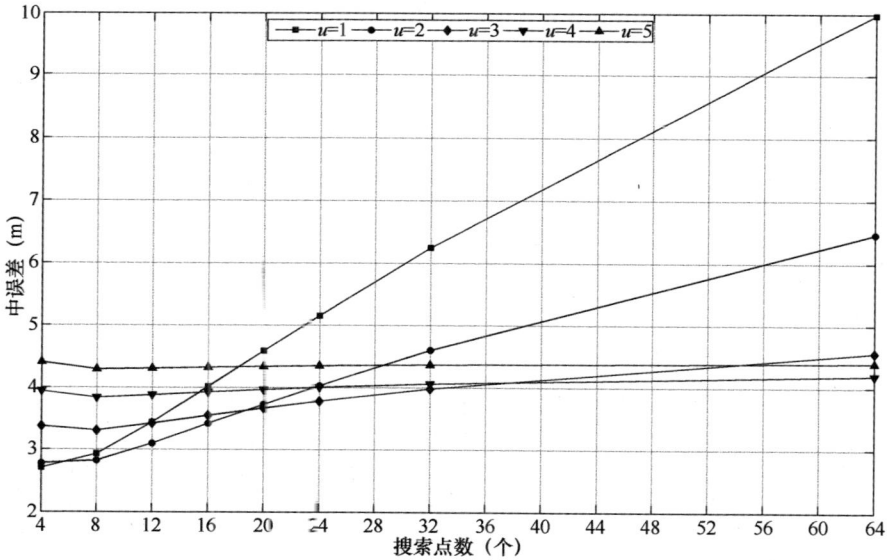

（d）贵州

图 3.8　在四方向限制搜索下搜索点数和 DEM 中误差的关系（续）

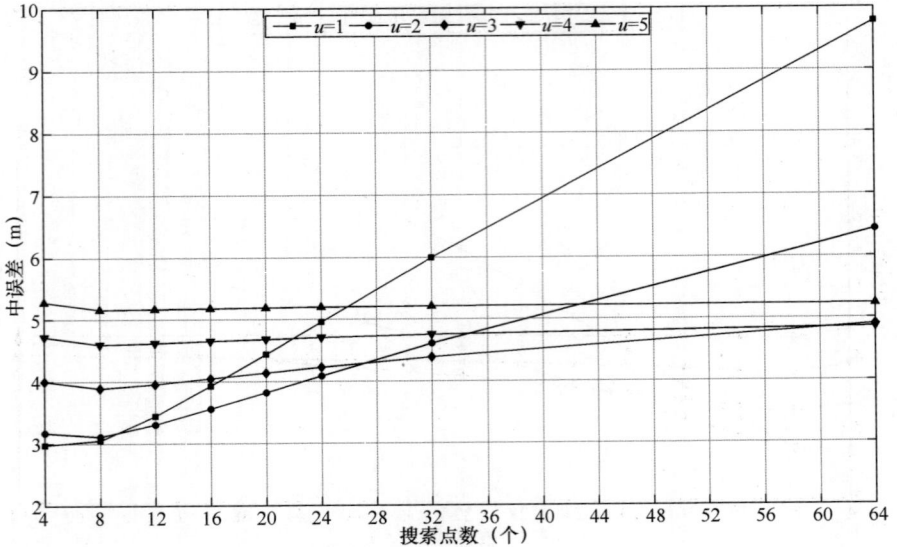

（e）西藏

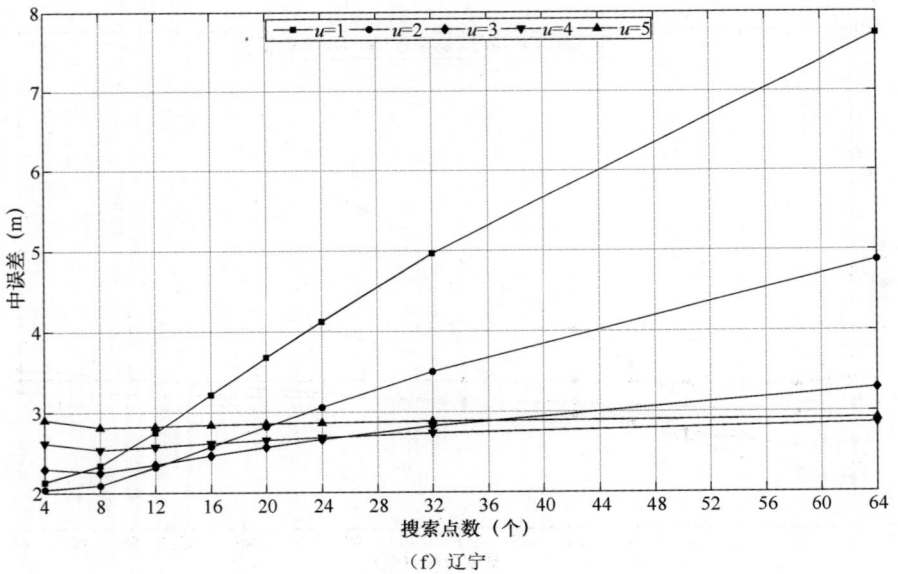

（f）辽宁

图 3.8　在四方向限制搜索下搜索点数和 DEM 中误差的关系（续）

（1）相邻搜索点数的 DEM 中误差变化率随着参与插值的搜索点数的增加不断变化，并且逐渐变缓。

（2）当权指数较小（$u < 3$）时，DEM 中误差变化率较明显；当权指数较大（$u \geqslant 3$）时，DEM 中误差变化率逐渐变得不明显。

（3）在不同实验区域，搜索点数和中误差的关系，以及中误差变化率基本保持一致。

根据实验结果和反距离加权插值算法的特性，可以使用相邻搜索点数对应的 DEM 中误差变化率判断法确定"优选"取值区间（见图 3.9）。

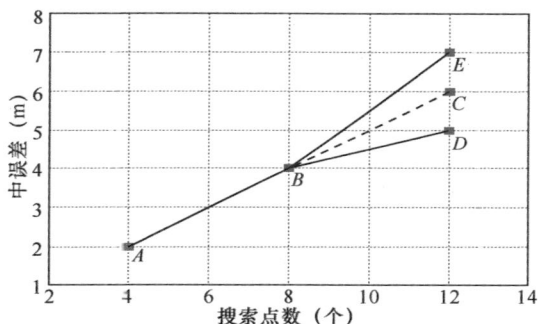

图 3.9 相邻搜索点数对应的 DEM 中误差变化率判断法

假设 A、B 分别是当搜索点数为 4 个、8 个时的中误差，C、D、E 是当搜索点数为 12 个时可能的中误差。由反距离加权插值算法的特性可知，当搜索点数为 12 个时，其中误差大于或等于 B；现在假定 C 是当搜索点数为 12 时的中误差，此时在搜索点数增加的趋势下中误差的变化率保持了 A 点、B 点的趋势，这表明 12 个点对插值误差的影响和 8 个点是相当的，记为 0；假定 E 是当搜索点数为 12 时的中误差，这表明 12 个点对插值误差的影响大于 8 个点，即 12 个点是较 8 个点的"最优"值，记为 1；假定 D 是当搜索点数为 12 时的中误差，这表明 12 个点对插值误差的影响小于 8 个点，即 8 个点是较 12 个点的"最优"值，记为 -1。对所有的搜索点数进行相邻中误差变化率的判断，存在从 1 突变至 -1 的搜索点数即为"最优"搜索点数。

相邻搜索点数对应的 DEM 中误差变化率判断法，以及考虑在权指数较大时中误差变化率较小的情况，可以认为 P 为 8～12 个是搜索点数的"优选"取值区间。

▶ 3.3.3 权指数

固定搜索方向、搜索点数，研究权指数对 DEM 插值精度的影响，建立以权指数为横轴、以 DEM 中误差为纵轴的曲线，每条曲线分别代表在搜索点数不同时权指数对 DEM 插值精度的影响（见图 3.10），可以得出如下结论。

（1）对于搜索点数较多（如 32 个、64 个、128 个）的曲线，DEM 中误差随着权指数的增加而逐渐减小。当 $u > 3$ 时，中误差在很小的范围内变化，并逐渐趋向同一值。

（2）对于搜索点数较少（如 8 个、16 个）的曲线，DEM 中误差随着权指数的增加可能会出现反复，即先减小再增大。但是，当 $u > 3$ 时，中误差在很小的范围内变化，并逐渐趋向同一值。

（3）在不同的实验区域，权指数和中误差的关系，以及中误差的变化率基本保持一致。

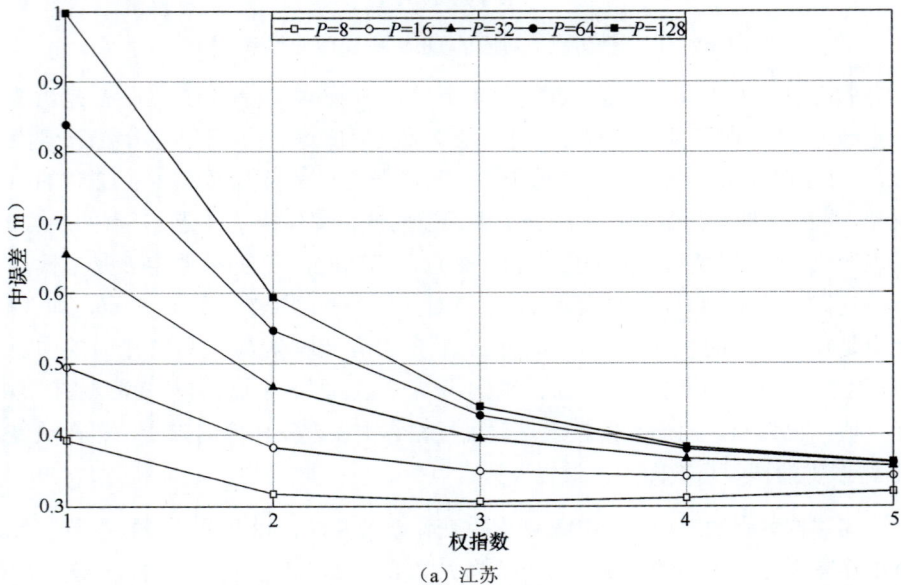

（a）江苏

图 3.10　在八方向限制搜索下搜索点数和 DEM 中误差的关系

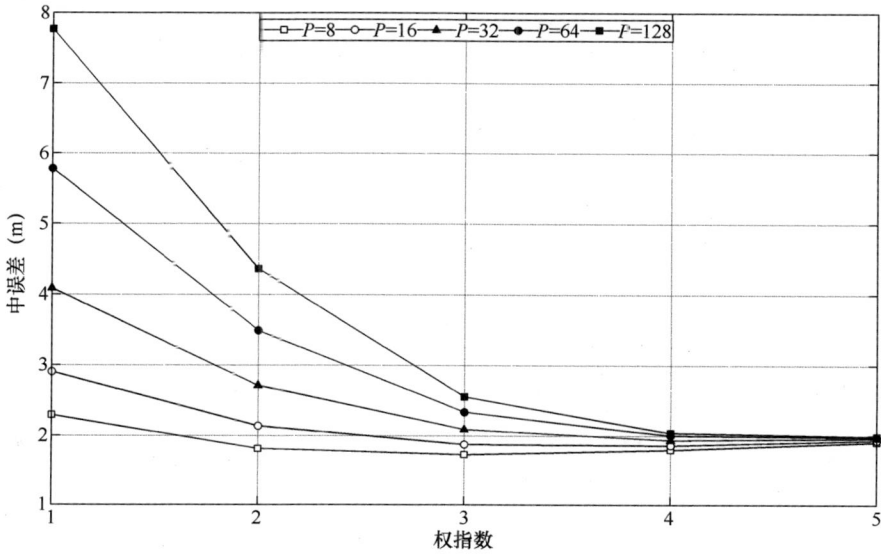

（b）山东

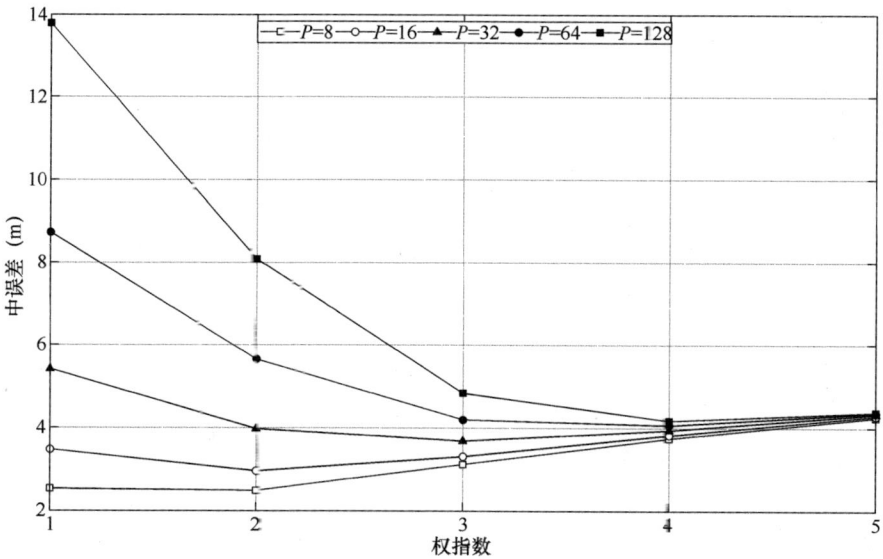

（c）河南

图 3.10　在八方向限制搜索下搜索点数和 DEM 中误差的关系（续）

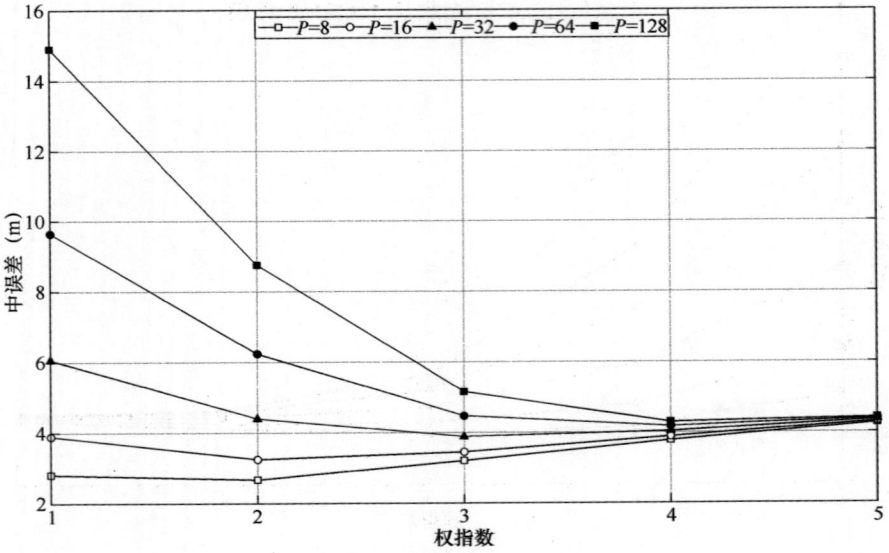

（d）贵州

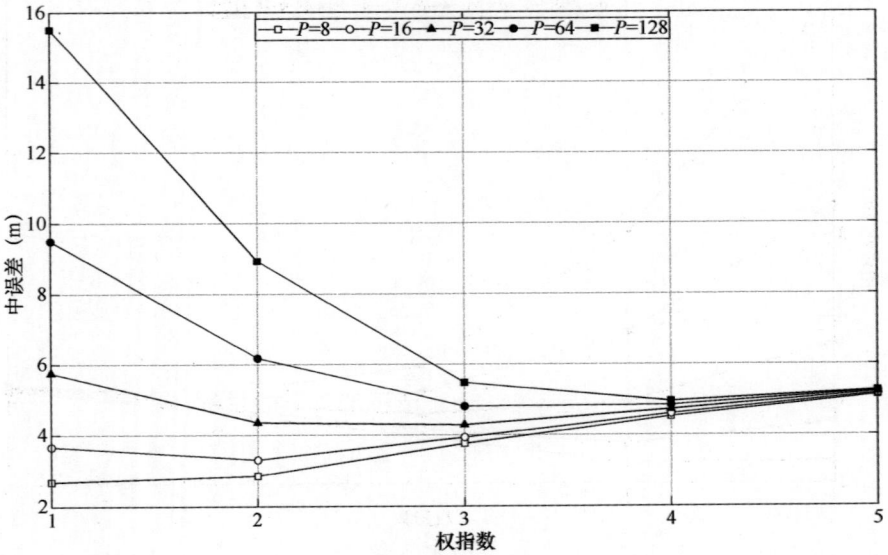

（e）西藏

图 3.10　在八方向限制搜索下搜索点数和 DEM 中误差的关系（续）

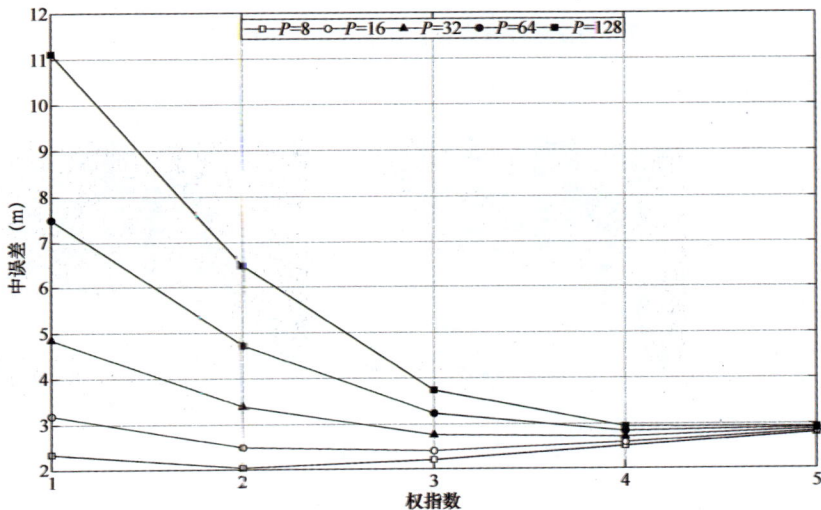

图 3.10 在八方向限制搜索下搜索点数和 DEM 中误差的关系（续）

实验结果表明：当采样点距离插值点较近时，采样点对插值点的影响权重随着权指数的增大而迅速增加，这样即使存在较多的采样点，它们从距离插值点较近的采样点分散权重的功能也逐渐渐弱；当权指数减小时，情况正好相反。综合所有因素，可以认为 $u = 2 \sim 3$ 是较好的选择。

▶ 3.3.4 趋势面分析

3.3.1 节、3.3.2 节、3.3.3 节分别分析了在其他插值参数固定时，某个插值参数对 DEM 插值精度的影响，得出了各插值参数的 "优选" 取值区间。但是，各插值参数对 DEM 插值精度的作用是互相影响的，割裂各插值参数之间的影响因素单独研究存在一定的局限性，因此有必要从整体考虑插值参数对 DEM 插值误差的影响。

以搜索点数为 x 轴变量，以权指数为 y 轴变量，以中误差为 z 轴变量，分别对在无方向限制搜索、四方向限制搜索和八方向限制搜索下得到的插值误差进行 3 次趋势面分析，从空间连续变化的角度观察搜索点数、权指数对 DEM 插值精度的影响趋势，拟合结果如表 3.10 所示（这里仅列出了四方向限制搜索和八方向限制搜索的情况）。

表 3.10　不同实验区域搜索点数、权指数和中误差的趋势面分析结果

实验区域	计算项	四方向限制搜索		八方向限制搜索	
江苏实验区域	拟合效果				
	F	1291.4898		849.5379	
	p	0		0	
	R^2	0.9974		0.9961	
山东实验区域	拟合效果				
	F	2548.8804		1696.6156	
	p	0		0	
	R^2	0.9987		0.9980	
河南实验区域	拟合效果				
	F	1235.5213		3203.6842	
	p	0		0	
	R^2	0.9973		0.9990	

（续表）

实验区域	计算项	四方向限制搜索	八方向限制搜索
贵州实验区域	拟合效果		
	F	1620.6976	3404.3766
	p	0	0
	R^2	0.9979	0.9990
西藏实验区域	拟合效果		
	F	998.2697	2439.7377
	p	0	0
	R^2	0.9967	0.9986
辽宁实验区域	拟合效果		
	F	1855.9283	3368.6899
	p	0	0
	R^2	0.9982	0.9990

从表 3.10 中可以得出如下结论。

（1）在不同实验区域，搜索点数、权指数对中误差的趋势面函数拟合程度极高，相关系数均达到 0.99 以上；同时，查 F 分布表得 $F_{0.05}(9, 15)=2.59$ 均小于计算得到的 F 值，这表明拟合三次趋势面函数是显著的。

（2）从趋势面拟合效果图中可以清楚地看到，DEM 插值误差较小的区域集中在搜索点数 4～8 个或 8～12 个，权指数为 2～3；DEM 插值误差较大的区域集中在权指数较小、搜索点数较大的区域；从趋势面分析得出的结论和前文的分析结果是一致的。

▶ 3.3.5 插值参数显著性分析

本节设计实验分析权指数、搜索点数、搜索方向 3 个因素在置信水平 0.05 时对 DEM 插值精度的显著性影响程度（见表 3.11）。

表 3.11 权指数、搜索点数、搜索方向 3 个因素对 DEM 插值精度的显著性影响

实验区域	变异来源	平方和（SS）	自由度（DF）	均方（MS）	F	p
江苏实验区域	"搜索点数"间	0.2642	4	0.0661	3.2000	0.0190
	"搜索方向"间	0.0856	2	0.0428	2.0730	0.1348
	搜索点数×搜索方向	0.0045	8	0.0006	0.0280	1.0000
	"搜索点数"间	0.2642	4	0.0661	22.7350	0.0000
	"权指数"间	0.9572	4	0.2393	82.3620	0.0000
	搜索点数×权指数	0.2262	16	0.0141	4.8660	0.0000
	"权指数"间	0.4227	4	0.1057	12.7250	0.0000
	"搜索方向"间	0.0099	2	0.0050	0.5970	0.5536
	权指数×搜索方向	0.6620	8	0.0828	9.9650	0.0000
山东实验区域	"搜索点数"间	13.0181	4	3.2545	3.2970	0.0165
	"搜索方向"间	0.9554	2	0.4777	0.4840	0.6188
	搜索点数×搜索方向	0.0188	8	0.0023	0.0020	1.0000
	"搜索点数"间	13.0181	4	3.2545	99.0620	0.0000
	"权指数"间	42.9362	4	10.7341	326.7240	0.0000
	搜索点数×权指数	15.6266	16	0.9767	29.7280	0.0000
	"权指数"间	13.0194	4	3.2548	6.8060	0.0001
	"搜索方向"间	0.1099	2	0.0550	0.1150	0.8916
	权指数×搜索方向	31.4018	8	3.9252	8.2080	0.0000

（续表）

实验区域	变异来源	平方和（SS）	自由度（DF）	均方（MS）	F	p
河南实验区域	"搜索点数"间	42.7350	4	10.6837	7.0360	0.0001
	"搜索方向"间	8.4620	2	4.2310	2.7860	0.0696
	搜索点数×搜索方向	0.0203	8	0.0025	0.0020	1.0000
	"搜索点数"间	42.7353	4	10.6838	33.3620	0.0000
	"权指数"间	31.7648	4	7.9412	24.7980	0.0000
	搜索点数×权指数	51.8103	16	3.2381	10.1120	0.0000
	"权指数"间	31.7648	4	7.9412	5.0260	0.0015
	"搜索方向"间	8.4622	2	4.2311	2.6780	0.0769
	权指数×搜索方向	7.3017	8	0.9127	0.5780	0.7921
贵州实验区域	"搜索点数"间	53.9083	4	13.4771	6.8390	0.0001
	"搜索方向"间	8.1214	2	4.0607	2.0610	0.1363
	搜索点数×搜索方向	0.0080	8	0.0010	0.0010	1.0000
	"搜索点数"间	53.9083	4	13.4771	44.6250	0.0000
	"权指数"间	48.7353	4	12.1838	40.3430	0.0000
	搜索点数×权指数	62.5231	16	3.9077	12.9390	0.0000
	"权指数"间	48.7353	4	12.1838	6.2670	0.0003
	"搜索方向"间	8.1214	2	4.0607	2.0890	0.1328
	权指数×搜索方向	6.7634	8	0.8454	0.4350	0.8954
西藏实验区域[1]	"搜索点数"间	48.5571	4	12.1393	6.8670	0.0001
	"搜索方向"间	14.0139	2	7.0070	3.9640	0.0242
	搜索点数×搜索方向	0.0198	8	0.0025	0.0010	1.0000
	"搜索点数"间	48.5569	4	12.1392	21.8910	0.0000
	"权指数"间	30.1409	4	7.5352	13.5880	0.0000
	搜索点数×权指数	62.2327	16	3.8895	7.0140	0.0000
	"权指数"间	30.1409	4	7.5352	4.0700	0.0055
	"搜索方向"间	14.0136	2	7.0068	3.7850	0.0283
	权指数×搜索方向	13.4233	8	1.6779	0.9060	0.5174
辽宁实验区域	"搜索点数"间	31.7255	4	7.9314	5.7560	0.0005
	"搜索方向"间	3.4038	2	1.7019	1.2350	0.2981

---

1 实验未通过方差齐次性检验，实验结果不准确。

（续表）

实验区域	变异来源	平方和（SS）	自由度（DF）	均方（MS）	F	p
	搜索点数×搜索方向	0.0081	8	0.0010	0.0010	1.0000
	"搜索点数"间	31.7259	4	7.9315	66.9890	0.0000
	"权指数"间	44.9720	4	11.2430	94.9590	0.0000
辽宁实验区域	搜索点数×权指数	35.1979	16	2.1999	18.5800	0.0000
	"权指数"间	44.9720	4	11.2430	10.0600	0.0000
	"搜索方向"间	3.4039	2	1.7019	1.5230	0.2264
	权指数×搜索方向	2.3861	8	0.2983	0.2670	0.9742

从表 3.11 中可以发现，搜索点数、权指数对 DEM 插值精度具有显著性影响（$p < 0.05$），搜索方向对 DEM 插值精度不具有显著性影响（$p > 0.05$）；从两两组合因素对 DEM 插值精度的影响来看，搜索点数和搜索方向的组合对 DEM 插值精度不具有显著性影响，权指数和搜索方向的组合对 DEM 插值精度的影响在江苏实验区域和山东实验区域呈现显著性，而在其他实验区域呈现不显著性；相比较而言，权指数对 DEM 插值精度的影响较搜索点数更大。因此，3 个因素对 DEM 插值精度的显著性影响顺序依次为"权指数 > 搜索点数 > 搜索方向"。

3.4 改进谢别德插值算法的"最优"插值参数

改进谢别德插值算法使用拟合的局部二次多项式来调整权重，其不确定性插值参数包括权指数、搜索点数和搜索方向。

▶ 3.4.1 搜索方向

固定搜索点数、权指数，研究无方向限制搜索（D0）、四方向限制搜索（D1）和八方向限制搜索（D2）对 DEM 插值精度的影响。

首先，使用 DPS 数据处理系统计算在不同搜索方向下 DEM 中误差的相关系数（见表 3.12）。实验发现，有些搜索方向之间的相关性较差，甚至是负相关性。产生负相关性的主要原因在于某些插值点存在异常值。也就是说，插值点的高程值可能是极大值或极小值，最终导致计算得到的 DEM 中误差异常。这个现象归因于在拟合二次多项式函数时采样点分布的不合理，造成拟合二次多项式函数的"龙格"现象。从第 5 章阐述的局部地形特征描述模型来看，拟合二次多项函数的"龙格"现象通常发生在研究区域边界。实验表明，搜索方向对 DEM 插值精度的影响是显著的。

表 3.12　不同搜索方向之间的相关系数（基于改进谢别德插值算法）

实验区域	江　苏	山　东	河　南	贵　州	西　藏	辽　宁
D0×D1	0.9741	0.9891	0.9912	0.7427	0.9256	−0.1552
D0×D2	0.9582	0.9853	−0.4321	0.1691	−0.4225	0.9754
D1×D2	0.9978	0.9996	−0.4418	−0.3997	−0.4545	−0.2529

实验数据同时提示，异常值主要集中在搜索点数较少或搜索方向较少的情形下。例如，搜索点数为 12 个或 16 个，或者搜索方向为无方向限制搜索、四方向限制搜索，等等。但是，一旦搜索点数增加到 16 个以上，各搜索方向之间的相关性增强：三者之间的相关性均在 0.89 以上，特别是四方向限制搜索和八方向限制搜索的相关性高达 0.99 以上（见表 3.13），这表明在搜索点数较多的情况下，四方向限制搜索和八方向限制搜索对 DEM 插值精度的影响并不大。

表 3.13　不同搜索方向之间的相关系数（基于改进谢别德插值算法，不考虑异常值）

实验区域	江　苏	山　东	河　南	贵　州	西　藏	辽　宁
D0×D1	0.9787	0.9905	0.9538	0.9667	0.9259	0.9785
D0×D2	0.9612	0.9862	0.9426	0.9573	0.8995	0.9788
D1×D2	0.9971	0.9996	0.9991	0.9992	0.9976	0.9999

其次，在搜索点数、权指数固定的情况下，分别研究不同实验区域的无方向限制搜索、四方向限制搜索和八方向限制搜索的中误差，在所有情况下无方向限制搜索的 DEM 中误差较四方向限制搜索和八方向限制搜索都更大，在多数情况下八方向限制搜索优于四方向限制搜索。图 3.11 是不同实验区域在权指数为 2、搜索点数为 16 个 [见图 3.11（a）] 和 32 个 [见图 3.11（b）] 时的实验结果，其中在图 3.11（a）中存在异常值情况。

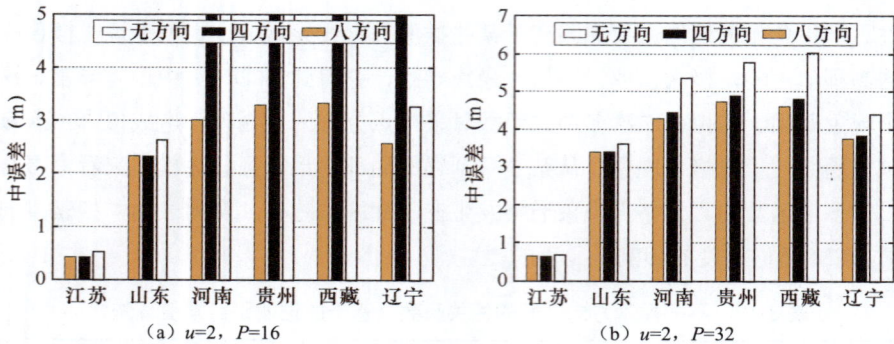

（a）$u=2$，$P=16$　　　　　　　　（b）$u=2$，$P=32$

图 3.11　无方向、四方向和八方向限制搜索对 DEM 插值精度的影响

结合上述两个方面的分析，可以发现在无方向限制搜索下建立的 DEM 插值精度最差，在四方向限制搜索和八方向限制搜索下建立的 DEM 插值精度相当；由于无方向限制搜索和四方向限制搜索中可能存在异常值现象，因此在综合考虑插值算法的稳健性、插值效率和插值精度等的前提下，尽量使用八方向限制搜索选择采样点。

▶ 3.4.2　搜索点数

固定搜索方向、权指数，研究搜索点数对 DEM 插值精度的影响，建立以搜索点数为横轴、以 DEM 中误差为纵轴的曲线，每条曲线分别代表当权指数不同时搜索点数对 DEM 插值精度的影响（见图 3.12），可以得出以下结论。

（1）随着搜索点数的增加，DEM 中误差随之增大。当权指数较小（$u < 3$）时，DEM 中误差增大速率较明显；当权指数较大（$u \geq 3$）时，DEM 中误差增大速率较小。

（2）当搜索点数较少（如 12 个、16 个、20 个）时，拟合的二次多项式函数容易受到采样点分布的影响，导致拟合的曲面存在异常值，在无方向限制搜索和四方向限制搜索下表现得更严重，在使用八方向限制搜索之后情况有一定好转。

（3）不同实验区域搜索点数和中误差的关系基本保持一致。

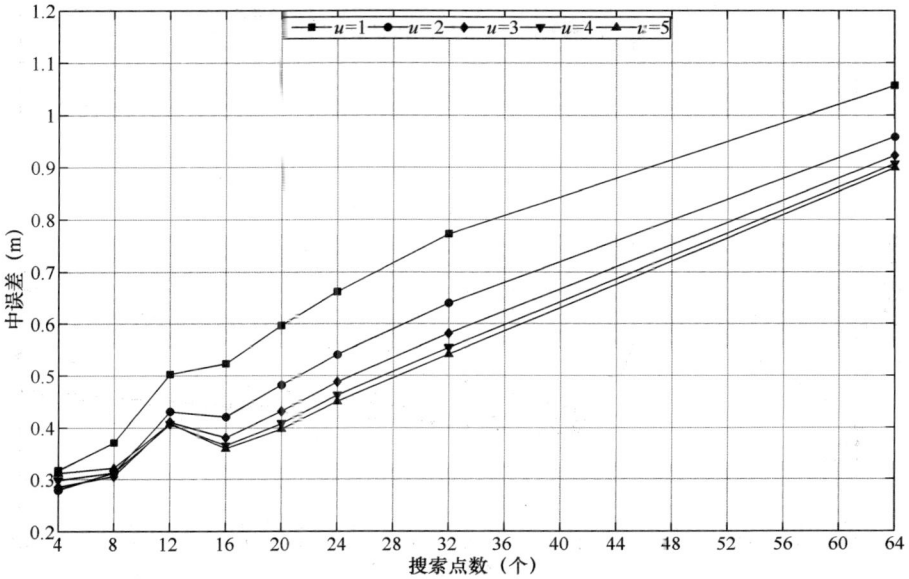

（a）江苏

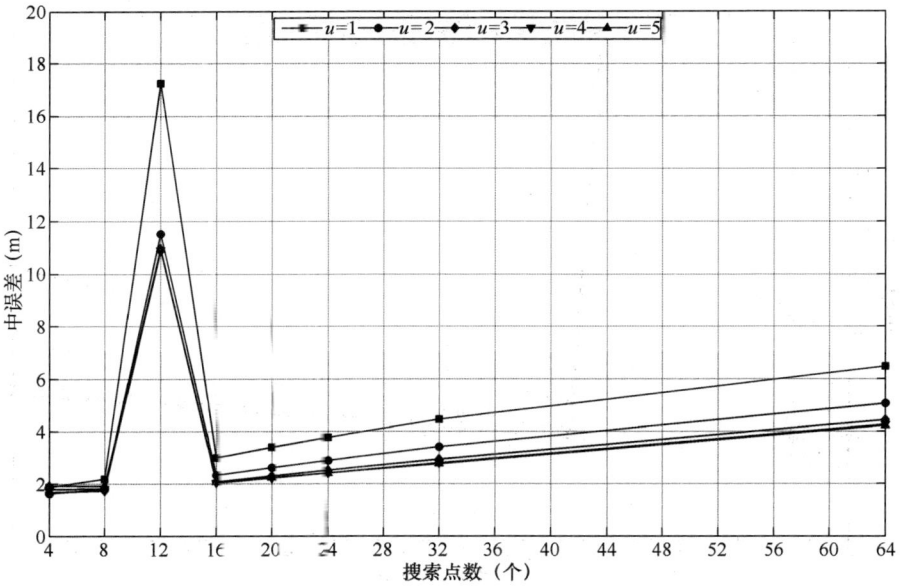

（b）山东

图 3.12　在四方向强制搜索下搜索点数和 DEM 中误差的关系

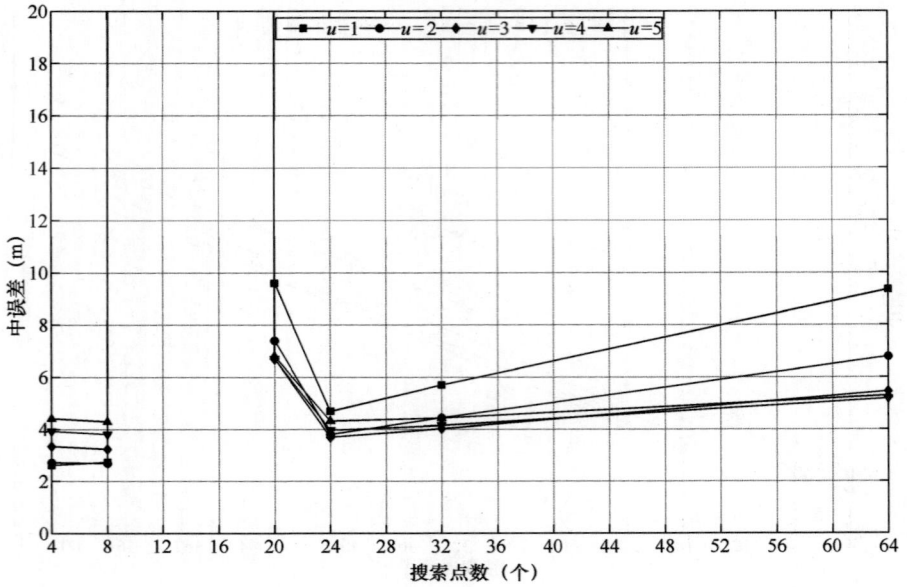

（c）河南

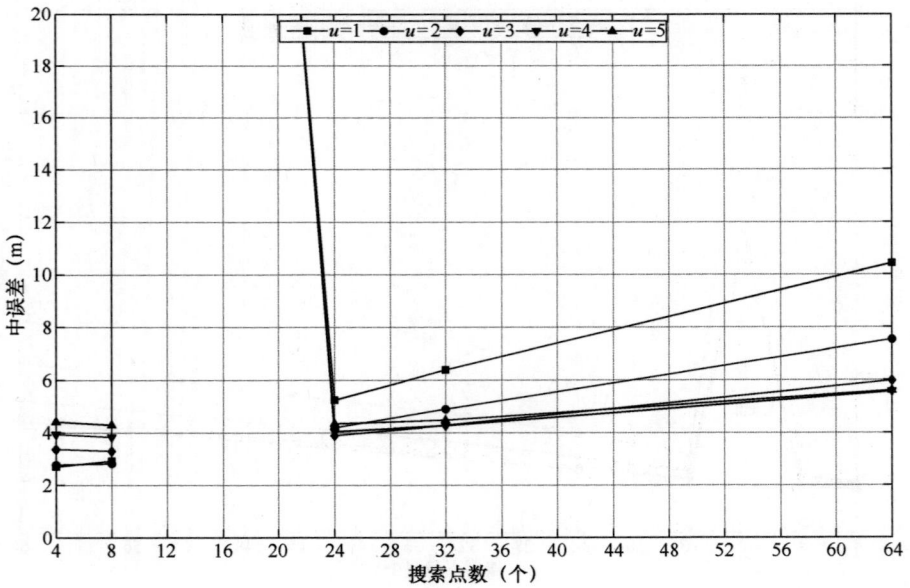

（d）贵州

图 3.12　在四方向限制搜索下搜索点数和 DEM 中误差的关系（续）

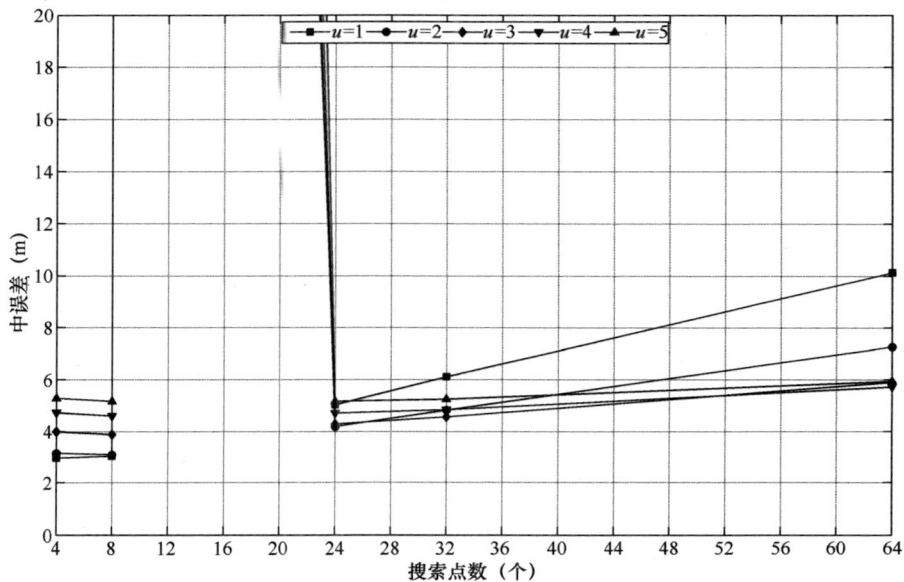

（e）西藏

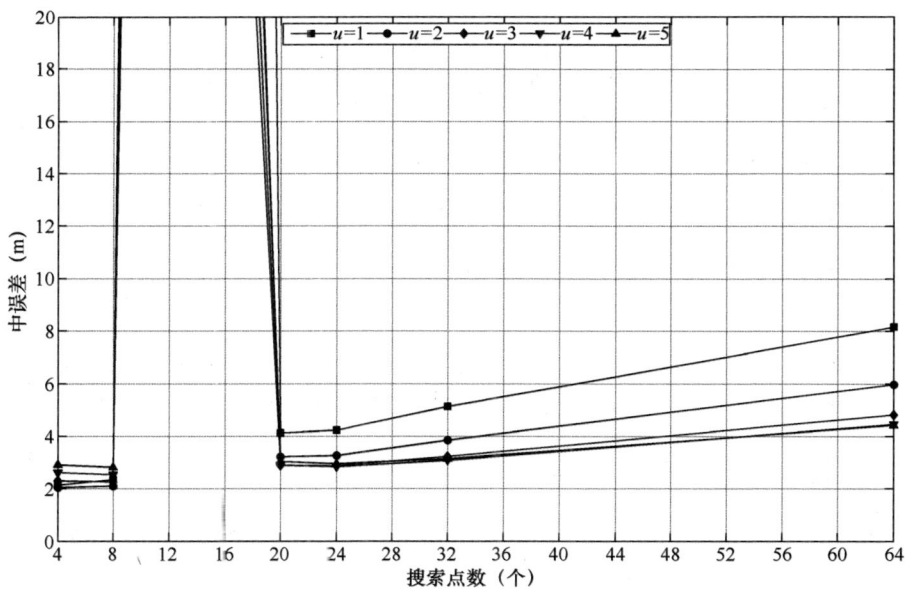

（f）辽宁

图 3.12　在四方向限制搜索下搜索点数和 DEM 中误差的关系（续）

分析实验结果可知：在使用二次多项式最小二乘拟合的改进谢别德插值算法时，首先需要将采样点进行二次多项式拟合，然后将拟合值用于计算未知插值点的高程值。这个过程非常容易受到二次多项式拟合结果的影响，导致插值结果出现异常值。因此，可以选用较多采样点以保证曲面拟合效果，但是选用太多采样点又会影响插值精度；考虑上述两方面的因素并结合搜索方向（应当使用八方向限制搜索，不然结论和图 3.12 存在不一致的情况），可以认为"最优"搜索点数的取值范围为 16～24 个。

▶ 3.4.3　权指数

固定搜索方向、搜索点数，研究权指数对 DEM 插值精度的影响，建立以权指数为横轴、以 DEM 中误差为纵轴的曲线（见图 3.13），每条曲线分别代表当搜索点数不同时权指数对 DEM 插值精度的影响，可以得出如下结论。

（1）对于搜索点数较多（如 32 个、64 个、128 个）的曲线，DEM 中误差随着权指数的增大而逐渐减小，不同曲线之间的减小程度趋于一致（这不同于反距离加权插值算法）。

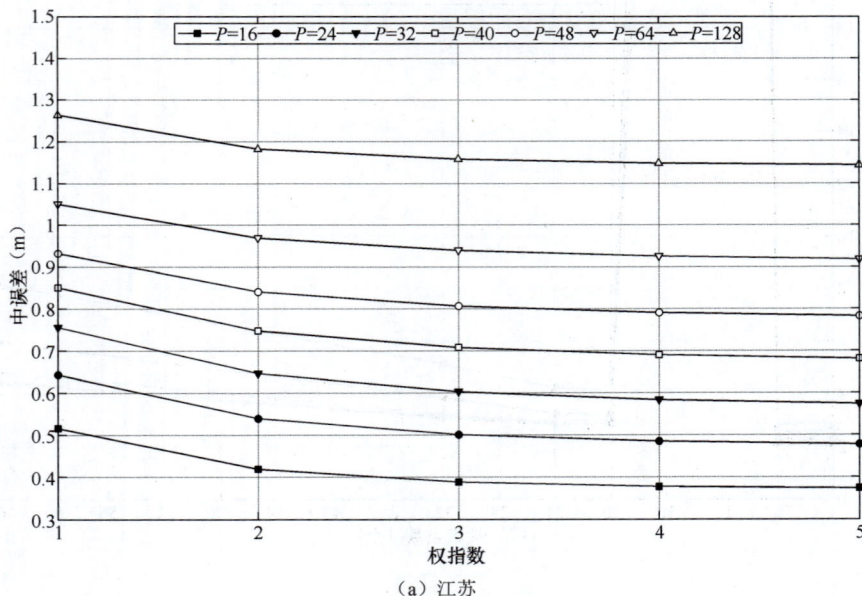

（a）江苏

图 3.13　在八方向限制搜索下权指数和 DEM 中误差的关系

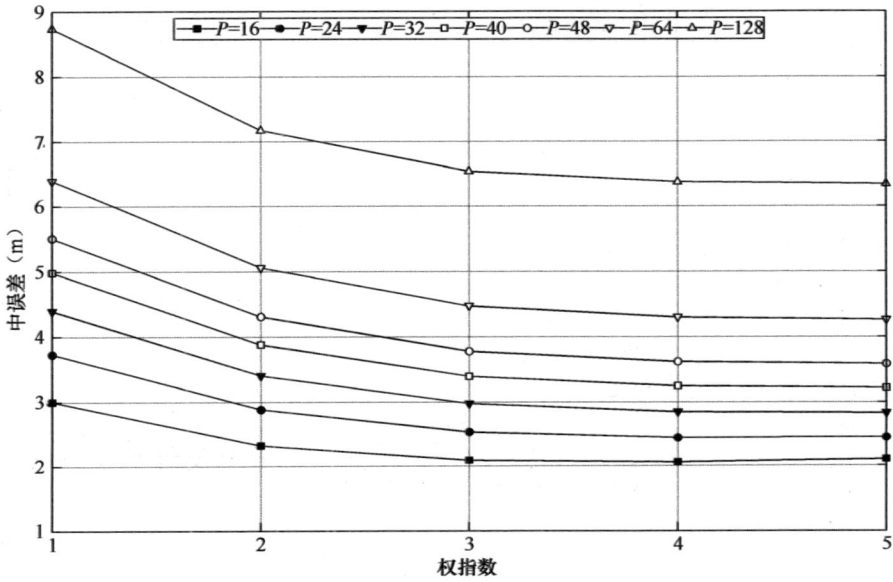

（b）山东

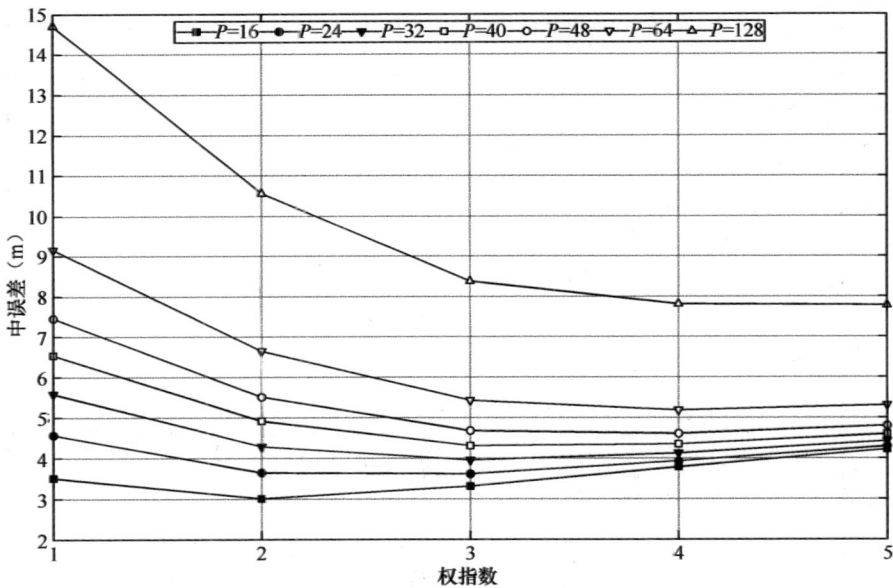

（c）河南

图 3.13　在八方向限制搜索下权指数和 DEM 中误差的关系（续）

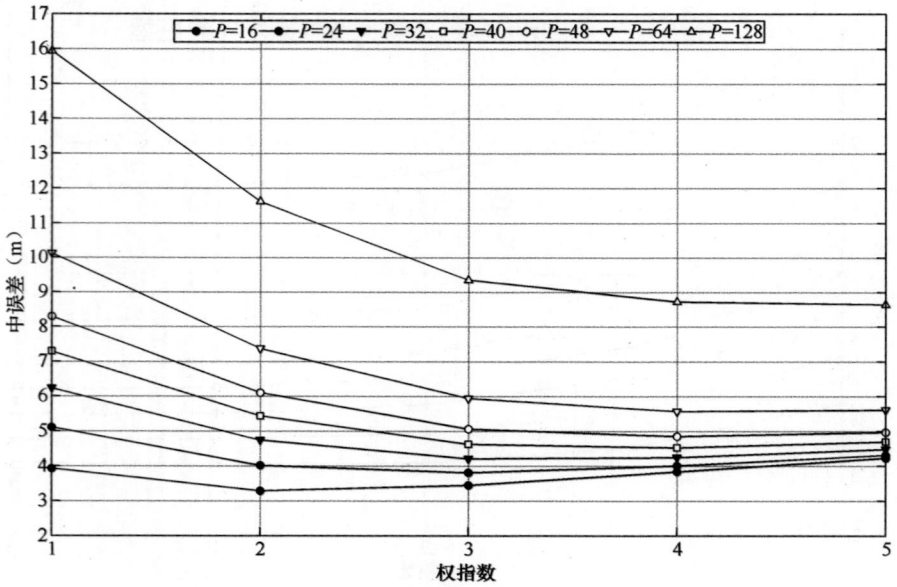

（d）贵州

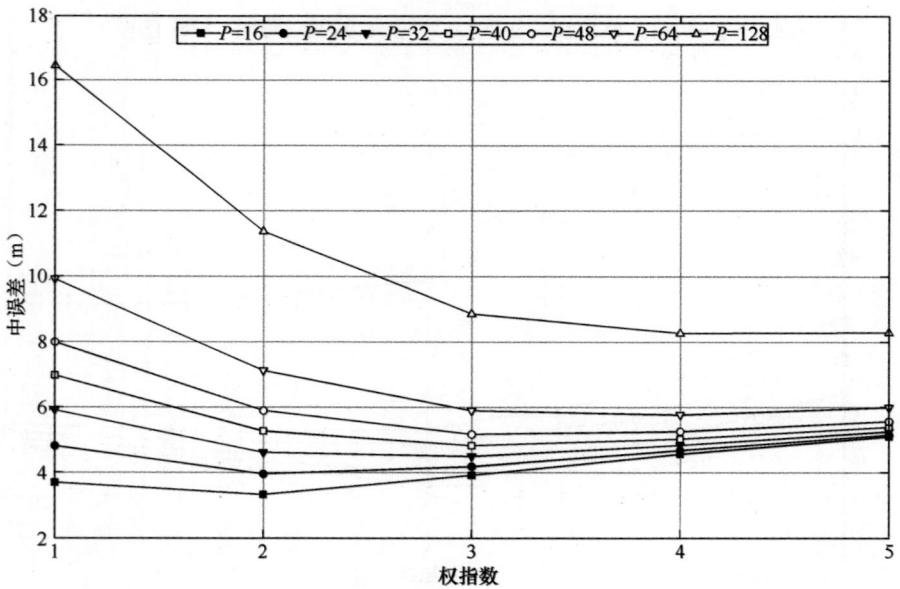

（e）江苏

图 3.13　在八方向限制搜索下权指数和 DEM 中误差的关系（续）

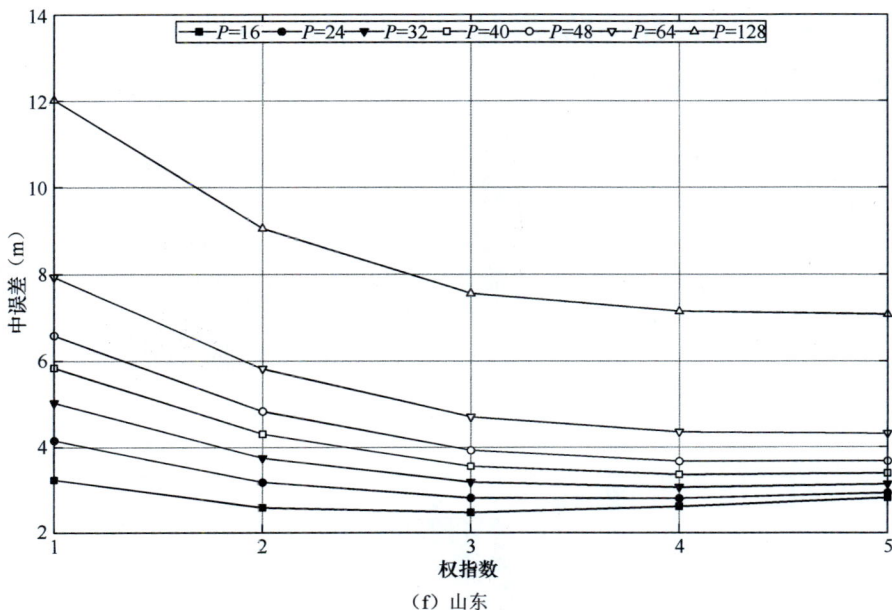

（f）山东

图 3.13　在八方向限制搜索下权指数和 DEM 中误差的关系（续）

（2）对于搜索点数较少（如 16 个、24 个）的曲线，DEM 中误差随着权指数的增大可能会出现反复，即先减小再增大；但是，当 $u > 3$ 时，DEM 中误差在很小的范围内变化，并且逐渐趋于一致（这不同于反距离加权插值算法）。

（3）不同实验区域权指数和中误差的关系基本保持一致。

实验结果表明：当采样点距离插值点较近时，采样点对插值点的影响权重随着权指数的增大而迅速增加，这样即使存在较多的采样点，它们从距离插值点较近的采样点分散权重的功能也渐弱；当权指数减小时，情况则正好相反。综合所有因素，可以认为 $u = 2 \sim 3$ 是较好的选择。

▶ 3.4.4　趋势面分析

运用趋势面分析研究不同插值参数对 DEM 插值精度的共同影响，拟合结果如表 3.14 所示（已排除极大值的影响）。

从表中可以得出如下结论。

表 3.14　不同实验区域搜索点数、权指数和中误差的趋势面分析结果

实验区域	计　算　项	八方向限制搜索		
江苏实验区域	拟合效果			
	F	1429.1898		
	p	0		
	R^2	0.9977		
山东实验区域	拟合效果			
	F	3185.9924		
	p	0		
	R^2	0.9990		
河南实验区域	拟合效果			
	F	4159.3978		
	p	0		
	R^2	0.9992		

（续表）

实验区域	计 算 项	八方向限制搜索
贵州实验区域	拟合效果	
	F	3810.9970
	p	0
	R^2	0.9991
西藏实验区域	拟合效果	
	F	3717.9624
	p	0
	R^2	0.9951
辽宁实验区域	拟合效果	
	F	3257.1959
	p	0
	R^2	0.9990

（1）在不同实验区域，搜索点数、权指数对中误差的趋势面函数拟合程度极高，相关系数均达到 0.99 以上；同时，查 F 分布表得 $F_{0.05}(9,10) = 3.02$ 均小于计算得到的 F 值，这表明拟合三次趋势面函数是显著的。

（2）从趋势面拟合效果图中可以清楚地看到，DEM 插值中误差较小的区域集中在搜索点数为 16~24 个、权指数为 2~3 的区域；DEM 插值中误差较大的区域集中在权指数较小、搜索点数较大的区域；从趋势面分析得出的结论和前文的分析结果是一致的。

▶ 3.4.5 插值参数的显著性分析

本节设计实验分析权指数、搜索点数、搜索方向 3 个因素在置信水平 0.05 时对 DEM 插值精度的影响程度。

在拟合二次多项式函数时对于采样点分布的需求，导致在某些插值点（通常是边界点）由于采样点分布不均匀导致拟合效果较差，最终导致极大或极小异常值的存在。这说明搜索方向对于改进谢别德插值算法具有显著性影响。方差分析实验结果同样证明了这一点（见表 3.15）。

表 3.15　权指数、搜索点数、搜索方向 3 个因素对 DEM 插值精度的显著性影响

实验区域	变异来源	平方和（SS）	自由度（DF）	均方（MS）	F	p
	"搜索点数"间	2.3276	3	0.7759	85.9070	0.0000
	"搜索方向"间	0.0228	2	0.0114	1.2610	0.2926
	搜索点数×搜索方向	0.0052	6	0.0009	0.0960	0.9965
	"搜索点数"间	0.2893	3	0.0964	420.293	0
江苏实验区域	"权指数"间	0.0524	4	0.0131	57.153	0
	搜索点数×权指数	0.0042	12	0.0003	1.52	0.1573
	"权指数"间	0.3842	4	0.0961	1.8420	0.1375
	"搜索方向"间	0.0228	2	0.0114	0.2180	0.8047
	权指数×搜索方向	0.0348	8	0.0043	0.0830	0.9995
	"搜索点数"间	54.9932	3	18.3311	32.6640	0.0000
山东实验区域	"搜索方向"间	0.2655	2	0.1328	0.2370	0.7902
	搜索点数×搜索方向	0.0262	6	0.0044	0.0080	1.0000
	"搜索点数"间	54.9932	3	18.3311	878.9300	0.0000

（续表）

实验区域	变异来源	平方和（SS）	自由度（DF）	均方（MS）	*F*	*p*
山东实验区域	"权指数"间	24.5999	4	6.1500	294.8770	0.0000
	搜索点数×权指数	1.7951	12	0.1496	7.1720	0.0000
	"权指数"间	24.5999	4	6.1500	4.8700	0.0024
	"搜索方向"间	0.2655	2	0.1328	0.1050	0.9004
	权指数×搜索方向	0.5326	8	0.0666	0.0530	0.9999
河南实验区域	"搜索点数"间	1.00E+32	3	1.00E+32	3045.8930	0.0000
	"搜索方向"间	1.00E+32	2	1.00E+32	3045.8920	0.0000
	搜索点数×搜索方向	1.00E+32	6	1.00E+32	3045.8920	0.0000
	"搜索点数"间	1.00E+32	3	1.00E+32	4.9930	0.0049
	"权指数"间	1.00E+32	4	1.00E+32	0.0020	1.0000
	搜索点数×权指数	1.00E+32	12	1.00E+32	0.0020	1.0000
	"权指数"间	1.00E+32	4	1.00E+32	0.0020	1.0000
	"搜索方向"间	1.00E+32	2	1.00E+32	4.9930	0.0110
	权指数×搜索方向	1.00E+32	8	1.00E+32	0.0020	1.0000
贵州实验区域	"搜索点数"间	10361.2100	3	3453.7370	859.1530	0.0000
	"搜索方向"间	5941.7530	2	2970.8770	739.0360	0.0000
	搜索点数×搜索方向	18159.7700	6	3026.6280	752.9050	0.0000
	"搜索点数"间	10361.2100	3	3453.7370	5.7080	0.0024
	"权指数"间	37.5067	4	9.3767	0.0150	0.9995
	搜索点数×权指数	54.4296	12	4.5358	0.0070	1.0000
	"权指数"间	37.5067	4	9.3767	0.0150	0.9996
	"搜索方向"间	5941.7530	2	2970.8770	4.6690	0.0144
	权指数×搜索方向	40.3125	8	5.0391	0.0080	1.0000
西藏实验区域	"搜索点数"间	4.54E+08	3	1.51E+08	30.3140	0.0000
	"搜索方向"间	7.72E+07	2	3.86E+07	7.7400	0.0012
	搜索点数×搜索方向	2.32E+08	6	3.86E+07	7.7380	0.0000
	"搜索点数"间	4.54E+08	3	1.51E+08	14.7960	0.0000
	"权指数"间	3.49E+07	4	8.73E+06	0.8540	0.4995
	搜索点数×权指数	1.05E+08	12	8.71E+06	0.8520	0.5990
	"权指数"间	3.49E+07	4	8.73E+06	0.4540	0.7687

（续表）

实验区域	变异来源	平方和（SS）	自由度（DF）	均方（MS）	F	p
西藏实验区域	"搜索方向"间	7.72E+07	2	3.86E+07	2.0090	0.1459
	权指数×搜索方向	2.50E+07	8	3.13E+06	0.1630	0.9947
辽宁实验区域	"搜索点数"间	5632.0400	3	1877.3470	7.7300	0.0003
	"搜索方向"间	4122.2060	2	2061.1030	8.4870	0.0007
	搜索点数×搜索方向	12541.0300	6	2090.1720	8.6070	0.0000
	"搜索点数"间	5632.0400	3	1877.3470	3.0930	0.0376
	"权指数"间	1381.8720	4	345.4680	0.5690	0.6865
	搜索点数×权指数	2660.3150	12	221.6929	0.3650	0.9684
	"权指数"间	1381.8720	4	345.4680	0.5850	0.6752
	"搜索方向"间	4122.2060	2	2061.1030	3.4890	0.0390
	权指数×搜索方向	1866.9520	8	233.3690	0.3950	0.9175

但是，在实际 DEM 插值过程中，需要消除在拟合二次多项式函数时产生的"龙格"现象，因此在消除异常值影响的情况（消除边界的影响）下分析 3 个因素对 DEM 插值精度的影响将更有意义，重新计算得到如表 3.16 所示的结果。

表 3.16　权指数、搜索点数、搜索方向 3 个因素对 DEM 插值精度的显著性影响

实验区域	变异来源	平方和（SS）	自由度（DF）	均方（MS）	F	p
江苏实验区域	"搜索点数"间	1.4784	2.0000	0.7392	78.5220	0.0000
	"搜索方向"间	0.0098	2.0000	0.0049	0.5220	0.5979
	搜索点数×搜索方向	0.0005	4.0000	0.0001	0.0140	0.9996
	"搜索点数"间	1.4784	2.0000	0.7392	575.2650	0.0000
	"权指数"间	0.3008	4.0000	0.0752	58.5240	0.0000
	搜索点数×权指数	0.0099	8.0000	0.0012	0.9630	0.4825
	"权指数"间	0.3008	4.0000	0.0752	1.5120	0.2238
	"搜索方向"间	0.0098	2.0000	0.0049	0.0990	0.9063
	权指数×搜索方向	0.0248	8.0000	0.0031	0.0620	0.9998
山东实验区域	"搜索点数"间	35.1304	2.0000	17.5652	26.1350	0.0000
	"搜索方向"间	0.1480	2.0000	0.0740	0.1100	0.8960
	搜索点数×搜索方向	0.0110	4.0000	0.0028	0.0040	1.0000
	"搜索点数"间	35.1304	2.0000	17.5652	902.3210	0.0000
	"权指数"间	22.9754	4.0000	5.7439	295.0610	0.0000

（续表）

实验区域	变异来源	平方和（SS）	自由度（DF）	均方（MS）	*F*	*p*
山东实验区域	搜索点数×权指数	0.7950	8.0000	0.0994	5.1050	0.0005
	"权指数"间	22.9754	4.0000	5.7439	4.7950	0.0041
	"搜索方向"间	0.1480	2.0000	0.0740	0.0620	0.9402
	权指数×搜索方向	0.4211	8.0000	0.0526	0.0440	1.0000
河南实验区域	"搜索点数"间	44.3801	2.0000	22.1901	11.9000	0.0001
	"搜索方向"间	4.1652	2.0000	2.0826	1.1170	0.3384
	搜索点数×搜索方向	0.0159	4.0000	0.0040	0.0020	1.0000
	"搜索点数"间	44.3801	2.0000	22.1901	72.9120	0.0000
	"权指数"间	45.8014	4.0000	11.4504	37.6240	0.0000
	搜索点数×权指数	16.3782	8.0000	2.0473	6.7270	0.0000
	"权指数"间	45.8014	4.0000	11.4504	5.6410	0.0017
	"搜索方向"间	4.1652	2.0000	2.0826	1.0260	0.3707
	权指数×搜索方向	4.8297	8.0000	0.6037	0.2970	0.9612
贵州实验区域	"搜索点数"间	57.7740	2.0000	28.8870	11.8370	0.0001
	"搜索方向"间	3.9294	2.0000	1.9647	0.8050	0.4550
	搜索点数×搜索方向	0.0526	4.0000	0.0131	0.0050	0.9999
	"搜索点数"间	57.7740	2.0000	28.8870	100.7640	0.0000
	"权指数"间	65.6846	4.0000	16.4211	57.2810	0.0000
	搜索点数×权指数	17.5543	8.0000	2.1943	7.6540	0.0000
	"权指数"间	65.6846	4.0000	16.4211	6.5260	0.0007
	"搜索方向"间	3.9294	2.0000	1.9647	0.7810	0.4671
	权指数×搜索方向	4.5140	8.0000	0.5643	0.2240	0.9836
西藏实验区域	"搜索点数"间	45.5580	2.0000	22.7790	10.4050	0.0003
	"搜索方向"间	7.4928	2.0000	3.7464	1.7110	0.1950
	搜索点数×搜索方向	0.0189	4.0000	0.0047	0.0020	1.0000
	"搜索点数"间	45.5580	2.0000	22.7790	41.7150	0.0000
	"权指数"间	47.1589	4.0000	11.7897	21.5910	0.0000
	搜索点数×权指数	22.7851	8.0000	2.8481	5.2160	0.0004
	"权指数"间	47.1589	4.0000	11.7897	5.1650	0.0027
	"搜索方向"间	7.4928	2.0000	3.7464	1.6410	0.2106
	权指数×搜索方向	8.7575	8.0000	1.0947	0.4800	0.8608
辽宁实验区域	"搜索点数"间	42.9550	2.0000	21.4775	13.9650	0.0000
	"搜索方向"间	1.5578	2.0000	0.7789	0.5060	0.6069

（续表）

实验区域	变异来源	平方和（SS）	自由度（DF）	均方（MS）	F	p
辽宁实验区域	搜索点数×搜索方向	0.0430	4.0000	0.0108	0.0070	0.9999
	"搜索点数"间	42.9550	2.0000	21.4775	198.3730	0.0000
	"权指数"间	46.7142	4.0000	11.6786	107.8670	0.0000
	搜索点数×权指数	7.0066	8.0000	0.8758	8.0890	0.0000
	"权指数"间	46.7142	4.0000	11.6786	7.0000	0.0004
	"搜索方向"间	1.5578	2.0000	0.7789	0.4670	0.6315
	权指数×搜索方向	1.5979	8.0000	0.1997	0.1200	0.9980

表 3.15、表 3.16 的实验结果表明：在排除异常值之后，搜索方向对 DEM 插值精度不具有显著性影响（$p > 0.05$），搜索点数、权指数对 DEM 插值精度具有显著性影响（$p < 0.05$）；在显著性影响顺序方面依次是"搜索点数 > 权指数 > 搜索方向"。

3.5 径向基函数插值算法的"最优"插值参数

径向基函数插值算法的不确定性插值参数涉及光滑因子、搜索点数和搜索方向等。

▶ 3.5.1 搜索方向

固定搜索点数、光滑因子，研究无方向限制搜索（D0）、四方向限制搜索（D1）和八方向限制搜索（D2）对 DEM 插值精度的影响。

首先，使用 DPS 数据处理系统对各搜索方向进行相关分析，计算在不同搜索方向下 DEM 中误差的相关系数，可以得到如下结论。

基于 MQF 插值算法和 MLF 插值算法的实验结果比较类似，基于 MQF 插值算法的 3 类搜索方式的相关性均在 0.89 以上，四方向限制搜索和八方向限制搜索的相关性高达 0.98 以上（见表 3.17）；基于 MLF 插值算法的 3 类搜索方式的相关性在 0.95 以上，四方向限制搜索和八方向限制搜索的相关性高达 0.99 以上（见表 3.18）。

表 3.17 不同搜索方向之间的相关系数（基于 MQF 插值算法）

实验区域	江 苏	山 东	河 南	贵 州	西 藏	辽 宁
D0×D1	0.9317	0.9947	0.9966	0.9969	0.9957	0.9973
D0×D2	0.8908	0.9856	0.9918	0.9924	0.9903	0.9926
D1×D2	0.9886	0.9948	0.9975	0.9973	0.9973	0.9971

表 3.18 不同搜索方向之间的相关系数（基于 MLF 插值算法）

实验区域	江 苏	山 东	河 南	贵 州	西 藏	辽 宁
D0×D1	0.9530	0.9959	0.9978	0.9979	0.9974	0.9983
D0×D2	0.9256	0.9906	0.9954	0.9956	0.9947	0.9963
D1×D2	0.9955	0.9988	0.9995	0.9996	0.9995	0.9996

基于 TPSF 插值算法和 NCSF 插值算法的实验结果较为类似，由于在 DEM 插值过程中受到搜索点数和光滑因子的影响，插值结果可能存在异常值（极大的残差中误差，但这种异常值不同于改进谢别德插值算法的异常值，它不仅发生在边界处，而且可能发生在采样数据集内部），导致不同搜索方向之间的相关性较差，甚至存在负相关（见表 3.19、表 3.20）。

表 3.19 不同搜索方向之间的相关系数（基于 TPSF 插值算法）

实验区域	江 苏	山 东	河 南	贵 州	西 藏	辽 宁
D0×D1	0.0507	0.4178	0.5846	0.3029	0.2001	0.0870
D0×D2	0.2218	0.3656	0.0499	0.1831	0.2954	0.1318
D1×D2	0.0128	0.1283	0.1994	0.5762	0.8223	0.0595

表 3.20 不同搜索方向之间的相关系数（基于 NCSF 插值算法）

实验区域	江 苏	山 东	河 南	贵 州	西 藏	辽 宁
D0×D1	0.0103	0.3739	0.4207	0.0859	0.0527	0.2171
D0×D2	−0.0622	0.2358	0.2510	0.1070	0.1981	0.0218
D1×D2	−0.0329	0.3795	0.4559	0.2184	0.1620	0.4388

IMQF 插值算法是所有径向基函数插值算法中表现最差的，同样由于存在异常值，导致不同搜索方向之间相关性很差，甚至完全不相关。

其次，分析各搜索方向之间的 DEM 中误差的差异，并且判断 DEM 中误差的差异趋势，可以得到如下结论。

对于 MQF 插值算法和 MLF 插值算法而言，在绝大多数情况下使用四方向限制搜索和八方向限制搜索的DEM插值精度高于无方向限制搜索的DEM插值精度；但是，随着光滑因子和搜索点数的增加，搜索方向对 DEM 插值精度差异的影响逐渐减弱（见图3.14、图3.15）。

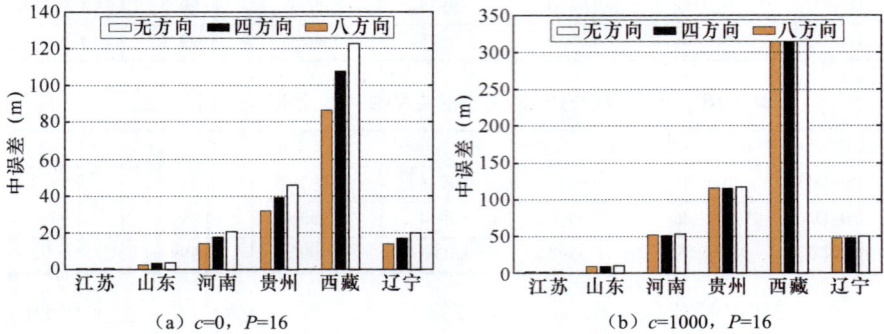

（a）$c=0$，$P=16$ （b）$c=1000$，$P=16$

图 3.14　搜索方向对 DEM 中误差的影响（基于 MQF 插值算法）

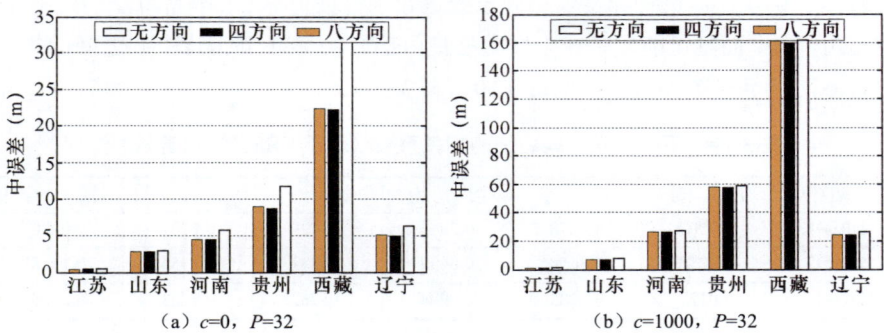

（a）$c=0$，$P=32$ （b）$c=1000$，$P=32$

图 3.15　搜索方向对 DEM 中误差的影响（基于 MLF 插值算法）

对于 TPSF 插值算法和 NCSF 插值算法而言，由于在插值过程中受到搜索点数和光滑因子的影响，插值结果可能存在异常值；如果限制产生异常值的搜索点数和光滑因子，当光滑因子等于 0 且搜索点数大于 32 个时，四方向、八方向限制搜索的 DEM 插值精度优于无方向限制搜索的 DEM 插值精度（见图 3.16、图 3.17）。

IMQF 插值算法仍然是所有径向基函数插值算法中表现最差的，由于在插值过程中受到搜索点数和光滑因子的影响，插值结果可能存在异常值；如果限制产生异常值的搜索点数和光滑因子，那么当光滑因子极大（大于 1000）且搜索点数较小（8 个）时，无方向限制搜索的 DEM 插值精度优于四方向、八方向限制搜索的 DEM 插值精度（见图 3.18）。

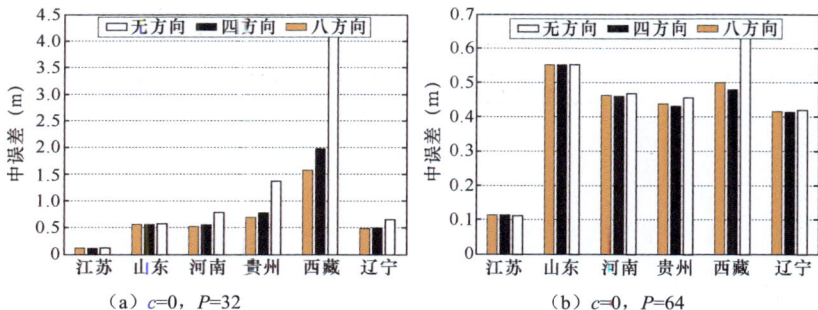

（a）$c=0$，$P=32$　　　　　　　（b）$c=0$，$P=64$

图 3.16　搜索方向对 DEM 中误差的影响（基于 TPSF 插值算法）

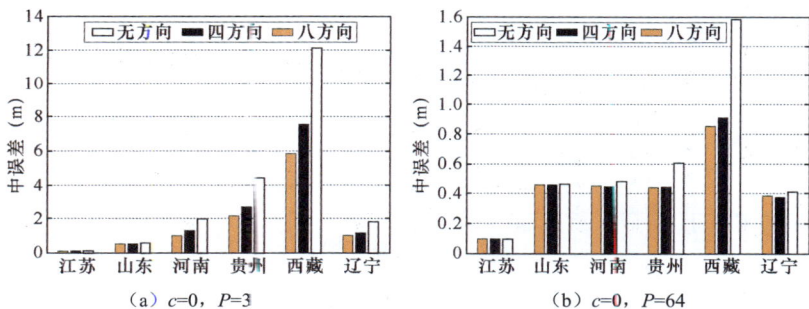

（a）$c=0$，$P=3$　　　　　　　（b）$c=0$，$P=64$

图 3.17　搜索方向对 DEM 中误差的影响（基于 NCSF 插值算法）

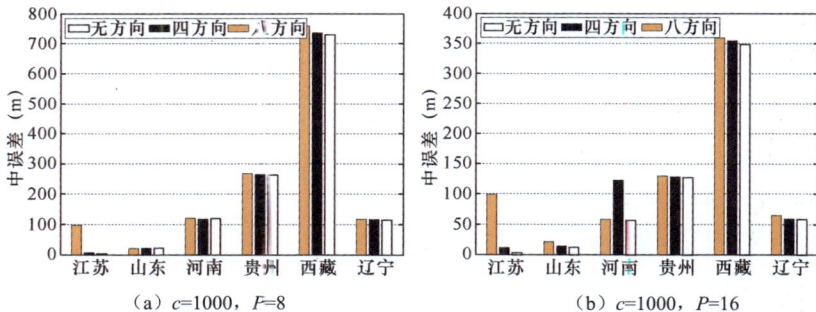

（a）$c=1000$，$P=8$　　　　　　（b）$c=1000$，$P=16$

图 3.18　搜索方向对 DEM 中误差的影响（基于 IMQF 插值算法）

▶ 3.5.2　搜索点数

　　固定搜索方向、光滑因子，研究搜索点数对 DEM 插值精度的影响，建立以搜索点数为横轴、以 DEM 中误差为纵轴的曲线，每条曲线分别代表当光滑因子不同时搜索点数对 DEM 插值精度的影响。

对于 MQF 插值算法而言，可以得到如下结论（见图 3.19）。

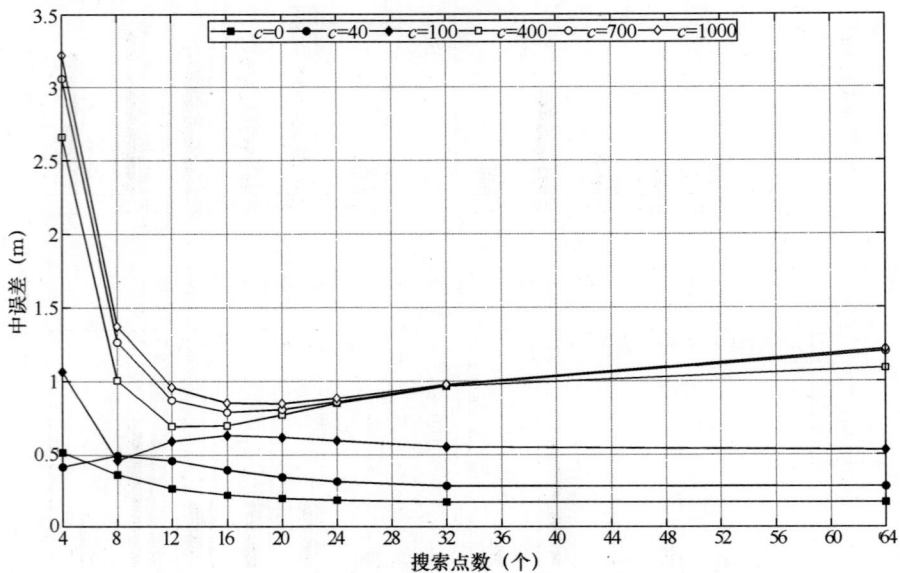

（a）江苏

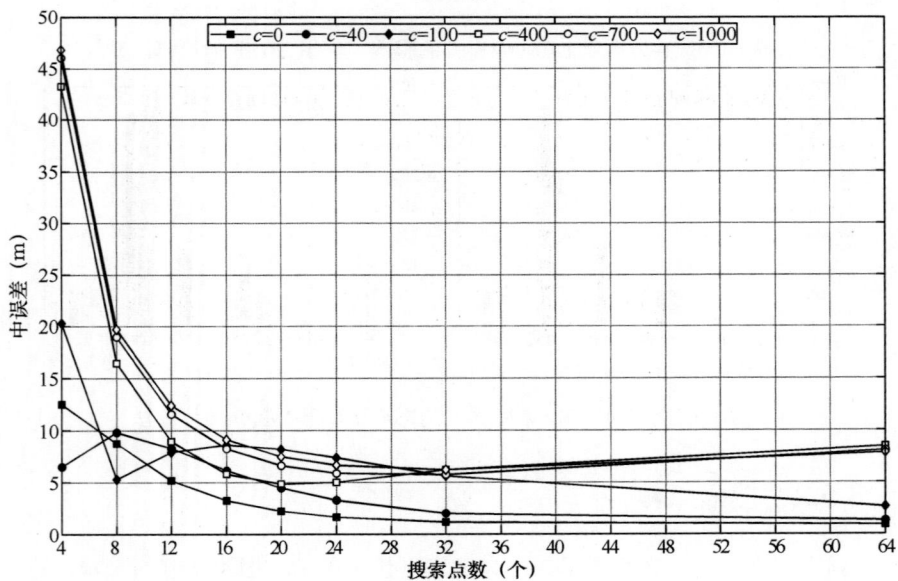

（b）山东

图 3.19　搜索点数和 DEM 中误差的关系（基于 MQF 插值算法）

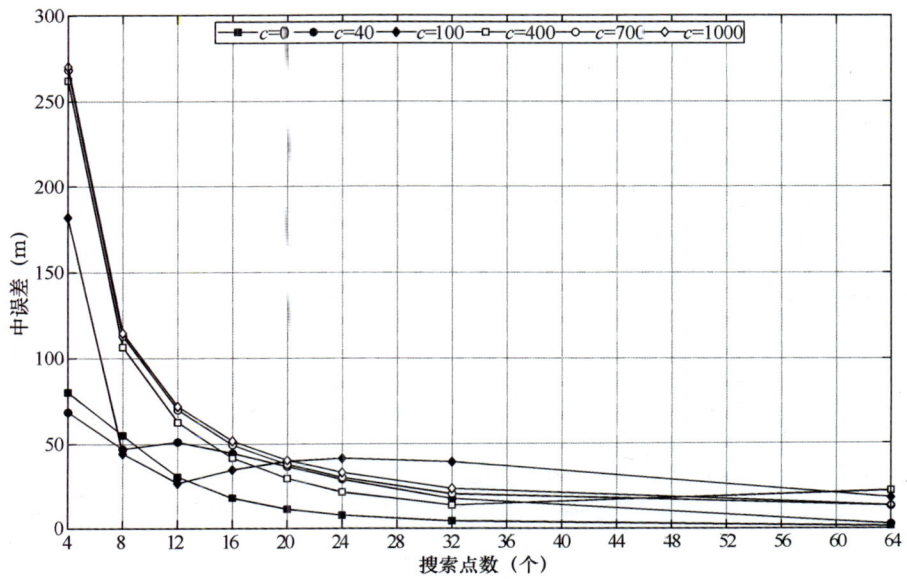

（c）河南

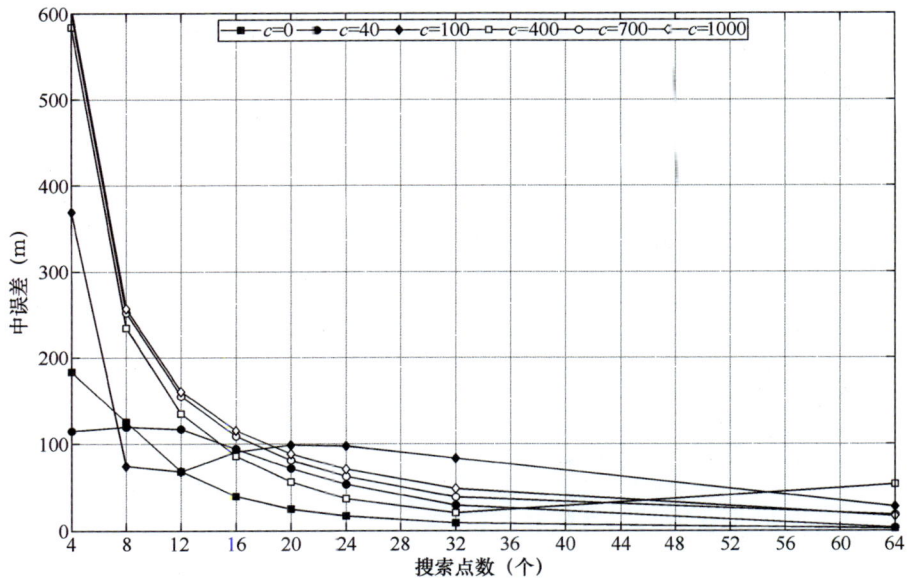

（d）贵州

图 3.19　搜索点数和 DEM 中误差的关系（基于 MQF 插值算法）（续）

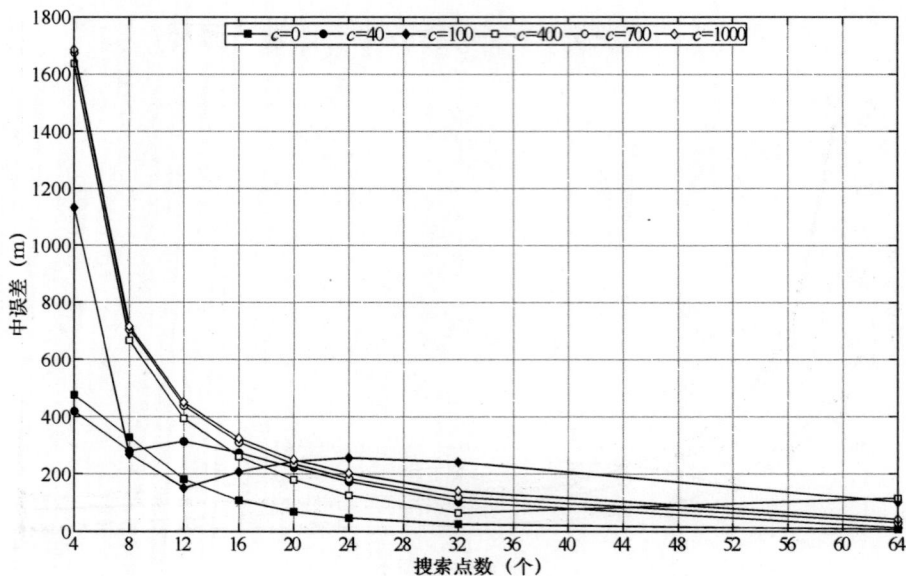

（e）西藏

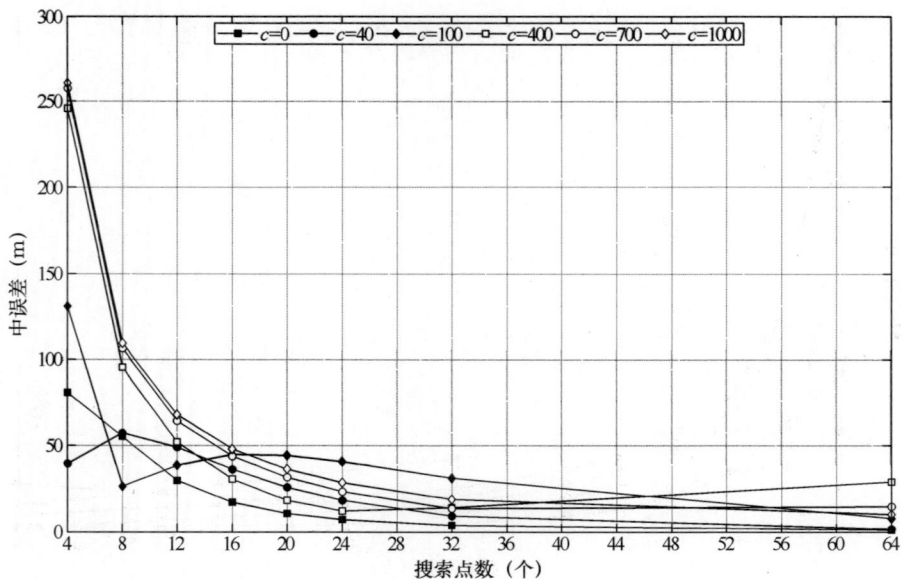

（f）辽宁

图 3.19　搜索点数和 DEM 中误差的关系（基于 MQF 插值算法）（续）

（1）随着搜索点数的增加，DEM 中误差的变化大多逐渐趋于稳定。

（2）当光滑因子取不同的值时，搜索点数对 DEM 插值精度的影响是不一致的。当光滑因子为 0 时，影响 DEM 插值精度的主要因素是搜索点数，中误差和搜索点数之间的关系表现为逐渐减小，并趋于稳定状态；这是由于较少的搜索点数并不能真正反映地形局部特征，导致 DEM 中误差较大，随着搜索点数增加到一定程度，DEM 中误差达到稳定状态，即使再增加搜索点数，对 DEM 中误差也没有太大的影响。当光滑因子不为 0 时，搜索点数对 DEM 中误差的影响明显受到光滑因子的影响，最终会产生误差变化的突变性。

（3）在不同实验区域，搜索点数和 DEM 中误差的趋势关系基本保持一致。

实验表明：对于 MQF 插值算法而言，如果不考虑光滑因子对 DEM 中误差的影响，那么搜索点数最佳的选择范围为 24～32 个。

对于 MLF 插值算法而言，其和 MQF 插值算法具有类似的插值结果，但是搜索点数对 DEM 插值精度的影响较 MQF 插值算法更有规律（见图 3.20）。

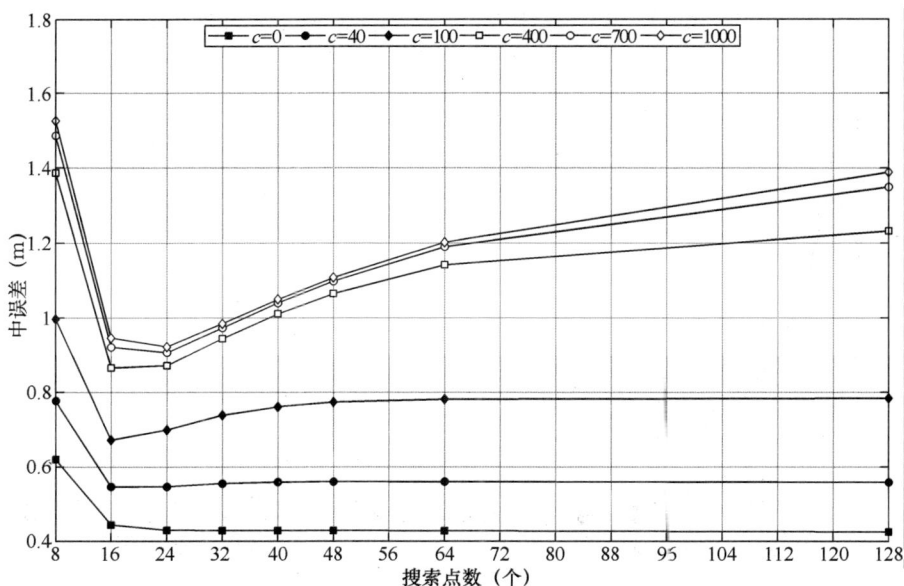

（a）江苏

图 3.20　在八方向限制搜索下搜索点数和 DEM 中误差的关系（基于 MLF 插值算法）

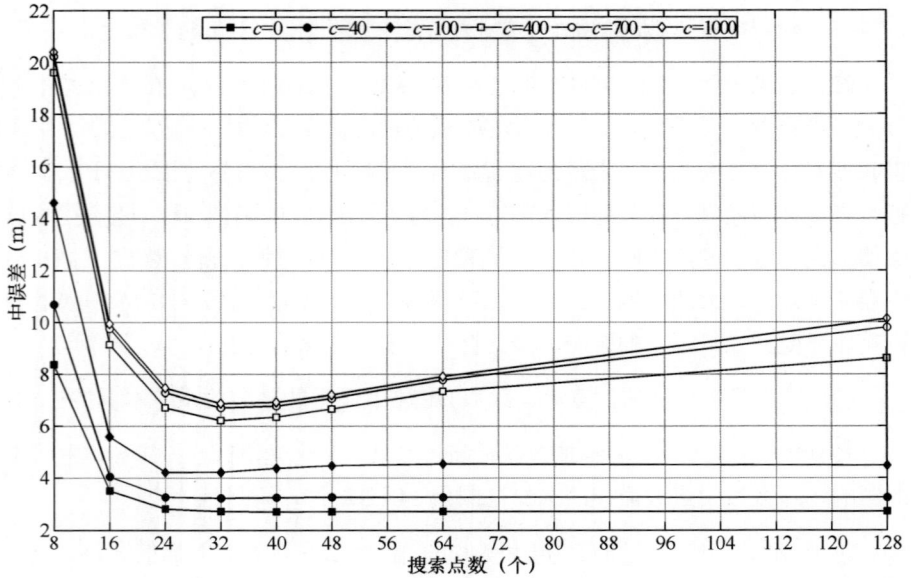

（b）山东

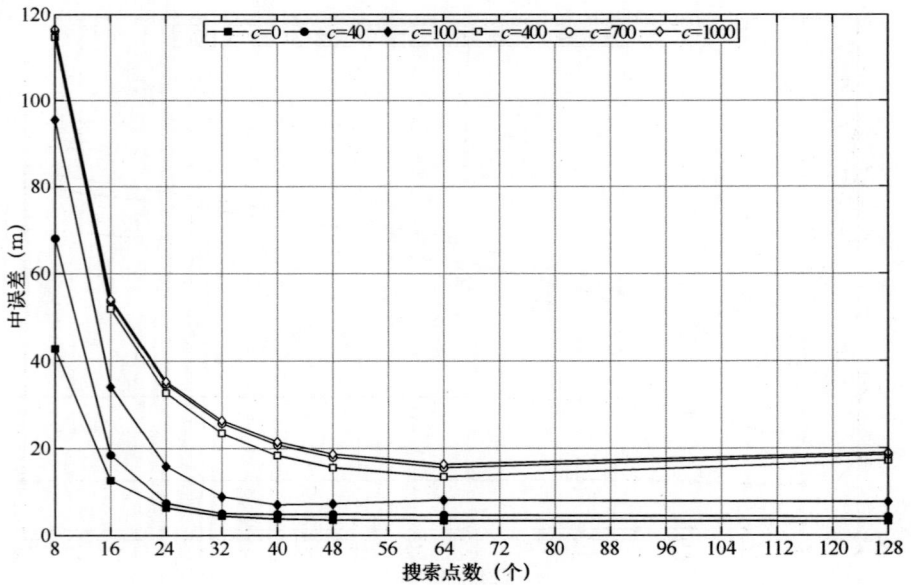

（c）河南

图3.20　在八方向限制搜索下搜索点数和DEM中误差的关系（基于MLF插值算法）（续）

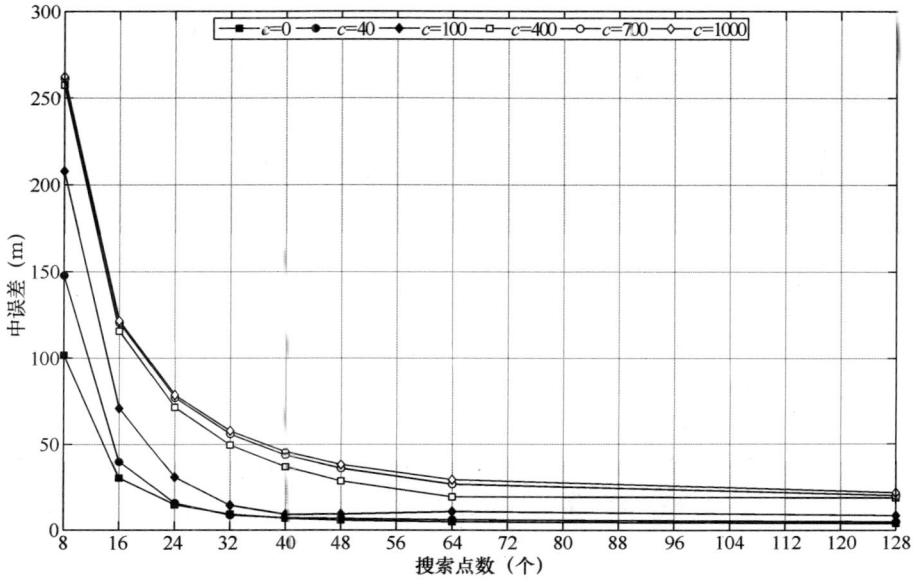

（d）贵州

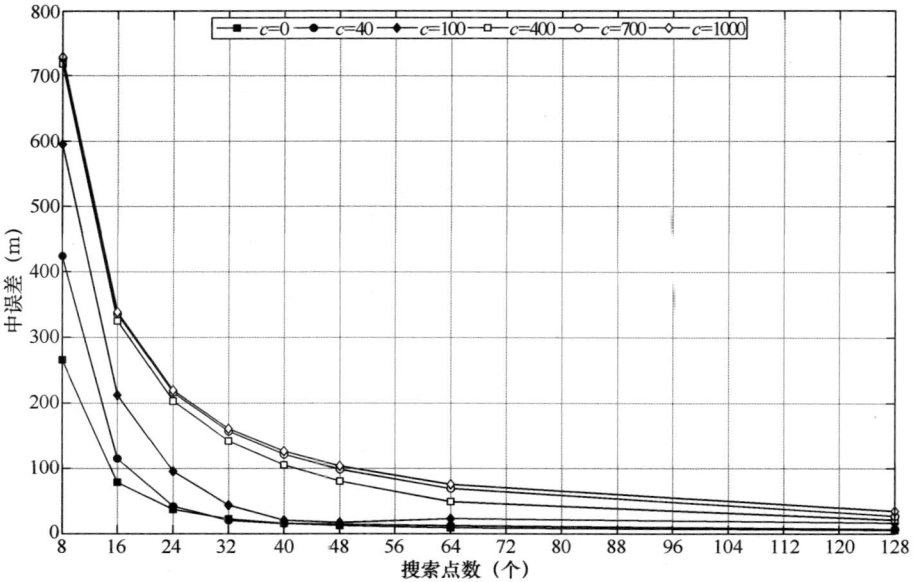

（e）西藏

图3.20 在八方向限制搜索下搜索点数和 DEM 中误差的关系（基于 MLF 插值算法）（续）

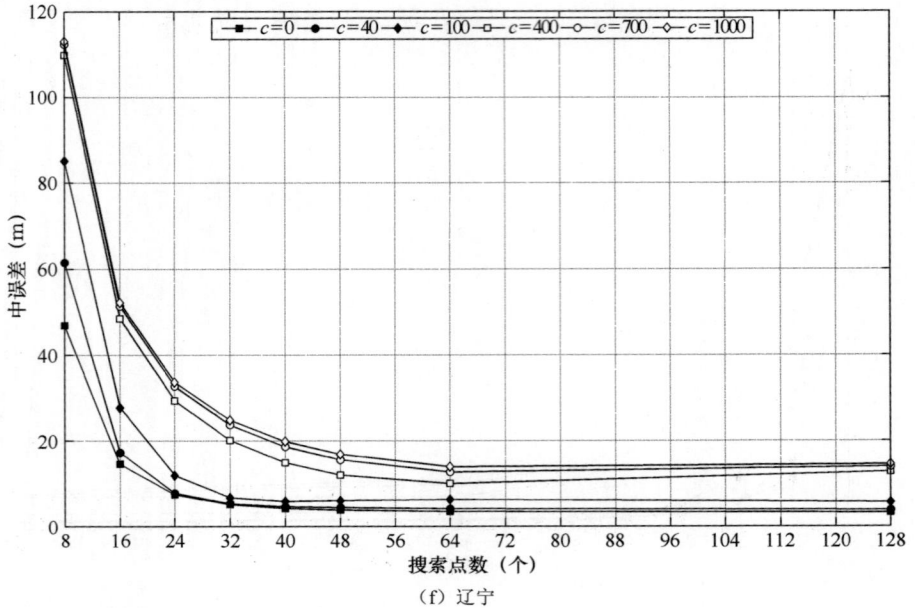

（f）辽宁

图3.20　在八方向限制搜索下搜索点数和DEM中误差的关系（基于MLF插值算法）（续）

（1）随着搜索点数的增加，中误差的变化逐渐趋于稳定。

（2）当光滑因子取不同的值时，搜索点数对 DEM 插值精度的影响是类似的，没有像 MQF 插值算法因光滑因子不同而发生突变的情况，而是随着光滑因子的增大，中误差随之增大。

（3）在不同实验区域，搜索点数和DEM中误差的趋势关系基本保持一致。

实验表明：对于 MLF 插值算法而言，如果不考虑光滑因子对 DEM 中误差的影响，那么搜索点数最佳的选择范围为24～32 个。

对于 TPSF、NCSF 插值算法而言，并不存在与 MQF、MLF 插值算法类似的"搜索点数和 DEM 中误差变化关系"的规律。当搜索点数较小时，TPSF、NCSF 插值算法产生显著的数值不稳定性，随着光滑因子的增大，这种数值不稳定性消失；当搜索点数较大（>32 个）时，TPSF、NCSF 插值算法产生的数值不稳定性消失，反而可以得到很好的插值结果，但是随着光滑因子的增大，数值不稳定性逐渐表现出来。因此，对于 TPSF、NCSF 插值算法而言，较大的搜索点数（>32 个）是较好的选择。

对于 IMQF 插值算法而言，其同样不存在与 MQF、MLF 插值算法类似的 "搜索点数和 DEM 中误差变化关系" 的规律。IMQF 插值算法较 TPSF、NCSF 插值算法更差，几乎任何搜索点数都不能产生合适的插值结果；相对而言，在极大的光滑因子控制下，使用较小的搜索点数，DEM 插值精度可能得到一定的改善。

综上所述，不同的径向基函数插值算法具有不同的 "最优" 搜索点数：MQF、MLF 插值算法在搜索点数为 24～32 个时较为合适，TPSF、NCSF 插值算法在搜索点数大于 32 个时较为合适，IMQF 插值算法在搜索点数小于 12 个时可能比较合适。

▶ 3.5.3 光滑因子

固定搜索方向、搜索点数，研究光滑因子对 DEM 插值精度的影响，建立以光滑因子为横轴、以 DEM 中误差为纵轴的离散曲线，每条曲线代表当搜索点数不同时光滑因子对 DEM 插值精度的影响。

对于 MQF 插值算法而言（见图 3.21），有如下结论。

（1）随着光滑因子的增大，DEM 中误差的变化逐渐趋于稳定。

（2）当搜索点数取不同的值时，光滑因子对 DEM 插值精度的影响是不一致的。当搜索点数较小时，不同光滑因子对 DEM 中误差的影响比较明显；随着搜索点数的增加，不同光滑因子对 DEM 中误差的影响逐渐减弱。

（3）在不同实验区域，光滑因子和 DEM 中误差的趋势关系基本保持一致。

对于 MLF 插值算法而言，其和 MQF 插值算法具有类似的插值结果，但是光滑因子对 DEM 中误差的影响较 MQF 插值算法更具稳定性（见图 3.22）。

（1）随着搜索点数的增加，中误差的变化逐渐趋于稳定。

（2）当搜索点数取不同的值时，光滑因子对 DEM 中误差的影响是不一致的。当搜索点数较小时，不同光滑因子对 DEM 中误差的影响比较明显；随着搜索点数的增加，不同光滑因子对 DEM 中误差的影响逐渐减弱。其中，唯一的例外是江苏实验区域，造成这种现象的主要原因是搜索半径。对于江苏实验区域而言，采样点分布密度较小，在使用较大搜索点数进行建模时，必然导致较大的搜索半径，这样使得太多无用的采样点参与计算，必然会导致插值误差的增大。当搜索点数为 128 个时，这种现象最为明显。

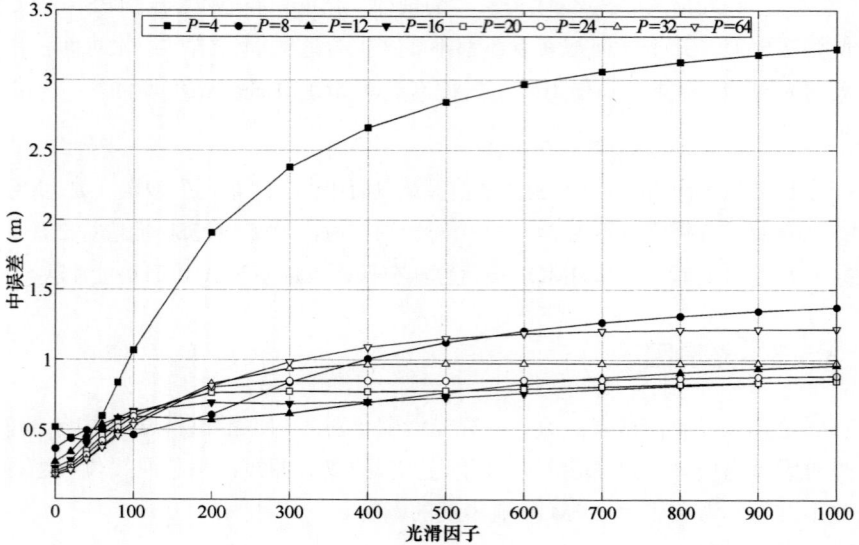

（a）江苏

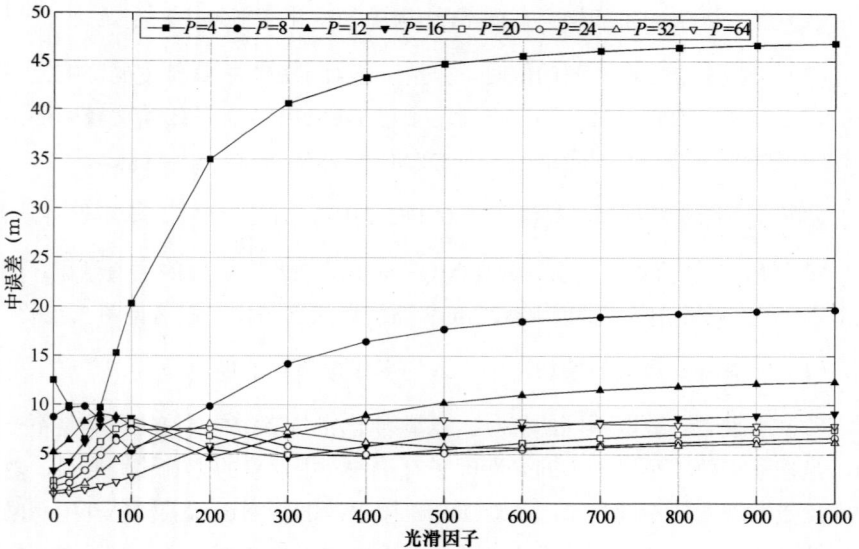

（b）山东

图 3.21 在四方向限制搜索下光滑因子和 DEM 中误差的关系（基于 MQF 插值算法）

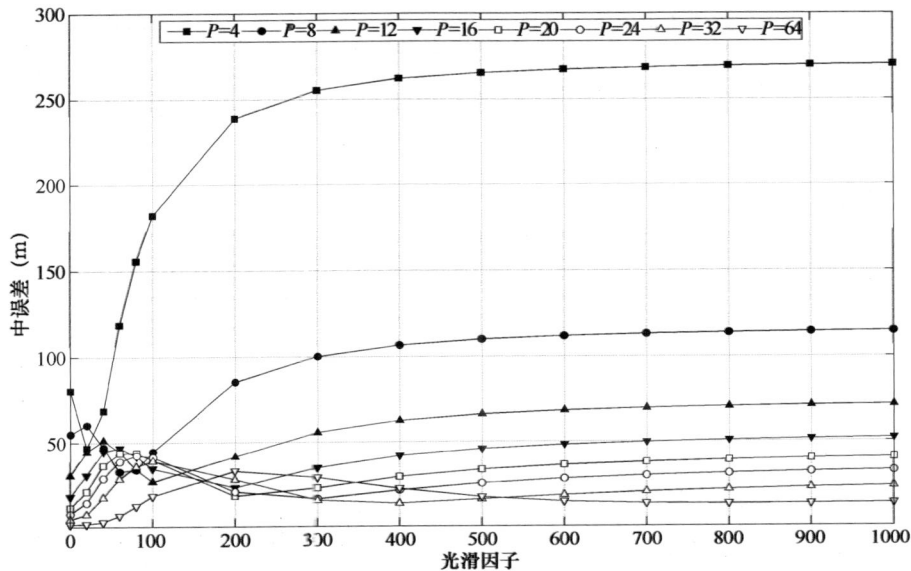

（c）河南

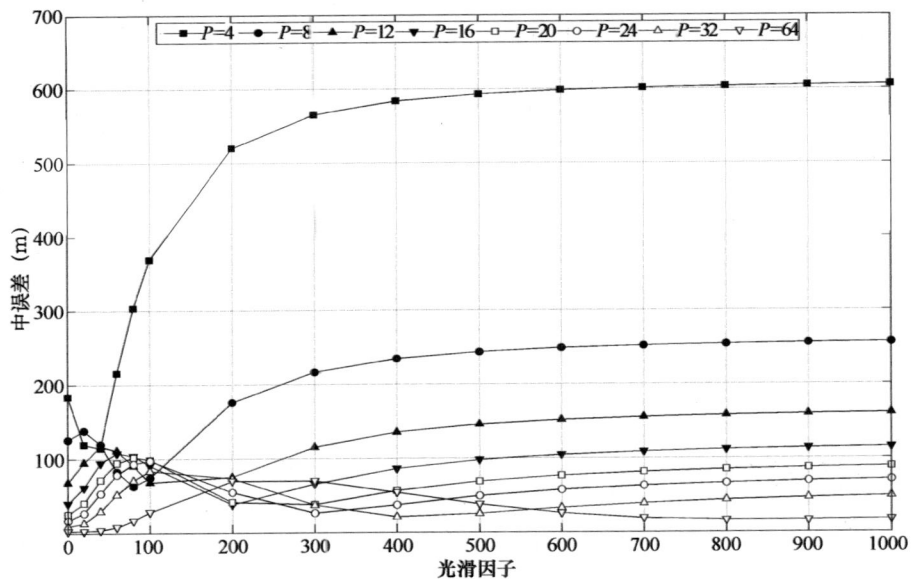

（d）贵州

图 3.21　在四方向限制搜索下光滑因子和 DEM 中误差的关系

（基于 MQF 插值算法）（续）

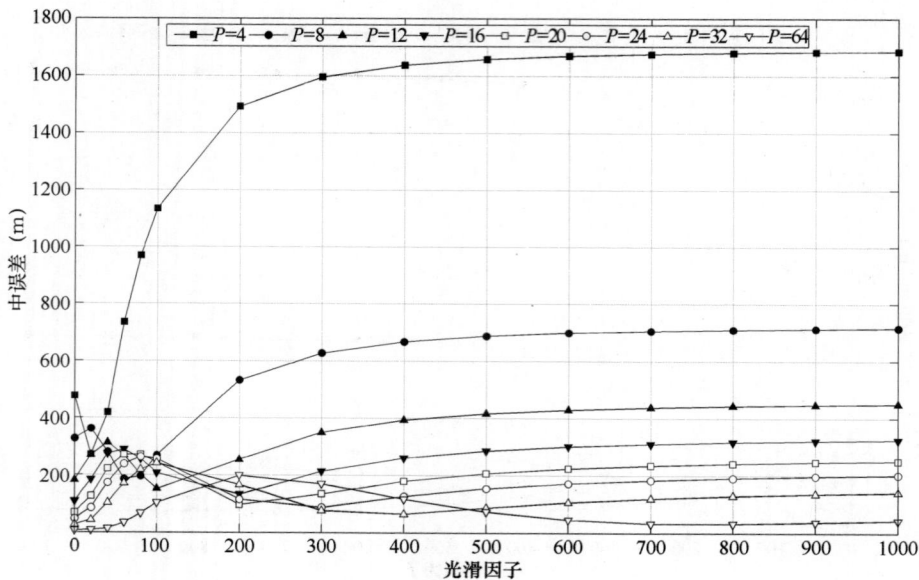

（e）西藏

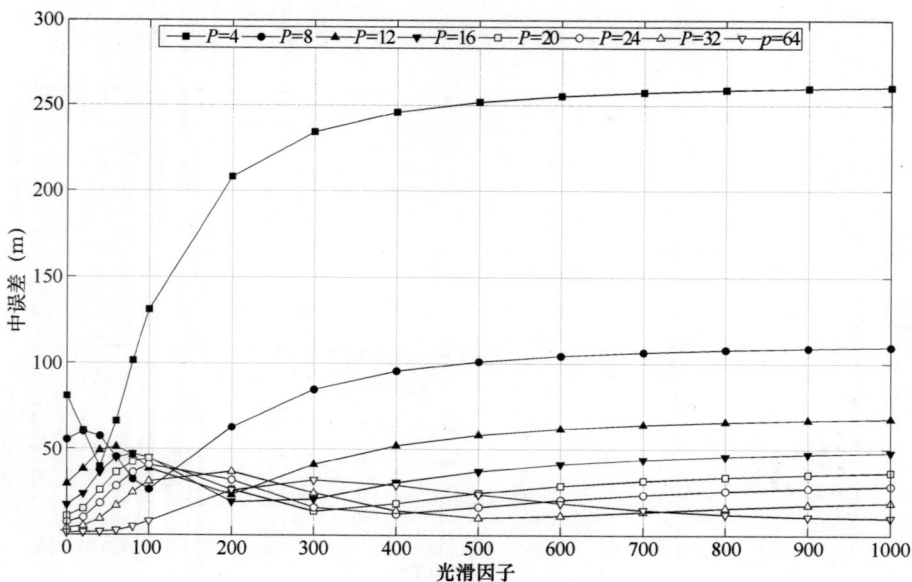

（f）辽宁

图 3.21　在四方向限制搜索下光滑因子和 DEM 中误差的关系

（基于 MQF 插值算法）（续）

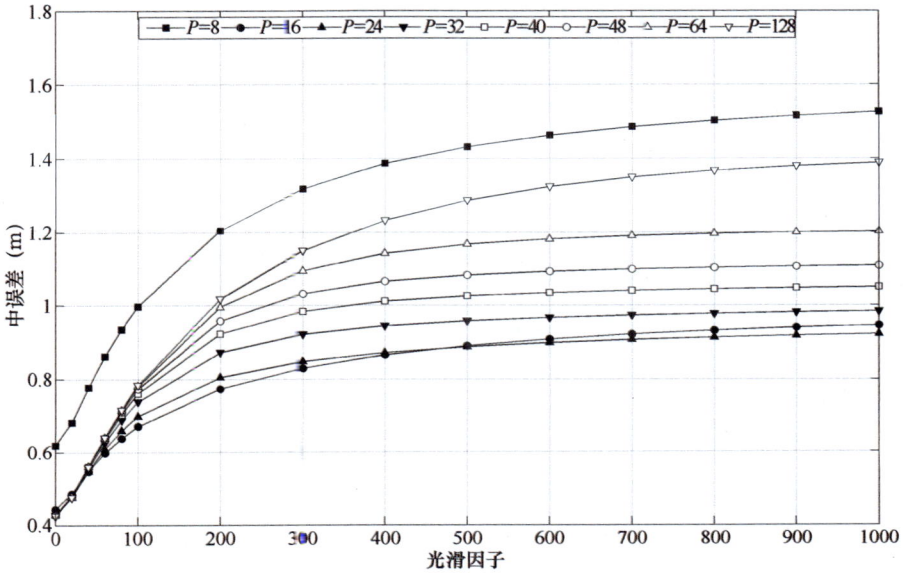

（a）江苏

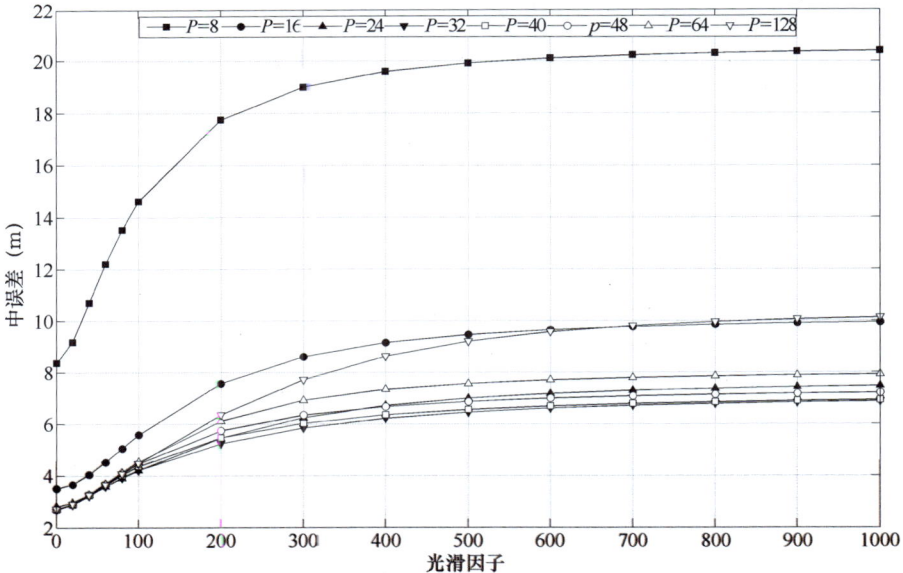

（b）山东

图 3.22　在八方向限制搜索下光滑因子和 DEM 中误差的关系（基于 MLF 插值算法）

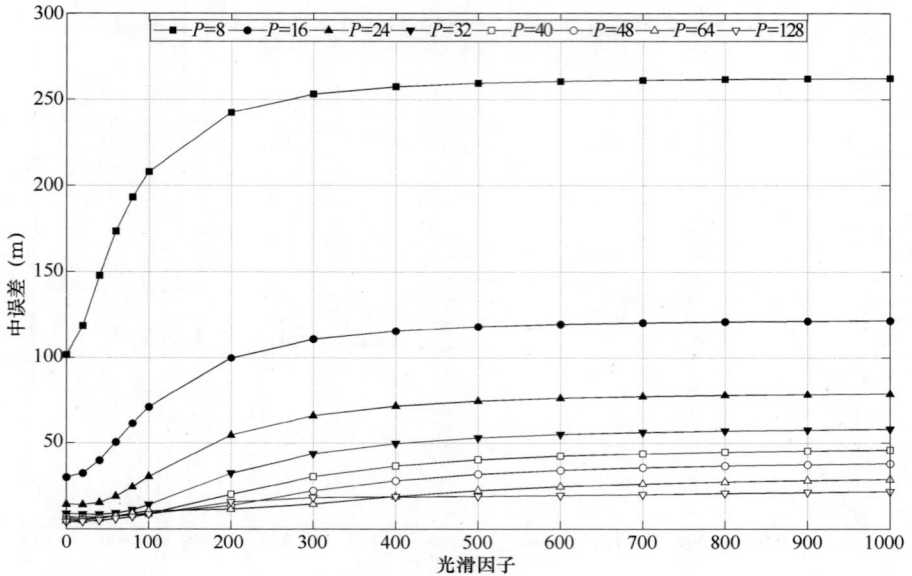

（c）河南

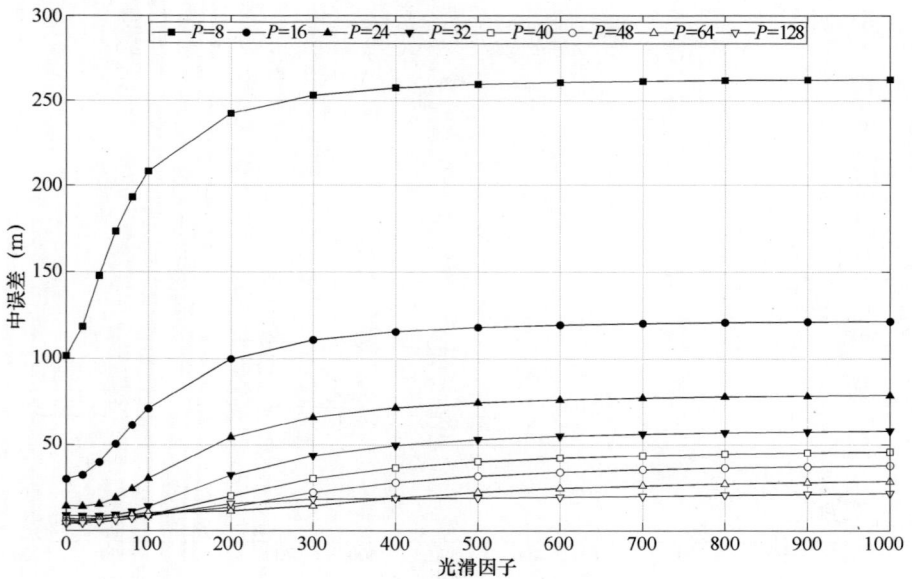

（d）贵州

图 3.22　在八方向限制搜索下光滑因子和 DEM 中误差的关系

（基于 MLF 插值算法）（续）

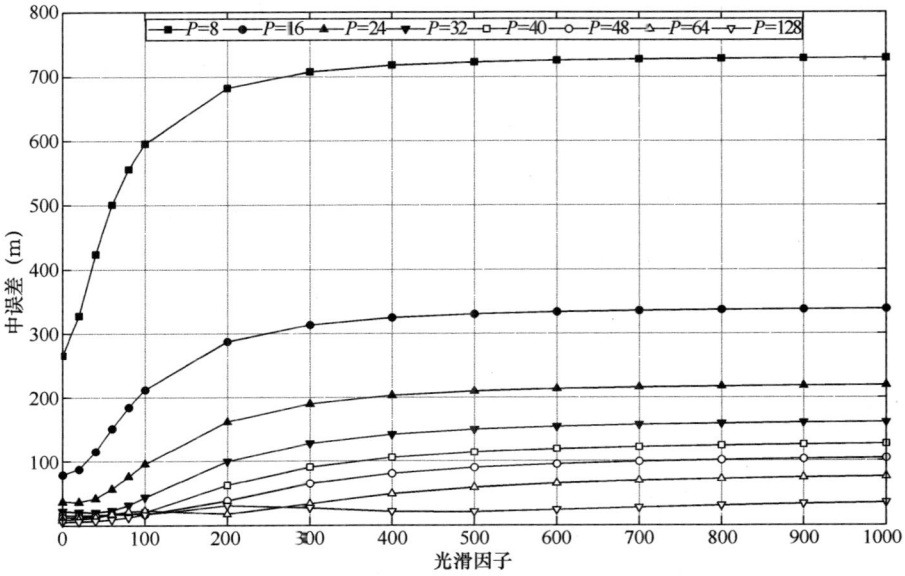

（e）西藏

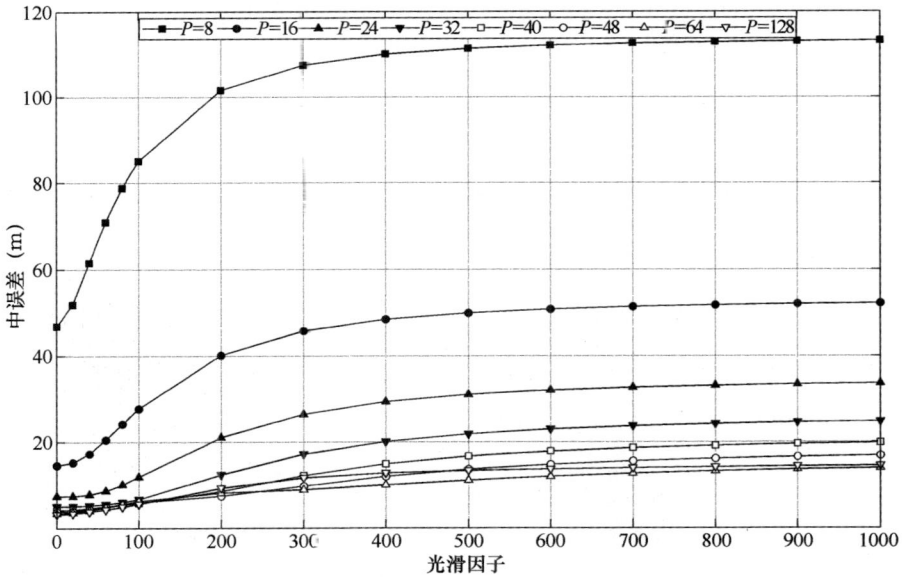

（f）辽宁

图 3.22 在八方向限制搜索下光滑因子和 DEM 中误差的关系

（基于 MLF 插值算法）（续）

（3）在不同实验区域，光滑因子和 DEM 中误差的趋势关系基本保持一致。

TPSF 插值算法和 NCSF 插值算法的实验结果较为相似，不同的光滑因子会导致显著的数值不稳定性。当光滑因子为 0 时，DEM 中误差比较稳定；随着光滑因子的增大，DEM 中误差产生巨大的异常值，甚至可以达到 40000 以上。

IMQF 插值算法同样存在数值不稳定性的插值效果，其表现较 TPSF 插值算法和 NCSF 插值算法更差，仅通过实验数据不能发现合理的光滑因子，相对来说光滑因子取大值较为合适。

综上所述，不同的径向基函数插值算法具有不同的"最优"光滑因子：MQF 插值算法光滑因子为 0～200 较为合适，MLF 插值算法、TPSF 插值算法、NCSF 插值算法取光滑因子为 0 较为合适，IMQF 插值算法在光滑因子很大（>1000）时可能比较合适。

▶ 3.5.4 趋势面分析

运用趋势面分析研究不同插值参数对于 DEM 插值误差的共同影响，由于 TPSF 插值算法、NCSF 插值算法和 IMQF 插值算法存在数值不稳定性的现象，因此仅利用趋势面分析方法对 MQF 插值算法和 MLF 插值算法展开分析，其拟合结果如表 3.21、表 3.22 所示。

表 3.21　搜索点数、光滑因子和中误差的趋势面分析结果（基于 MQF 插值算法）

实验区域	计算项	四方向限制搜索	八方向限制搜索
江苏实验区域	拟合效果		
	F	52.7796	204.0120
	p	0	0
	R^2	0.8120	0.9435

（续表）

实验区域	计算项	四方向限制搜索	八方向限制搜索
山东实验区域	拟合效果		
	F	60.4079	51.8313
	p	0	0
	R^2	0.8317	0.8092
河南实验区域	拟合效果		
	F	73.9955	58.5455
	p	0	0
	R^2	0.8582	0.8273
贵州实验区域	拟合效果		
	F	70.3786	59.1464
	p	0	0
	R^2	0.8520	0.8287

（续表）

实验 区域	计 算 项	四方向限制搜索	八方向限制搜索
西藏 实验 区域	拟合 效果		
	F	73.1663	62.1983
	p	0	0
	R^2	0.8569	0.8358
辽宁 实验 区域	拟合 效果		
	F	67.7341	56.4062
	p	0	0
	R^2	0.8471	0.8219

（1）在不同实验区域，搜索点数、权指数对中误差的趋势面函数拟合程度极高，相关系数均达到 0.80 以上；同时，查 F 分布表得 $F_{0.05}(9, 95) = 1.96$ 均小于计算得到的 F 值，这表明拟合三次趋势面函数是显著的。

（2）结合不同实验区域的中误差趋势图可以看出，各插值算法均存在几个中误差较低的参数区域。例如，对于 MQF 插值算法而言，搜索点数为 24～40 个且光滑因子接近于 0，或者搜索点数为 56～64 个且光滑因子接近于 0，或者搜索点数为 40～48 个且光滑因子为 800～900，这 3 个参数区域可能是插值参数取值较合理的区域。对于 MLF 插值算法而言，相对较为简单，"最优"取值区域主要集中在搜索点数为 24～32 个，或搜索点数为 64 个附近且光滑因子为 0，这两个区域是比较合理的参数取值区域。

表 3.22 搜索点数、光滑因子和中误差的趋势面分析结果（基于 MLF 插值算法）

实验区域	计算项	四方向限制搜索		八方向限制搜索	
江苏实验区域	拟合效果				
	F	91.3804		101.2466	
	p	0		0	
	R^2	0.8820		0.8923	
山东实验区域	拟合效果				
	F	142.9226		91.3333	
	p	0		0	
	R^2	0.9212		0.8820	
河南实验区域	拟合效果				
	F	158.3158		145.4906	
	p	0		0	
	R^2	0.9283		0.9225	

（续表）

实验区域	计算项	四方向限制搜索	八方向限制搜索
贵州实验区域	拟合效果		
	F	162.7454	159.7897
	p	0	0
	R^2	0.9301	0.9289
西藏实验区域	拟合效果		
	F	159.3978	162.6909
	p	0	0
	R^2	0.9288	0.9301
辽宁实验区域	拟合效果		
	F	165.0624	154.1673
	p	0	0
	R^2	0.9311	0.9265

▶ 3.5.5 插值参数显著性分析

本节设计实验分析光滑因子、搜索点数和搜索方向在置信水平 0.05 时对 DEM 插值精度的影响程度。由于 IMQF 插值算法在不同搜索参数下的插值结果较差，因此没有对该插值算法计算方差分析结果。表 3.23 为基于 MQF 插值算法的方差分析结果，表 3.24 为基于 MLF 插值算法的方差分析结果，表 3.25 为基于 TPSF 插值算法的方差分析结果，表 3.26 为基于 NCSF 插值算法的方差分析结果。

表 3.23 权指数、搜索点数、搜索方向对 DEM 插值精度的显著性影响

（基于 MQF 插值算法）

实验区域	变异来源	平方和（SS）	自由度（DF）	均方（MS）	F	p
江苏实验区域	"搜索点数"间	0.1610	4	0.0403	2.7180	0.0308
	"搜索方向"间	0.0985	2	0.0492	3.3240	0.0379
	搜索点数×搜索方向	0.0703	8	0.0088	0.5930	0.7830
	"搜索点数"间	0.1610	4	0.0403	31.0970	0.0000
	"光滑因子"间	2.9244	14	0.2089	161.3480	0.0000
	搜索点数×光滑因子	0.1604	56	0.0029	2.2130	0.0001
	"光滑因子"间	21.6771	14	1.5484	55.8030	0.0000
	"搜索方向"间	1.2257	2	0.6128	22.0870	0.0000
	光滑因子×搜索方向	0.1676	28	0.0060	0.2160	1.0000
山东实验区域	"搜索点数"间	0.6236	4	0.1559	16.6810	0.0000
	"搜索方向"间	0.0105	2	0.0053	0.5620	0.5708
	搜索点数×搜索方向	0.0026	8	0.0003	0.0350	1.0000
	"搜索点数"间	0.6236	4	0.1559	974.8560	0.0000
	"光滑因子"间	1.2611	14	0.0901	563.2300	0.0000
	搜索点数×光滑因子	0.6908	56	0.0123	77.1280	0.0000
	"光滑因子"间	1.2611	14	0.0901	12.2600	0.0000
	"搜索方向"间	0.0105	2	0.0053	0.7150	0.4905
	光滑因子×搜索方向	0.0053	28	0.0002	0.0260	1.0000
河南实验区域	"搜索点数"间	0.3227	4	0.0807	21.5070	0.0000
	"搜索方向"间	0.0033	2	0.0016	0.4370	0.6467
	搜索点数×搜索方向	0.0019	8	0.0002	0.0620	0.9999

（续表）

实验区域	变异来源	平方和（SS）	自由度（DF）	均方（MS）	F	p
河南实验区域	"搜索点数"间	0.3227	4	0.0807	753.8020	0.0000
	"光滑因子"间	0.3137	14	0.0224	209.3580	0.0000
	搜索点数×光滑因子	0.4631	56	0.0083	77.2740	0.0000
	"光滑因子"间	0.3137	14	0.0224	5.0860	0.0000
	"搜索方向"间	0.0033	2	0.0016	0.3720	0.6900
	光滑因子×搜索方向	0.0055	28	0.0002	0.0450	1.0000
贵州实验区域	"搜索点数"间	0.1654	4	0.0414	26.0790	0.0000
	"搜索方向"间	0.0016	2	0.0008	0.5040	0.6046
	搜索点数×搜索方向	0.0016	8	0.0002	0.1270	0.9981
	"搜索点数"间	0.1654	4	0.0414	605.1800	0.0000
	"光滑因子"间	0.1122	14	0.0080	117.2550	0.0000
	搜索点数×光滑因子	0.2138	56	0.0038	55.8690	0.0000
	"光滑因子"间	0.1122	14	0.0080	3.7470	0.0000
	"搜索方向"间	0.0016	2	0.0008	0.3740	0.6885
	光滑因子×搜索方向	0.0029	28	0.0001	0.0490	1.0000
西藏实验区域	"搜索点数"间	0.0273	4	0.0068	26.8350	0.0000
	"搜索方向"间	0.0003	2	0.0001	0.5880	0.5563
	搜索点数×搜索方向	0.0004	8	0.0001	0.2070	0.9894
	"搜索点数"间	0.0273	4	0.0068	376.5530	0.0000
	"光滑因子"间	0.0175	14	0.0013	69.0630	0.0000
	搜索点数×光滑因子	0.0339	56	0.0006	33.3870	0.0000
	"光滑因子"间	0.0175	14	0.0013	3.5840	0.0000
	"搜索方向"间	0.0003	2	0.0001	0.4280	0.6524
	光滑因子×搜索方向	0.0007	28	0.0000	0.0750	1.0000
辽宁实验区域	"搜索点数"间	0.5071	4	0.1268	26.7190	0.0000
	"搜索方向"间	0.0037	2	0.0019	0.3920	0.6760
	搜索点数×搜索方向	0.0019	8	0.0002	0.0490	0.9999
	"搜索点数"间	0.5071	4	0.1268	1191.4980	0.0000
	"光滑因子"间	0.3685	14	0.0263	247.3380	0.0000
	搜索点数×光滑因子	0.6176	56	0.0110	103.6480	0.0000
	"光滑因子"间	0.3685	14	0.0263	4.1860	0.0000
	"搜索方向"间	0.0037	2	0.0019	0.2960	0.7441
	光滑因子×搜索方向	0.0052	28	0.0002	0.0300	1.0000

表 3.24　权指数、搜索点数、搜索方向对 DEM 插值精度的显著性影响

（基于 MLF 插值算法）

实验区域	变异来源	平方和（SS）	自由度（DF）	均方（MS）	F	p
江苏实验区域	"搜索点数"间	0.4006	4	0.1001	20.0330	0.0000
	"搜索方向"间	0.0996	2	0.0498	9.9610	0.0001
	搜索点数×搜索方向	0.0202	8	0.0025	0.5060	0.8510
	"搜索点数"间	0.4006	4	0.1001	107.3290	0.0000
	"光滑因子"间	0.9948	14	0.0711	76.1510	0.0000
	搜索点数×光滑因子	0.0349	56	0.0006	0.6680	0.9576
	"光滑因子"间	11.8500	14	0.8464	17.9150	0.0000
	"搜索方向"间	1.6116	2	0.8058	17.0550	0.0000
	光滑因子×搜索方向	0.0130	28	0.0005	0.0100	1.0000
山东实验区域	"搜索点数"间	0.3744	4	0.0936	41.7360	0.0000
	"搜索方向"间	0.0055	2	0.0028	1.2330	0.2935
	搜索点数×搜索方向	0.0010	8	0.0001	0.0550	0.9999
	"搜索点数"间	0.3744	4	0.0936	1587.0390	0.0000
	"光滑因子"间	0.4190	14	0.0299	507.3850	0.0000
	搜索点数×光滑因子	0.0497	56	0.0009	15.0460	0.0000
	"光滑因子"间	0.4190	14	0.0299	12.6260	0.0000
	"搜索方向"间	0.0055	2	0.0028	1.1670	0.3137
	光滑因子×搜索方向	0.0008	28	0.0000	0.0120	1.0000
河南实验区域	"搜索点数"间	0.2577	4	0.0644	38.2100	0.0000
	"搜索方向"间	0.0020	2	0.0010	0.5930	0.5535
	搜索点数×搜索方向	0.0008	8	0.0001	0.0570	0.9999
	"搜索点数"间	0.2577	4	0.0644	1506.0090	0.0000
	"光滑因子"间	0.2447	14	0.0175	408.5670	0.0000
	搜索点数×光滑因子	0.1057	56	0.0019	44.1360	0.0000
	"光滑因子"间	0.2447	14	0.0175	8.5960	0.0000
	"搜索方向"间	0.0020	2	0.0010	0.4920	0.6123
	光滑因子×搜索方向	0.0019	28	0.0001	0.0330	1.0000
贵州实验区域	"搜索点数"间	0.1613	4	0.0403	45.8950	0.0000
	"搜索方向"间	0.0008	2	0.0004	0.4540	0.6354
	搜索点数×搜索方向	0.0005	8	0.0001	0.0650	0.9998
	"搜索点数"间	0.1613	4	0.0403	1931.6010	0.0000

（续表）

实验区域	变异来源	平方和（SS）	自由度（DF）	均方（MS）	F	p
贵州实验 区域	"光滑因子"间	0.1082	14	0.0077	370.4240	0.0000
	搜索点数×光滑因子	0.0744	56	0.0013	63.6150	0.0000
	"光滑因子"间	0.1082	14	0.0077	5.8720	0.0000
	"搜索方向"间	0.0008	2	0.0004	0.3030	0.7388
	光滑因子×搜索方向	0.0009	28	0.0000	0.0260	1.0000
西藏实验 区域	"搜索点数"间	0.0451	4	0.0113	40.0790	0.0000
	"搜索方向"间	0.0002	2	0.0001	0.4440	0.6418
	搜索点数×搜索方向	0.0002	8	0.0000	0.1000	0.9992
	"搜索点数"间	0.0451	4	0.0113	1006.8990	0.0000
	"光滑因子"间	0.0279	14	0.0020	177.8730	0.0000
	搜索点数×光滑因子	0.0300	56	0.0005	47.8200	0.0000
	"光滑因子"间	0.0279	14	0.0020	4.7130	0.0000
	"搜索方向"间	0.0002	2	0.0001	0.2960	0.7442
	光滑因子×搜索方向	0.0005	28	0.0000	0.0380	1.0000
辽宁实验 区域	"搜索点数"间	0.3359	4	0.0840	55.2830	0.0000
	"搜索方向"间	0.0026	2	0.0013	0.8570	0.4260
	搜索点数×搜索方向	0.0010	8	0.0001	0.0780	0.9997
	"搜索点数"间	0.3359	4	0.0840	2076.2450	0.0000
	"光滑因子"间	0.2197	14	0.0157	388.0340	0.0000
	搜索点数×光滑因子	0.0967	56	0.0017	42.7200	0.0000
	"光滑因子"间	0.2197	14	0.0157	6.4980	0.0000
	"搜索方向"间	0.0026	2	0.0013	0.5390	0.5844
	光滑因子×搜索方向	0.0014	28	0.0000	0.0200	1.0000

表 3.25　权指数、搜索点数、搜索方向对 DEM 插值精度的显著性影响

（基于 TPSF 插值算法）

实验区域	变异来源	平方和（SS）	自由度（DF）	均方（MS）	F	p
江苏实验 区域	"搜索点数"间	3236444.0000	4	809110.9000	1.0310	0.3924
	"搜索方向"间	1461494.0000	2	730746.8000	0.9310	0.3959
	搜索点数×搜索方向	6413375.0000	8	801671.9000	1.0210	0.4211
	"搜索点数"间	0.8452	4	0.2113	26.0030	0.0000
	"光滑因子"间	8.7507	14	0.6250	76.9180	0.0000

（续表）

实验区域	变异来源	平方和（SS）	自由度（DF）	均方（MS）	*F*	*p*
江苏实验区域	搜索点数×光滑因子	2.8366	56	0.0507	6.2330	0.0000
	"光滑因子"间	8.7507	14	0.6250	24.5820	0.0000
	"搜索方向"间	0.0945	2	0.0472	1.8580	0.1590
	光滑因子×搜索方向	0.2295	28	0.0082	0.3220	0.9996
山东实验区域	"搜索点数"间	0.1462	4	0.0365	1.898	0.1121
	"搜索方向"间	0.0005	2	0.0003	0.014	0.9863
	搜索点数×搜索方向	0.0030	8	0.0004	0.0200	1.0000
	"搜索点数"间	0.1462	4	0.0365	262.5460	0.0000
	"光滑因子"间	3.1496	14	0.2250	1616.1660	0.0000
	搜索点数×光滑因子	0.8777	56	0.0157	112.5910	0.0000
	"光滑因子"间	3.1496	14	0.2250	38.9680	0.0000
	"搜索方向"间	0.0005	2	0.0003	0.0460	0.9551
	光滑因子×搜索方向	0.0050	28	0.0002	0.0310	1.0000
河南实验区域	"搜索点数"间	0.1118	4	0.0279	1.9010	0.1116
	"搜索方向"间	0.0010	2	0.0005	0.0350	0.9660
	搜索点数×搜索方向	0.0013	8	0.0002	0.0110	1.0000
	"搜索点数"间	0.1118	4	0.0279	135.1650	0.0000
	"光滑因子"间	2.2018	14	0.1573	760.6100	0.0000
	搜索点数×光滑因子	0.8574	56	0.0153	74.0520	0.0000
	"光滑因子"间	2.2018	14	0.1573	28.8130	0.0000
	"搜索方向"间	0.0010	2	0.0005	0.0930	0.9110
	光滑因子×搜索方向	0.0167	28	0.0006	0.1100	1.0000
贵州实验区域	"搜索点数"间	0.0863	4	0.0216	1.8600	0.1188
	"搜索方向"间	0.0013	2	0.0006	0.0550	0.9463
	搜索点数×搜索方向	0.0011	8	0.0001	0.0110	1.0000
	"搜索点数"间	0.0863	4	0.0216	96.2060	0.0000
	"光滑因子"间	1.5417	14	0.1101	491.2550	0.0000
	搜索点数×光滑因子	0.8625	56	0.0154	68.7060	0.0000
	"光滑因子"间	1.5417	14	0.1101	20.5900	0.0000
	"搜索方向"间	0.0013	2	0.0006	0.1200	0.8872
	光滑因子×搜索方向	0.0184	28	0.0007	0.1230	1.0000

（续表）

实验区域	变异来源	平方和（SS）	自由度（DF）	均方（MS）	F	p
西藏实验区域	"搜索点数"间	0.0637	4	0.0159	2.2150	0.0685
	"搜索方向"间	0.0011	2	0.0006	0.0770	0.9263
	搜索点数×搜索方向	0.0008	8	0.0001	0.0150	1.0000
	"搜索点数"间	0.0637	4	0.0159	80.0870	0.0000
	"光滑因子"间	0.7351	14	0.0525	263.9260	0.0000
	搜索点数×光滑因子	0.7478	56	0.0134	67.1210	0.0000
	"光滑因子"间	0.7351	14	0.0525	11.4730	0.0000
	"搜索方向"间	0.0011	2	0.0006	0.1200	0.8866
	光滑因子×搜索方向	0.0165	28	0.0006	0.1280	1.0000
辽宁实验区域	"搜索点数"间	0.1095	4	0.0274	1.6770	0.1566
	"搜索方向"间	0.0005	2	0.0002	0.0140	0.9859
	搜索点数×搜索方向	0.0010	8	0.0001	0.0070	1.0000
	"搜索点数"间	0.1095	4	0.0274	178.4160	0.0000
	"光滑因子"间	2.4758	14	0.1768	1152.1060	0.0000
	搜索点数×光滑因子	0.9323	56	0.0166	108.4600	0.0000
	"光滑因子"间	2.4758	14	0.1768	30.2530	0.0000
	"搜索方向"间	0.0005	2	0.0002	0.0400	0.9612
	光滑因子×搜索方向	0.0122	28	0.0004	0.0750	1.0000

表 3.26 权指数、搜索点数、搜索方向对 DEM 插值精度的显著性影响
（基于 NCSF 插值算法）

实验区域	变异来源	平方和（SS）	自由度（DF）	均方（MS）	F	p
江苏实验区域	"搜索点数"间	432000000.0000	4	108000000.0000	1.0210	0.3975
	"搜索方向"间	200000000.0000	2	99962336.0000	0.9440	0.3906
	搜索点数×搜索方向	851000000.0000	8	106000000.0000	1.0050	0.4336
	"搜索点数"间	0.4929	4	0.1232	8.0180	0.0000
	"光滑因子"间	7.1832	14	0.5131	33.3830	0.0000
	搜索点数×光滑因子	2.7501	56	0.0491	3.1950	0.0000
	"光滑因子"间	7.1832	14	0.5131	21.6080	0.0000
	"搜索方向"间	0.4110	2	0.2055	8.6530	0.0003
	光滑因子×搜索方向	0.8634	28	0.0308	1.2990	0.1574

（续表）

实验区域	变异来源	平方和（SS）	自由度（DF）	均方（MS）	*F*	*p*
山东实验区域	"搜索点数"间	0.0784	4	0.0196	1.1250	0.3459
	"搜索方向"间	0.0011	2	0.0006	0.0320	0.9688
	搜索点数×搜索方向	0.0023	8	0.0003	0.0160	1.0000
	"搜索点数"间	0.0784	4	0.0196	78.1330	0.0000
	"光滑因子"间	2.5278	14	0.1806	720.0910	0.0000
	搜索点数×光滑因子	1.0962	56	0.0196	78.0680	0.0000
	"光滑因子"间	2.5278	14	0.1806	27.0500	0.0000
	"搜索方向"间	0.0011	2	0.0006	0.0830	0.9207
	光滑因子×搜索方向	0.0096	28	0.0003	0.0510	1.0000
河南实验区域	"搜索点数"间	0.0654	4	0.0163	1.7670	0.1367
	"搜索方向"间	0.0000	2	0.0000	0.0000	0.9998
	搜索点数×搜索方向	0.0006	8	0.0001	0.0080	1.0000
	"搜索点数"间	0.0654	4	0.0163	102.8420	0.0000
	"光滑因子"间	1.0261	14	0.0733	461.1030	0.0000
	搜索点数×光滑因子	0.8933	56	0.0160	100.3640	0.0000
	"光滑因子"间	1.0261	14	0.0733	13.5710	0.0000
	"搜索方向"间	0.0000	2	0.0000	0.0000	0.9997
	光滑因子×搜索方向	0.0104	28	0.0004	0.0690	1.0000
贵州实验区域	"搜索点数"间	0.0624	4	0.0156	2.2390	0.0660
	"搜索方向"间	0.0004	2	0.0002	0.0290	0.9715
	搜索点数×搜索方向	0.0004	8	0.0000	0.0060	1.0000
	"搜索点数"间	0.0624	4	0.0156	161.9120	0.0000
	"光滑因子"间	0.6020	14	0.0430	446.2920	0.0000
	搜索点数×光滑因子	0.8473	56	0.0151	157.0400	0.0000
	"光滑因子"间	0.6020	14	0.0430	8.4460	0.0000
	"搜索方向"间	0.0004	2	0.0002	0.0400	0.9612
	光滑因子×搜索方向	0.0073	28	0.0003	0.0510	1.0000
西藏实验区域	"搜索点数"间	0.0340	4	0.0085	2.5390	0.0410
	"搜索方向"间	0.0004	2	0.0002	0.0640	0.9382
	搜索点数×搜索方向	0.0005	8	0.0001	0.0200	1.0000

（续表）

实验区域	变异来源	平方和（SS）	自由度（DF）	均方（MS）	F	p
西藏实验区域	"搜索点数"间	0.0340	4	0.0085	75.0040	0.0000
	"光滑因子"间	0.2298	14	0.0164	144.6670	0.0000
	搜索点数×光滑因子	0.4582	56	0.0082	72.0980	0.0000
	"光滑因子"间	0.2298	14	0.0164	5.8830	0.0000
	"搜索方向"间	0.0004	2	0.0002	0.0770	0.9262
	光滑因子×搜索方向	0.0065	28	0.0002	0.0830	1.0000
辽宁实验区域	"搜索点数"间	0.0649	4	0.0162	1.6040	0.1745
	"搜索方向"间	0.0000	2	0.0000	0.0020	0.9981
	搜索点数×搜索方向	0.0003	8	0.0000	0.0040	1.0000
	"搜索点数"间	0.0649	4	0.0162	125.1440	0.0000
	"光滑因子"间	1.0970	14	0.0784	604.7700	0.0000
	搜索点数×光滑因子	1.0070	56	0.0180	138.7840	0.0000
	"光滑因子"间	1.0970	14	0.0784	13.0310	0.0000
	"搜索方向"间	0.0000	2	0.0000	0.0030	0.9968
	光滑因子×搜索方向	0.0088	28	0.0003	0.0520	1.0000

表 3.23 的方差分析结果表明：对于 MQF 插值算法而言，搜索方向插值参数对 DEM 插值精度没有显著性影响（$p > 0.05$），搜索点数和光滑因子对 DEM 插值精度具有显著性影响（$p < 0.05$）。比较两者的显著性程度发现，搜索点数和光滑因子对 DEM 插值精度的影响随着地形复杂程度的不同而不同：在江苏和山东实验区域，光滑因子的影响大于搜索点数；而在河南、贵州、西藏和辽宁实验区域，光滑因子的影响小于搜索点数。

表 3.24 的方差分析结果表明：对于 MLF 插值算法而言，搜索方向这个插值参数对 DEM 插值精度没有显著性影响（$p > 0.05$），搜索点数和光滑因子对 DEM 插值精度具有显著性影响（$p < 0.05$）。同样比较搜索点数和光滑因子的影响程度发现，搜索点数的影响大于光滑因子的影响。

表 3.25、表 3.26 的方差分析结果表明：TPSF 插值算法和 NCSF 插值算法具有类似的实验结果，即搜索方向这个插值参数对 DEM 插值精度没有显著性影响（$p > 0.05$），搜索点数和光滑因子对 DEM 插值精度具有显著性影响（$p < 0.05$）。同样比较搜索点数和光滑因子的影响程度发现，光滑因子的影响大于搜索点数的影响。

3.6   克里格插值算法的 "最优" 插值参数

▶ 3.6.1   实验半变异函数

在运用克里格插值算法进行高程插值计算时，第一步就是基于实验数据建立实验半变异函数，选择合适的半变异函数模型，以及拟合半变异函数模型的参数值。如果实验数据不存在合适的实验半变异函数模型，将不能得到理想的插值结果。

针对 6 个实验区域的实验数据建立实验半变异函数模型（见表 3.27），可以发现山东实验区域、河南实验区域、贵州实验区域、西藏实验区域、辽宁实验区域建立的实验半变异函数模型拟合结果存在很高的可信度（可决系数均达到 0.85 以上，以河南实验区域为例建立离散点图和拟合曲线图，如图 3.23 所示），但是江苏实验区域半变异函数模型拟合结果较差（可决系数不超过 0.6），并且无法拟合高斯模型和线性模型。

表 3.27   不同实验区域的实验半变异函数模型拟合结果

实验区域		江　苏	山　　东	河　南	贵　　州	西　　藏	辽　宁
球形模型	C_0	5.6639	21.5935	2297.5767	4402.2679	11197.5768	1004.3802
	C	−99.4598	2683.2287	62480.1374	44680.5781	275354.1667	6516.5413
	a	360485.4607	6312.4259	5365.4125	14202.4063	20630.065	5819.678
	R^2	0.5929	0.9973	0.9969	0.9911	0.9931	0.9910
指数模型	C_0	5.6671	0.0000	0.0000	3578.5951	9667.7513	0.0009
	C	−340.7423	3342.2285	72502.5763	93466.4795	822295.6334	8305.7631
	a	819334.0782	3800.5286	2633.7186	17288.3845	38666.1644	2594.5197
	R^2	0.5919	0.9870	0.9883	0.9943	0.9942	0.9968
高斯模型	C_0	/	387.1000	0.2295	6452.0000	32248.6683	1484.0000
	C	/	2336.0000	59636.4371	29280.0000	142170.5078	5981.0000
	a	/	3107.0000	1407.9661	4295.0000	5582.5671	2648.0000
	R^2	/	0.9957	0.8544	0.9724	0.9621	0.9816
线性模型	C_0	/	223.6919	6005.4907	5525.1282	13266.7197	1377.7588
	C	/	2439.6131	57780.4368	31071.114	139058.7334	6018.7452
	a	/	4857.8517	4033.8763	7337.7843	7279.4948	4353.2079
	R^2	/	0.9945	0.9855	0.9842	0.9910	0.9784

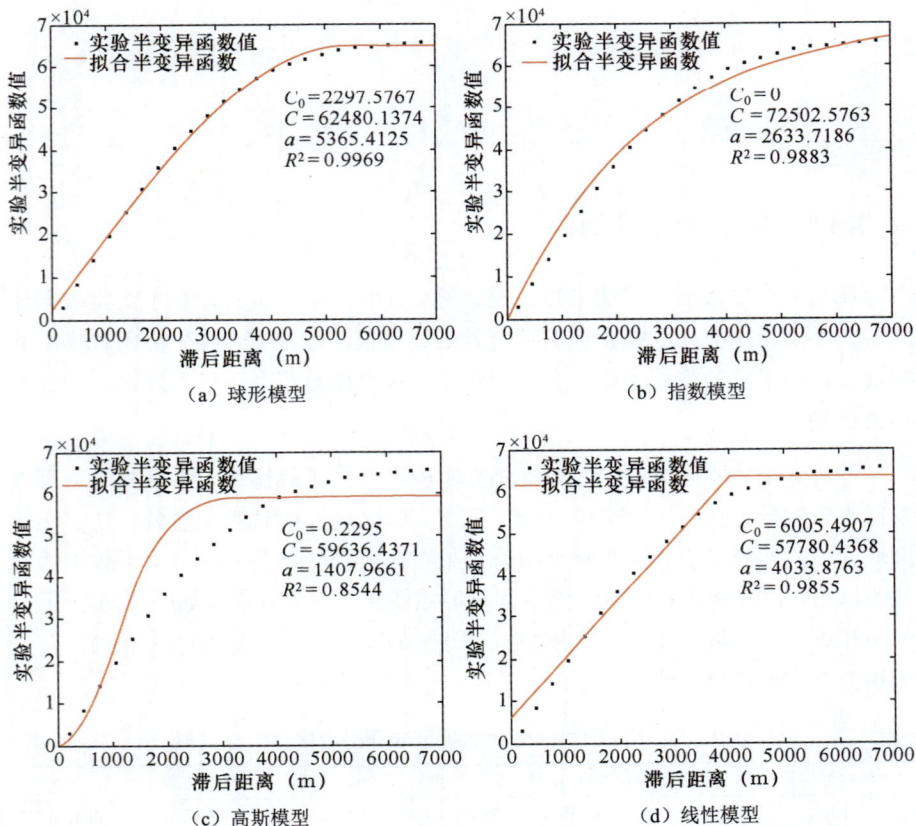

（a）球形模型

（b）指数模型

（c）高斯模型

（d）线性模型

图 3.23　河南实验区域不同实验半变异函数模型的拟合效果

▶ 3.6.2　搜索方向

固定搜索点数和半变异函数模型，研究无方向限制搜索（D0）、四方向限制搜索（D1）和八方向限制搜索（D2）对 DEM 插值精度的影响。

首先，使用 DPS 数据处理系统对各搜索方向进行相关分析，计算在不同搜索方向下 DEM 中误差的相关系数。结果可以发现：除江苏实验区域之外，其他各实验区域 3 个搜索方向之间的相关系数均在 0.97 以上（见表 3.28），这表明搜索方向对 DEM 插值精度的影响并不显著。

其次，在固定搜索点数和半变异函数模型的基础上，研究不同实验区域在无方向限制搜索、四方向限制搜索和八方向限制搜索下的 DEM 中误差，结果发现并不能得出非常明确的、有倾向性的结论，无法证明无方向限制搜索、四方向限制搜索或八方向限制搜索孰优孰劣。图 3.24（a）是不同实验区域在搜索点数为 16 个，以及半变异函数模型为指数模型时的 DEM 中误差比较；图 3.24（b）是不同实验区域在搜索点数为 8 个，以及半变异函数模型为指数模型时的中误差比较。

表 3-28　不同搜索方向之间的相关系数

实验区域	江　苏	山　东	河　南	贵　州	西　藏	辽　宁
D0×D1	0.7717	0.9972	0.9806	0.9918	0.9898	0.9959
D0×D2	0.7223	0.9967	0.9752	0.9949	0.9936	0.9980
D1×D2	0.9712	0.9948	0.9970	0.9989	0.9990	0.9994

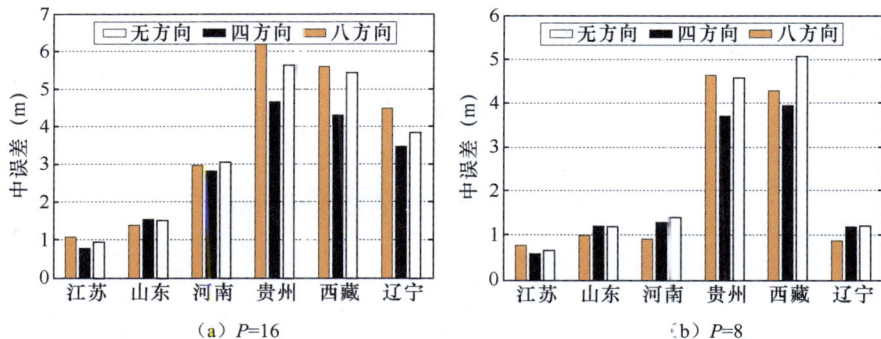

（a）$P=16$　　　　　　　　（b）$P=8$

图 3.24　搜索方向对 DEM 插值精度的影响

　　因此可以认为，搜索方向对 DEM 插值精度没有显著性的、有倾向性的影响，在顾及插值效率的情况下，可以适当考虑使用较少的搜索方向参与 DEM 的插值计算。

▶ 3.6.3　搜索点数

　　固定搜索方向，研究搜索点数对 DEM 中误差的影响，建立以搜索点数为横轴、以 DEM 中误差为纵轴的曲线，每条曲线分别代表当半变异函数模型不同时搜索点数对 DEM 插值精度的影响（见图 3.25），可以得出如下结论。

　　（1）搜索点数对 DEM 插值精度的影响在不同的半变异函数模型下具有不同的表现效果。

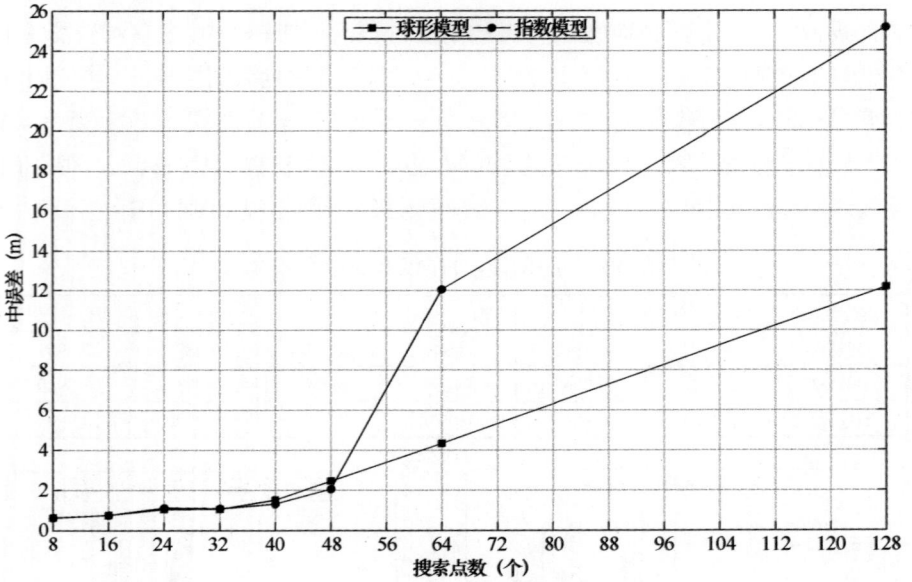

（a）江苏

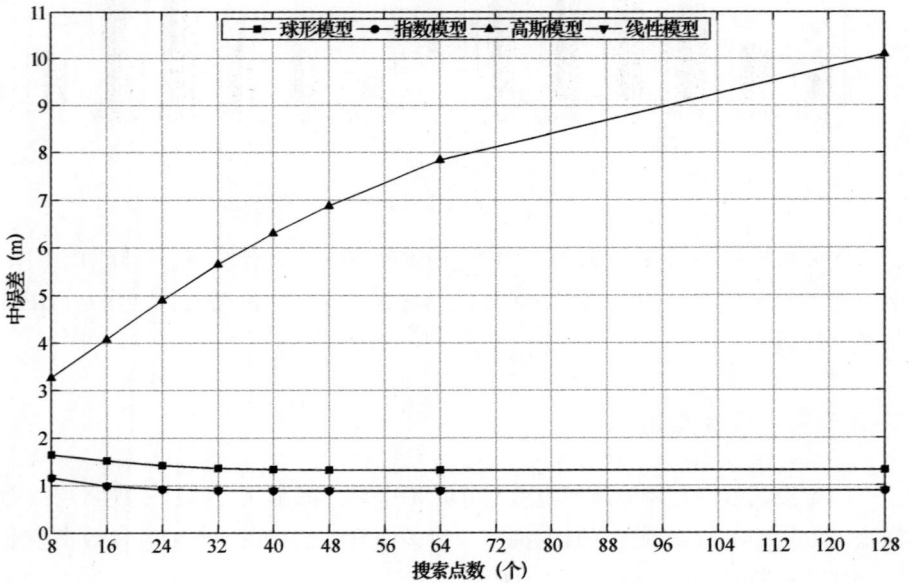

（b）山东

图 3.25　在不同半变异函数模型下搜索点数和 DEM 中误差之间的关系

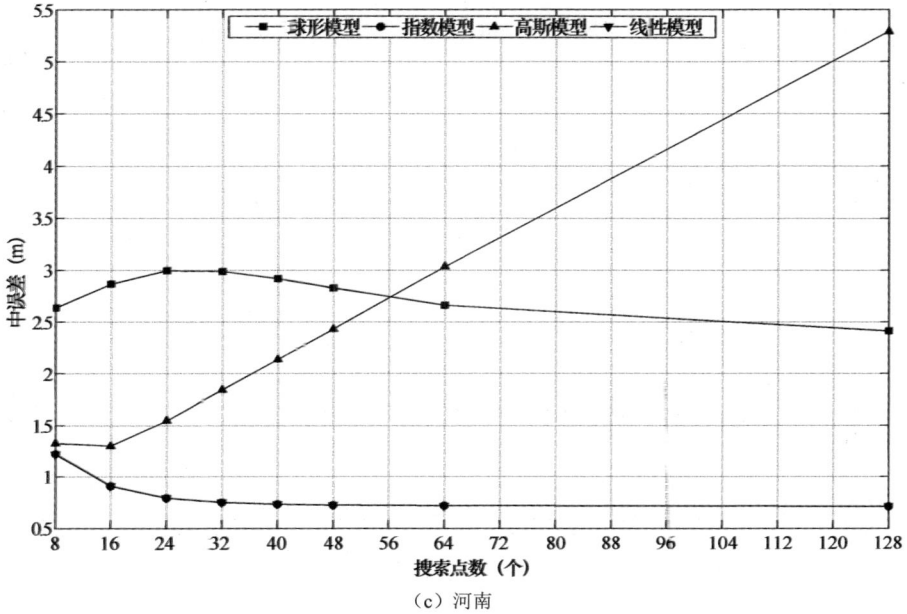

（c）河南

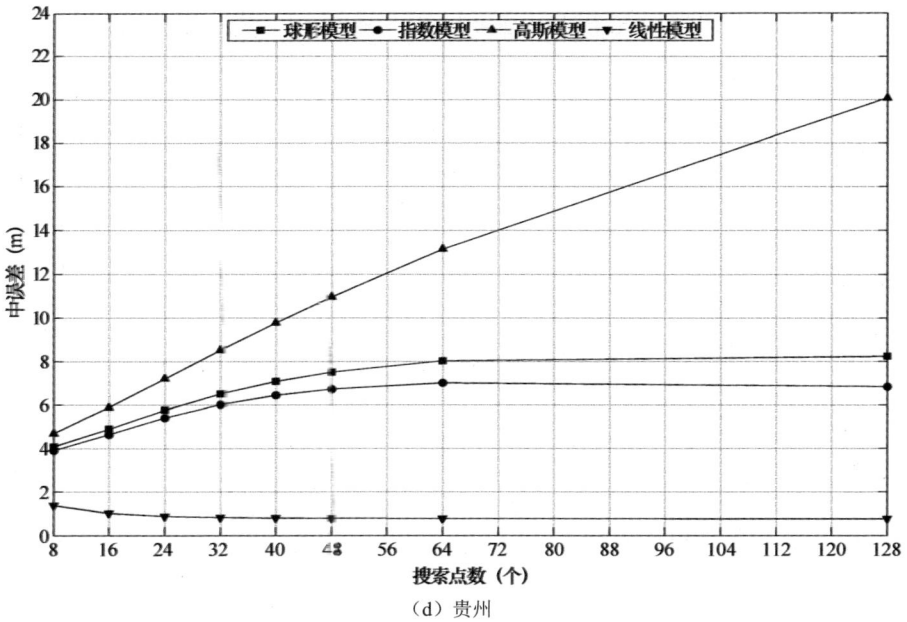

（d）贵州

图 3.25　在不同半变异函数模型下搜索点数和 DEM 中误差之间的关系（续）

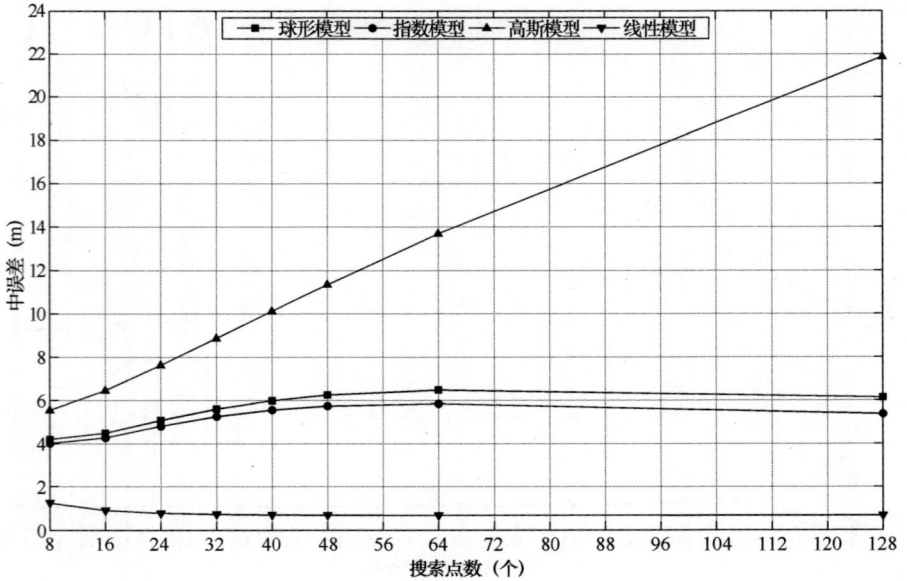

（e）西藏

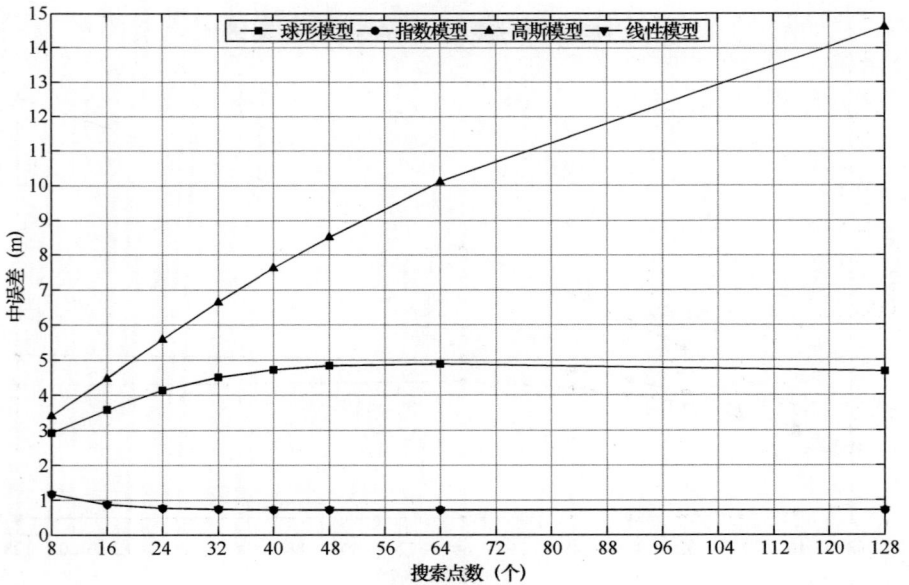

（f）辽宁

图 3.25　在不同半变异函数模型下搜索点数和 DEM 中误差之间的关系（续）

（2）对于线性模型而言，搜索点数对 DEM 中误差的影响呈现逐渐衰减趋势，当搜索点数为 16～24 个时，可以达到稳定的状态。

（3）对于高斯模型而言，搜索点数对 DEM 中误差的影响呈现逐渐增大趋势，搜索点数较小是比较适合的选择。

（4）对于球形模型和指数模型而言，其在不同实验区域具有类似的表现效果；随着搜索点数的增加，DEM 中误差或者逐步增大，或者逐步减小，呈现某种程度的倾向性趋势。但是，总体而言球形模型和指数模型选择较小的搜索点数是比较合适的，如 8 个或 16 个。

因此，同时考虑半变异函数模型等因素的影响，搜索点数为 8～16 个是比较合适的取值区间。

▶ 3.6.4　半变异函数模型

半变异函数模型是离散采样数据空间相关关系的定量描述模型，是不同实验区域数据的直接体现。克里格插值算法的首要步骤是根据离散采样点数据建立合适的半变异函数模型。因此，半变异函数模型对克里格插值算法具有决定性影响，图 3.25 直接反映了这种显著性影响。

但是，图 3.25 表现出值得注意的几点。

（1）线性模型始终具有稳定的插值结果，而且随着搜索点数的增加，DEM 中误差呈现逐步衰减，且趋于稳定的趋势。

（2）当块金值为 0 或很小时，指数模型的插值结果和线性模型几乎一致（例如，图 3.25 中的江苏实验区域、贵州实验区域和辽宁实验区域）；而当块金值较大时，DEM 中误差较为明显。显然，这和块金值的含义具有很大的关系，它代表的是离散采样点集中的采样误差和由小尺度变化引起的误差等（张景雄，2008）。

（3）高斯模型计算得到的 DEM 中误差在不同实验区域（除江苏实验区域外，因为在江苏实验区域不能拟合高斯模型）表现出随搜索点数增加几乎线性增加的现象。高斯模型是所有半变异函数模型中最差的；但是，当块金值较小时，高斯模型的插值效果可以得到一定程度的改善。

　　因此，在建立半变异函数模型之后，应当同时尽可能地选择拟合程度高的线性模型，其次是指数模型或球形模型，最后是高斯模型。另外，还需要考虑块金值的影响，较小的块金值表示较小的采样误差，那么在这种情况下插值精度主要受插值误差的影响，这样会极大地提高插值精度。

▶ 3.6.5　插值参数显著性分析

　　设计实验分析半变异函数模型、搜索点数和搜索方向在置信水平 0.05 时对 DEM 插值精度的显著性影响程度（见表 3.29）。

表 3.29　半变异函数模型、搜索点数、搜索方向对 DEM 插值精度的显著性影响

实验区域	变异来源	平方和（SS）	自由度（DF）	均方（MS）	F	p
江苏实验区域	"半变异函数模型"间	/	/	/	/	/
	"搜索点数"间	/	/	/	/	/
	半变异函数模型×搜索点数	/	/	/	/	/
	"搜索方向"间	/	/	/	/	/
	"搜索点数"间	/	/	/	/	/
	搜索方向×搜索点数	/	/	/	/	/
	"半变异函数模型"间	/	/	/	/	/
	"搜索方向"间	/	/	/	/	/
	半变异函数模型×搜索方向	/	/	/	/	/
山东实验区域	"半变异函数模型"间	192.7003	3	64.2334	24.0760	0.0000
	"搜索点数"间	6.6560	4	1.6640	0.6240	0.6545
	半变异函数模型×搜索点数	32.0155	12	2.6680	229.1670	0.0000
	"搜索方向"间	0.0970	2	0.0485	32.2130	0.0001
	"搜索点数"间	6.6560	4	1.6640	1104.7010	0.0000
	搜索方向×搜索点数	0.0121	8	0.0015	0.0000	1.0000
	"半变异函数模型"间	192.7003	3	64.2334	1248.4050	0.0000
	"搜索方向"间	0.0970	2	0.0485	0.9430	0.4404
	半变异函数模型×搜索方向	0.3087	6	0.0515	0.0640	0.9989
河南实验区域	"半变异函数模型"间	311.2466	3	103.7489	19.6530	0.0001
	"搜索点数"间	27.7214	4	6.9304	1.3130	0.3202
	半变异函数模型×搜索点数	63.3495	12	5.2791	110.1900	0.0000
	"搜索方向"间	0.0092	2	0.0046	0.2050	0.8188

（续表）

实验区域	变异来源	平方和（SS）	自由度（DF）	均方（MS）	*F*	*p*
河南实验区域	"搜索点数"间	0.6181	4	0.1545	6.8580	0.0106
	搜索方向×搜索点数	0.1803	8	0.0225	0.0220	1.0000
	"半变异函数模型"间	39.5234	3	13.1745	346.4100	0.0000
	"搜索方向"间	0.0092	2	0.0046	0.1210	0.8878
	半变异函数模型×搜索方向	0.2282	6	0.0380	0.2390	0.9612
贵州实验区域	"半变异函数模型"间	419.0529	3	139.6843	19.4340	0.0001
	"搜索点数"间	104.1923	4	26.0481	3.6240	0.0370
	半变异函数模型×搜索点数	86.2537	12	7.1878	27.1840	0.0000
	"搜索方向"间	5.8214	2	2.9107	139.8120	0.0000
	"搜索点数"间	104.1923	4	26.0481	1251.2000	0.0000
	搜索方向×搜索点数	0.1665	8	0.0208	0.0020	1.0000
	"半变异函数模型"间	419.0529	3	139.6843	237.7040	0.0000
	"搜索方向"间	5.8214	2	2.9107	4.9530	0.0537
	半变异函数模型×搜索方向	3.5258	6	0.5876	0.1470	0.9888
西藏实验区域	"半变异函数模型"间	39.5234	3	13.1745	23.6180	0.0000
	"搜索点数"间	0.6181	4	0.1545	0.2770	0.8872
	半变异函数模型×搜索点数	6.6939	12	0.5578	40.7400	0.0000
	"搜索方向"间	0.0092	2	0.0046	0.2050	0.8188
	"搜索点数"间	0.6181	4	0.1545	6.8580	0.0106
	搜索方向×搜索点数	0.1803	8	0.0225	0.0220	1.0000
	"半变异函数模型"间	39.5234	3	13.1745	346.4100	0.0000
	"搜索方向"间	0.0092	2	0.0046	0.1210	0.8878
	半变异函数模型×搜索方向	0.2282	6	0.0380	0.2390	0.9612
辽宁实验区域	"半变异函数模型"间	311.2466	3	103.7489	19.6530	0.0001
	"搜索点数"间	27.7214	4	6.9304	1.3130	0.3202
	半变异函数模型×搜索点数	63.3495	12	5.2791	110.1900	0.0000
	"搜索方向"间	0.6679	2	0.3340	48.1260	0.0000
	"搜索点数"间	27.7214	4	6.9304	998.6890	0.0000
	搜索方向×搜索点数	0.0555	8	0.0069	0.0010	1.0000
	"半变异函数模型"间	311.2466	3	103.7489	595.4310	0.0000
	"搜索方向"间	0.6679	2	0.3340	1.9170	0.2272
	半变异函数模型×搜索方向	1.0454	6	0.1742	0.0920	0.9969

可以发现：如果仅考虑半变异函数模型和搜索点数两个因素对 DEM 插值精度的影响，那么半变异函数模型及其与搜索点数的相互作用对 DEM 插值精度具有显著性影响（$p < 0.05$），而搜索点数对 DEM 插值精度不具有显著性影响（$p = 0.8872 > 0.05$）；如果仅考虑搜索方向和搜索点数两个因素对 DEM 插值精度的影响，那么搜索点数对 DEM 插值精度具有显著性影响，而搜索方向及其与搜索点数的相互作用不具有显著性影响；如果仅考虑半变异函数模型和搜索方向两个因素对 DEM 插值精度的影响，那么半变异函数模型对 DEM 插值精度具有显著性影响，而搜索方向及其与半变异函数模型的相互作用不具有显著性影响。

因此，半变异函数模型、搜索点数、搜索方向 3 个因素对 DEM 插值精度的影响顺序为"半变异函数模型 > 搜索点数 > 搜索方向"。其中，搜索方向对 DEM 插值精度不具有显著性影响，这和前文的分析结果是相同的。

3.7　本章小结

DEM 插值参数是构成 DEM 插值算法的基本元素，包括搜索方式、插值核函数。只有采用合理的插值参数才能得出最佳的 DEM 插值结果，从而提高 DEM 插值精度。

本章首先详细介绍了 DEM 插值参数的概念，将 DEM 插值参数分为两大类：一类是对 DEM 插值精度具有确定性影响的插值参数；另一类是对 DEM 插值精度具有不确定性影响的插值参数。同时，本章针对不确定性影响参数设计了 DEM 插值参数"优选"实验。

本章运用交叉验证方法计算每个已知采样点和插值点之间的残差，并计算相应的中误差；通过相关分析、趋势面分析、方差分析等方法确定常用 DEM 插值算法中插值参数的"优选"取值区间（见表 3.30）。由于同时考虑了所有已知采样点的残差中误差，因此本章选择的"最优"插值参数是普适性的"最优"插值参数，没有详细考虑某些特殊采样点可能对某些插值算法产生的"异常"

影响，例如，IMQF、TPSF、NCSF 等插值算法中存在极大残差。本章没有回避特殊采样点分布的情况，因此通过残差中误差计算得到的 "最优" 插值参数的稳健性、鲁棒性是最佳的，或者说是在整体考虑 DEM 插值算法稳健性的基础上做出的 "最优" 选择。

表 3.30　常用 DEM 插值算法中不确定性插值参数的 "优选" 区间

插值算法		搜索方式		插值核函数	各因素影响程度
		搜索点数（个）	搜索方向		
IDW		$P=8\sim12$	$D=$四方向	$u=2\sim3$	权指数>搜索点数>搜索方向
SPD		$P=16\sim24$	$D=$八方向		搜索点数>权指数>搜索方向
RBG	MQF	$P=24\sim32$	$D=$四方向	$c=0\sim200$	搜索点数>光滑因子>搜索方向
	IMQF	$P<12$	$D=$四方向	$c=1000$ 或极大	
	MLF	$P=24\sim32$	$D=$四方向	$c=0$	搜索点数>光滑因子>搜索方向
	TPSF	$P>32$	$D=$四方向	$c=0$	光滑因子>搜索点数>搜索方向
	NCSF	$P>32$	$D=$四方向	$c=0$	光滑因子>搜索点数>搜索方向
KRG	LINE	$P=8\sim16$	$D=$无方向	块金值较小	半变异函数模型>搜索点数>搜索方向
	SPHERE	$P=8\sim16$			
	EXP	$P=8\sim16$			
	GAUSS	$P=4\sim8$			

4

DEM 插值算法的地貌类型适应性研究

摘要

地貌类型是具有共同形态特征和成因的地貌单元，是影响 DEM 插值精度的主要因素之一。基于不同地貌类型的采样数据建立的数字高程模型，必然存在不同的插值精度。因此，在 DEM 插值过程中考虑地貌类型因素的影响，根据不同的地貌类型选择合适的 DEM 插值算法，才能有效提高 DEM 插值精度。但是，在插值过程中只有事先了解实验区域的地貌类型，才有可能根据地貌类型的差异选择不同的 DEM 插值算法。地貌类型分类标准的不同，完全可能导致相同的实验区域具有不同地貌类型的划分结果，最终导致相同实验数据和相同 DEM 插值算法有截然相反的实验结果。Creutin 和 Obled（1982）、Laslett 和 McBratney（1990）、Laslett（1994）、Burrough 和 McDonnell（1998）、Zimmerman 等（1999）、Wilson 和 Gallant（2000）指出，在已有的 DEM 插值算法中，基于地统计的插值算法（克里格插值算法）要优于其他插值算法。但是，Weber 和 Englund（1994）、Gallichand 和 Marcotte（1993）、Brus 等（1996）、Declercq（1996）、Aguilar 等（2005）指出，基于邻域的反距离加权插值算法和径向基函数插值算法与克里格插值算法获得的结果差不多，甚至更好。因此，建立实验区域的地貌类型的统一判别方案，是 DEM 插值算法地貌类型适应性研究的关键。地形特征因子作为描述地貌形态特征的量化指标（刘爱利和汤国安，2006），其相似性和差异性成为地貌类型统一判别的基本依据。本章讲述如何应用模糊数学中的模糊隶属度函数实现地貌类型的模糊判别。

考虑到规则分布的采样数据可以被看作一种特殊的规则格网 DEM，因此本章主要研究规则分布的采样数据，首先基于规则分布的采样数据提取各种地形特征因子，然后基于地形特征因子建立不同地貌类型的模糊隶属度函数，最终实现地貌类型的模糊判别，为 DEM 插值算法的地貌类型适应性研究建立统一的基础。

4.1　基本地形特征因子

从数学角度看，DEM 是地形的数字化表达，是基于地形的数学模型，可以看作一个或多个函数之和。地形特征因子作为地形的固有特征（周启鸣和刘学军，2006），许多地形特征因子都可以从这个数学模型中推导得到。如果对数学模型求一阶导数并进行组合，就可以得到如坡度、坡向、变差系数、变异系数等地形特征因子；如果对数学模型求二阶导数并进行组合，就可以得到如坡度变化率、坡向变化率、曲率、凹凸系数等地形特征因子。理论上，还可以对数学模型求三阶、四阶或者更高阶的导数以派生更多的地形特征因子。但是，在实际应用中，高于二阶的导数对地形表达的意义已经很小，因此一般不对 DEM求二阶以上的地形特征因子（李爽和姚静，2007）。通过计算得到的地形特征因子可以大致了解地形的基本特征。

由 DEM 提取的地形特征因子存在不同的理解和分类。Wood（1996）按地学应用范畴将其分为一般地形属性和水文特征。Wilson 和 Gallant（2000）按地形要素的复杂性将其分为单要素参数和复合参数。其中，单要素参数由高程数据直接得到，而复合参数是集合单要素参数的函数。Florinsky（1998）按地形因子的计算特性将其分为局部（微观）地形因子和非局部（宏观）地形因子。李志林和朱庆（2003）按地形分析的复杂性将其分为基本地形因子和复杂地形因子，其中基本地形特征因子如图 4.1 所示。

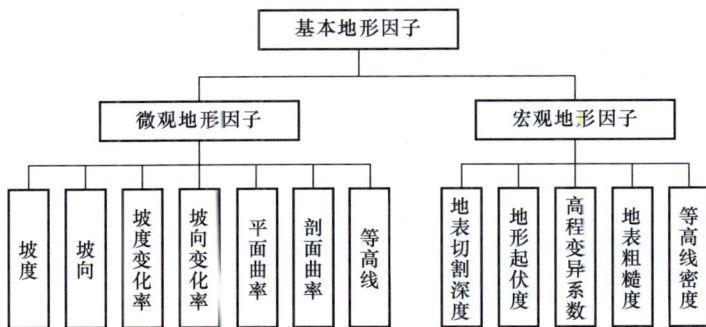

图 4.1 DEM 基本地形特征因子分类关系

▶ 4.1.1 坡度

地表任意一点（P）的坡度指经过 P 点的切平面和水平面的夹角。坡度表示地表在 P 点的倾斜程度，是地表在 P 点上升或下降最陡的路径（de Smith et al., 2007），在数值上等于过 P 点的曲面函数的法矢量 $\vec{n}$ 与 z 轴的夹角（见图 4.2），即

$$S = \arccos\left(\frac{n_z \cdot n_P}{|n_z| \cdot |n_P|}\right) \tag{4.1}$$

式中 S 为坡度。

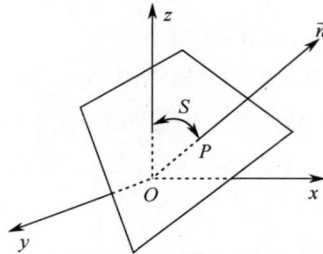

图 4.2 地表单元坡度示意

设有曲面函数 $Z = f(x, y)$，那么 P 点的切平面方程为

$$f_x(x_P, y_P)(x - x_P) + f_y(x_P, y_P)(y - y_P) - (z - z_P) = 0 \tag{4.2}$$

P 点的法线方程为

$$f_x^{-1}(x_P, y_P)(x - x_P) + f_y^{-1}(x_P, y_P)(y - y_P) = -(z - z_P) \tag{4.3}$$

其方向数 $n_P = \{f_x(x_P, y_P), f_y(x_P, y_P), -1\}$，而 z 轴的方向数 $n_z = \{0, 0, -1\}$，于是结合式（4.1）可得

$$S = \arccos\left(\frac{n_z \cdot n_P}{|n_z| \cdot |n_P|}\right) = \arccos\left(\frac{1}{\sqrt{f_x^2(x_P, y_P) + f_y^2(x_P, y_P) + 1}}\right) \tag{4.4}$$

在基于 DEM 进行坡度提取时，一般使用 3×3 的坡度计算窗口（也可以称为分析尺度，见图 4.3）的形式。

NW	N	NE
W	P	E
SW	S	SE

图 4.3 3×3 的坡度计算窗口

此时，坡度可以采用简化的差分公式，如式（4.5）所示。

$$S = \arctan\left(\sqrt{f_x^2 + f_y^2}\right) \times 180 / \pi \qquad (4.5)$$

式中，f_x 为水平方向上的坡度，f_y 为垂直方向上的坡度。f_x 和 f_y 不同的计算方法产生了多种不同的坡度计算数学模型。

（1）简单差分模型：

$$f_x = \frac{z_P - z_W}{\text{cellsizeX}} \qquad f_y = \frac{z_P - z_S}{\text{cellsizeY}} \qquad (4.6)$$

（2）二阶差分模型：

$$f_x = \frac{z_E - z_W}{2 \times \text{cellsizeX}} \qquad f_y = \frac{z_N - z_S}{2 \times \text{cellsizeY}} \qquad (4.7)$$

（3）边框差分模型：

$$f_x = \frac{z_{SE} - z_{SW} + z_{NE} - z_{NW}}{4 \times \text{cellsizeX}} \qquad f_y = \frac{z_{NW} - z_{SW} + z_{NE} - z_{SE}}{4 \times \text{cellsizeY}} \qquad (4.8)$$

（4）三阶不带权差分模型：

$$f_x = \frac{z_{SE} - z_{SW} + z_E - z_W + z_{NE} - z_{NW}}{6 \times \text{cellsizeX}}$$

$$f_y = \frac{z_{NW} - z_{SW} + z_N - z_S + z_{NE} - z_{SE}}{6 \times \text{cellsizeY}} \qquad (4.9)$$

（5）三阶反距离平均权差分模型：

$$f_x = \frac{z_{SE} - z_{SW} + 2(z_E - z_W) + z_{NE} - z_{NW}}{8 \times \text{cellsizeX}}$$

$$f_y = \frac{z_{NW} - z_{SW} + 2(z_N - z_S) + z_{NE} - z_{SE}}{8 \times \text{cellsizeY}} \qquad (4.10)$$

（6）三阶反距离权差分模型：

$$f_x = \frac{z_{SE} - z_{SW} + \sqrt{2}(z_E - z_W) + z_{NE} - z_{NW}}{\left(4 + 2\sqrt{2}\right) \times \text{cellsizeX}}$$

$$f_y = \frac{z_{NW} - z_{SW} + \sqrt{2}(z_N - z_S) + z_{NE} - z_{SE}}{\left(4 + 2\sqrt{2}\right) \times \text{cellsizeY}} \qquad (4.11)$$

式中，cellsizeX、cellsizeY 为 DEM 的格网尺寸。

如果对计算得到的坡度再次进行类似式（4.5）的计算，可以得到坡度变率，即坡度的坡度。

▶ 4.1.2 曲率

地形表面曲率是地形曲面在各截面方向上的形状、凹凸变化的反映（周启鸣和刘学军，2006），在水平和垂直两个方向上的分量分别称为平面曲率（k_{pl}）和剖面曲率（k_{pr}）。如图 4.4 所示，绿色曲线为 z 点的平面曲率，红色曲线为 z 点的剖面曲率。

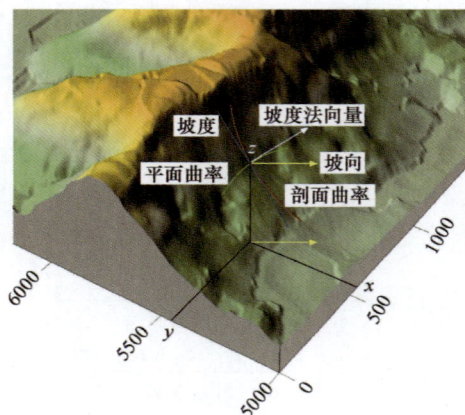

图 4.4 地形表面曲率示意

剖面曲率表示垂直平面内采样点位置坡度的变化程度。当剖面线为凹形时，坡度为负；当剖面线为凸形时，坡度为正；当剖面线为直线时，坡度为 0，即没有坡度起伏（de Smith et al.，2007）。剖面曲率可以用式（4.12）表示。

$$k_{pr} = \frac{\dfrac{\partial^2 z}{\partial x^2}\left(\dfrac{\partial z}{\partial x}\right)^2 + 2\dfrac{\partial^2 z}{\partial x \partial y}\dfrac{\partial z}{\partial x}\dfrac{\partial z}{\partial y} + \dfrac{\partial^2 z}{\partial y^2}\left(\dfrac{\partial z}{\partial y}\right)^2}{pq^{3/2}} \tag{4.12}$$

式中，$p = \left(\dfrac{\partial z}{\partial y}\right)^2 + \left(\dfrac{\partial z}{\partial y}\right)^2$，$q = 1 + p$。

平面曲率表现的是用一个水平面在目标点切过表面时得到的表面形状，本质上是在(x, y)点高度为z的等高线的曲率。平面曲率可以用式（4.13）表示。

$$k_{\mathrm{pl}} = \frac{\dfrac{\partial^2 z}{\partial x^2}\left(\dfrac{\partial z}{\partial x}\right)^2 - 2\dfrac{\partial^2 z}{\partial x \partial y}\dfrac{\partial z}{\partial x}\dfrac{\partial z}{\partial y} + \dfrac{\partial^2 z}{\partial y^2}\left(\dfrac{\partial z}{\partial y}\right)^2}{p^{3/2}} \tag{4.13}$$

式中，$p = \left(\dfrac{\partial z}{\partial y}\right)^2 + \left(\dfrac{\partial z}{\partial y}\right)^2$。

在基于 DEM 进行曲率提取时，也可以使用 3×3 的坡度计算窗口（见图 4.3）的形式，x 方向和 y 方向在 P 点一阶偏导数和二阶偏导数可由式（4.14）估算得到。

$$\begin{cases} \dfrac{\partial z}{\partial x} \approx \dfrac{z_{\mathrm{E}} - z_{\mathrm{W}}}{2 \times \mathrm{cellsizeX}} \\[2mm] \dfrac{\partial z}{\partial y} \approx \dfrac{z_{\mathrm{N}} - z_{\mathrm{S}}}{2 \times \mathrm{cellsizeY}} \\[2mm] \dfrac{\partial^2 z}{\partial x^2} \approx \dfrac{z_{\mathrm{E}} - 2z_P + z_{\mathrm{W}}}{(\mathrm{cellsizeX})^2} \\[2mm] \dfrac{\partial^2 z}{\partial y^2} \approx \dfrac{z_{\mathrm{N}} - 2z_P + z_{\mathrm{S}}}{(\mathrm{cellsizeY})^2} \\[2mm] \dfrac{\partial^2 z}{\partial x \partial y} \approx \dfrac{z_{\mathrm{NE}} - z_{\mathrm{NW}} - z_{\mathrm{SE}} + z_{\mathrm{SW}}}{4 \times \mathrm{cellsizeX} \times \mathrm{cellsizeY}} \end{cases} \tag{4.14}$$

▶ 4.1.3 地形起伏度

地形起伏度是定量描述地貌形态、划分地貌类型的重要指标。地形表面任意一点的地形起伏度是指在某个分析区域内（例如，使用 3×3 邻域窗口）确定所有地表高程的最高点（$z_{\max}$）和最低点（$z_{\min}$）的高差。一般可以表示为

$$k_r = z_{\max} - z_{\min} \tag{4.15}$$

从数量而言，地形起伏度是单位面积内的地形高差，以地形起伏度为指标可以描述单位区域内地形高程变化的范围和强度。地形起伏度计算的关键在于确定某个分析区域内的最大高程值和最小高程值。随着分析区域的变化，区域内的高程极值范围无疑会随之发生变化，最终导致该点的地形起伏度发生变化。

▶ 4.1.4 地表切割深度

地表切割深度直观反映地表被侵蚀切割的程度，是研究水土流失和地表侵蚀发育状况的重要参考指标。地形表面任意点的地表切割深度（k_r）是指在某个邻域范围内的平均高程（z_{mean}）与该邻域范围内的最小高程（z_{min}）的差值。一般表示为

$$k_r = z_{mean} - z_{min} \qquad (4.16)$$

▶ 4.1.5 地表粗糙度

地表粗糙度是反映地表的起伏变化和侵蚀程度的指标，可以定义为地表单元的曲面表面积（S_{suffer}）与其在水平面上的投影面积（$S_{projection}$）之比，一般可以表示为

$$k_r = \frac{S_{suffer}}{S_{projection}} \qquad (4.17)$$

当基于规则格网 DEM 进行地表粗糙度提取时，曲面表面积（S_{suffer}）就成为区域内所有格网表面积之和。任意一个规则格网的表面积可以简化为两个空间三角形的面积，对于空间三角形的面积可以使用海伦公式进行计算，即

$$S = \sqrt{P(P-a)(P-b)(P-c)} \qquad (4.18)$$

式中

$$P = (a+b+c)/2 \qquad a = \sqrt{(x_2-x_3)^2 + (y_2-y_3)^2 + (z_2-z_3)^2}$$
$$b = \sqrt{(x_1-x_3)^2 + (y_1-y_3)^2 + (z_1-z_3)^2} \qquad c = \sqrt{(x_2-x_1)^2 + (y_2-y_1)^2 + (z_2-z_1)^2}$$

而在实际应用时，如果选取的分析尺寸为 3×3，那么也可以采用近似公式［见式（4.19）］进行计算。

$$k_r = 1/\cos(S) \qquad (4.19)$$

式中，S 为坡度因子。

从这个意义上来说，地表粗糙度和坡度因子存在极强的相关性。

▶ 4.1.6　高程变异系数

高程变异系数是描述区域地形的宏观性指标，也是反映分析区域内地表单元高程变化的指标。在基于规则格网 DEM 进行高程变异系数的提取时，一般以格网单元的高程标准差与平均高程表示，如式（4.20）所示。

$$z_{cv} = \frac{s}{\bar{z}} \tag{4.20}$$

式中，$s = \sqrt{\dfrac{1}{n-1}\sum\limits_{k=1}^{n}\left(z_k - \bar{z}\right)^2}$，$\bar{z} = \dfrac{1}{n}\sum\limits_{k=1}^{n}z_k$，$n$ 为分析区域内的格网点数。

4.2　宏观地形特征因子最佳分析区域预测模型

对于宏观地形特征因子而言，关键在于在多大范围内提取的地形特征因子是合理的，即提取宏观地形特征因子的最佳分析区域的问题。它不仅决定了宏观地形特征因子提取的效果，更决定了宏观地形特征因子提取的有效性。本节以地形起伏的提取为例，说明确定宏观地形特征因子的最佳分析区域的方法。

▶ 4.2.1　最佳分析区域确定原则

根据涂汉明和刘振东（1990）的研究，地形起伏度最佳分析区域需要满足山体完整性和区域普适性两个原则。

山体完整性原则，是指最佳分析区域可以恰当地反映山体的完整性。计算山体上的任意点的地形起伏度，随着分析区域的加大，更高和更低的高程将包括进来，使区域内的高差发生改变，使目标点的地形起伏度也随之发生改变。通常高差随着分析区域的加大而增大，当分析区域加大到把整个山体都包括进来后，高差不再随分析区域的加大而增大。一般而言，可以将地形起伏度增大幅度由大变小的分析区域定义为拐点，对应的分析区域可以认为是最佳分析区域，这时的地形起伏度恰到好处地反映了山体的地势起伏状况。显然每个山体都有一个最佳分析区域存在。在同一种地貌类型中，单个山体的最佳分析区域与山体的水平投影面积相吻合，即与山前基准相吻合。因此，最佳分析区域内的高差反映了山体的地形起伏符合山体完整性原则。

区域普适性原则，是指分析区域内的高差只能反映单个山体的地形起伏，要提取适合一个地区的分析区域，需要计算满足最大山体完整性的分析区域，此时分析区域一定满足较小山体的山体完整性原则，从而满足区域普适性原则。

本节在山体完整性原则和区域普适性原则的要求下，通过实验分析研究多尺度 DEM 和地形起伏度、微观地形特征因子和地形起伏度之间的关系，并建立地形起伏度最佳分析区域预测模型。

▶ 4.2.2 宏观地形特征因子最佳分析区域实验

1. 实验数据来源与特征

首先，在全国范围内随机选取 26 个地区的 30km×30km、60km×60km、90km×90km 这 3 种不同范围的 ASTER GDEM 数据作为实验数据（见图 4.5），各实验样区的面积总和为 21.06 万平方千米，约占中国国土总面积的 2%；然后，针对各实验样区建立格网尺寸分别为 30m、60m 和 300m 的多尺度 DEM 数据；最后，计算各实验样区的局部地形特征因子，包括最低高程、最高高程、平均高程、高差、平均坡度、平均坡度变率、平面曲率、剖面曲率（见表 4.1、表 4.2、表 4.3）。

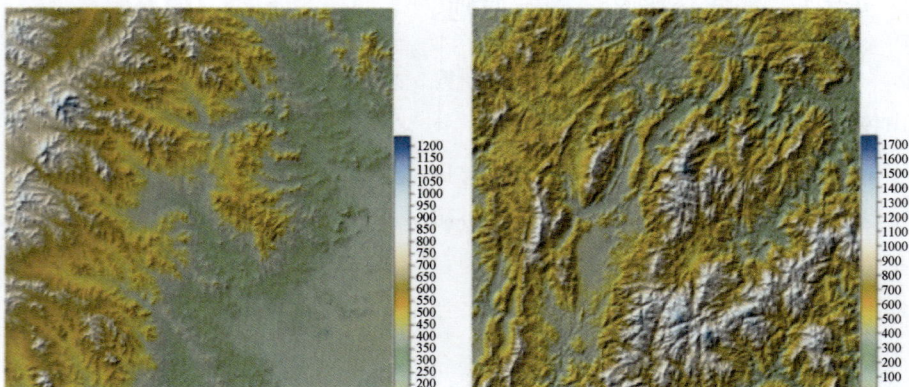

(a) 内蒙古东部   (b) 福建

图 4.5 实验样区三维效果图

（c）内蒙古西部

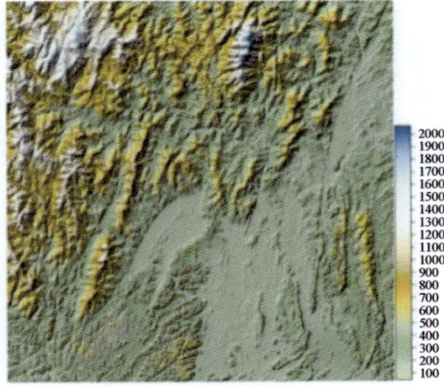

（d）广西

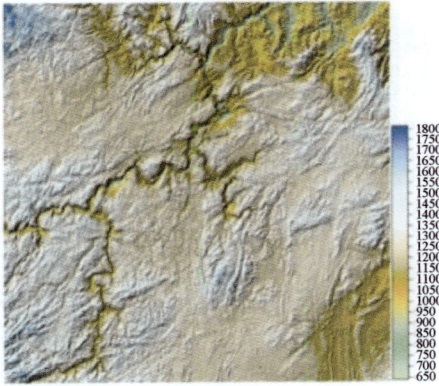

（e）贵州

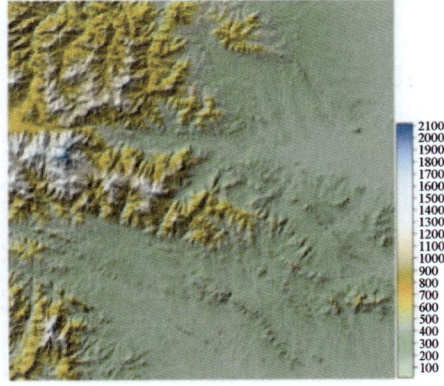

（f）河南

（g）湖北

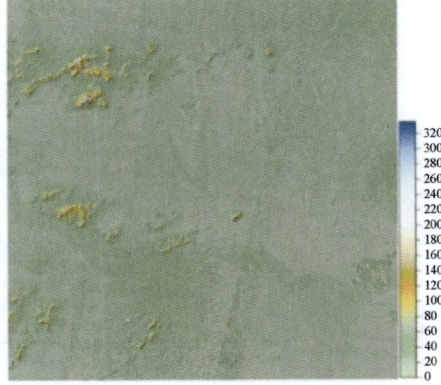

（h）江苏

图 4.5　实验样区三维效果图（续）

（i）山东　　　　　　　　　　　　　　　　（j）陕西

（k）四川南部　　　　　　　　　　　　　　（l）西藏

（m）甘肃　　　　　　　　　　　　　　　　（n）云南

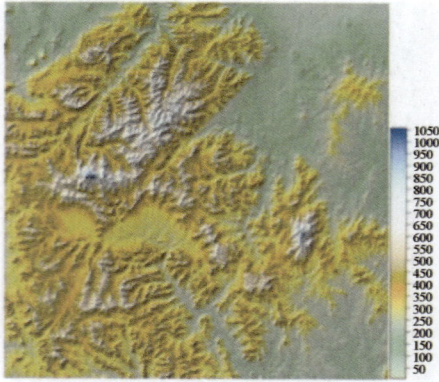

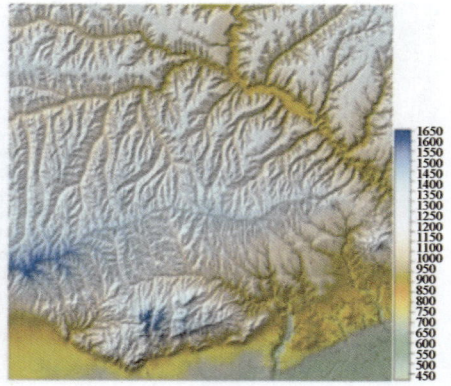

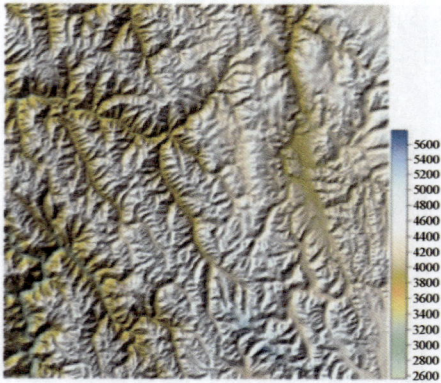

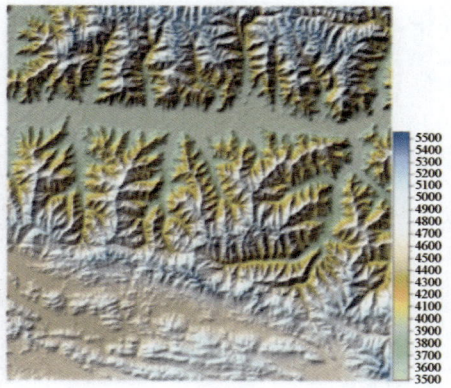

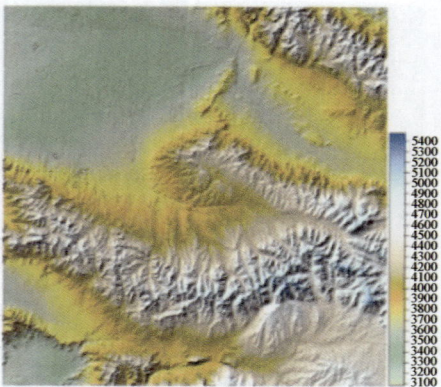

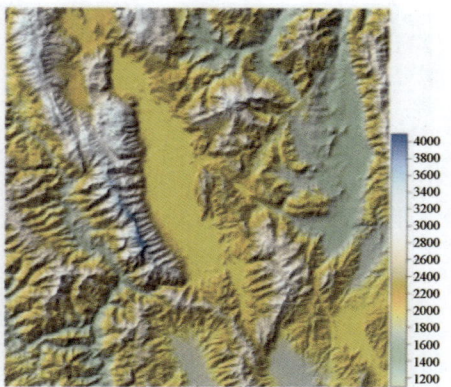

图 4.5　实验样区三维效果图（续）

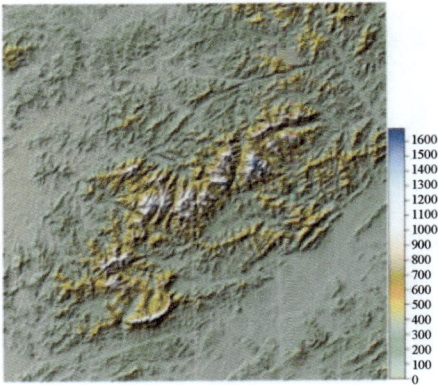
（o）江西

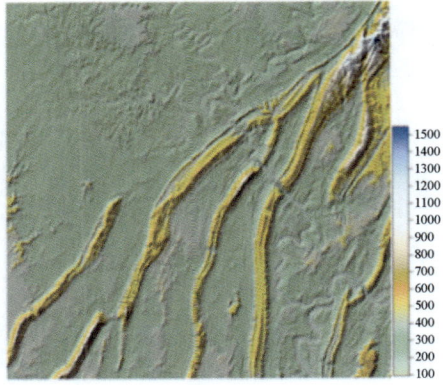
（p）重庆

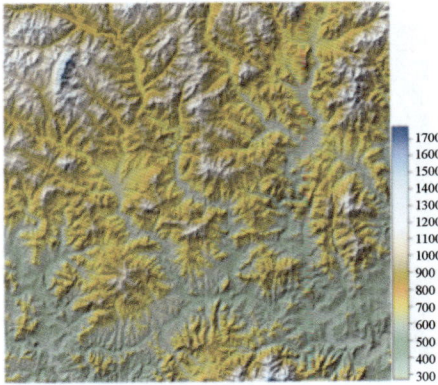
（q）河北

（r）黑龙江

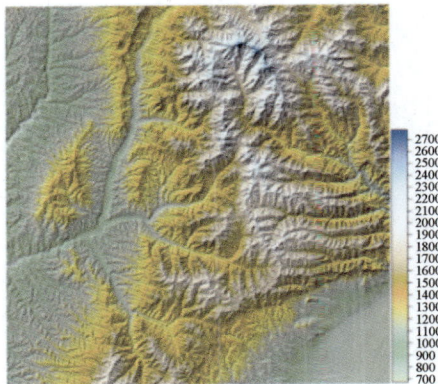
（s）山西

（t）新疆北部

图 4.5　实验样区三维效果图（续）

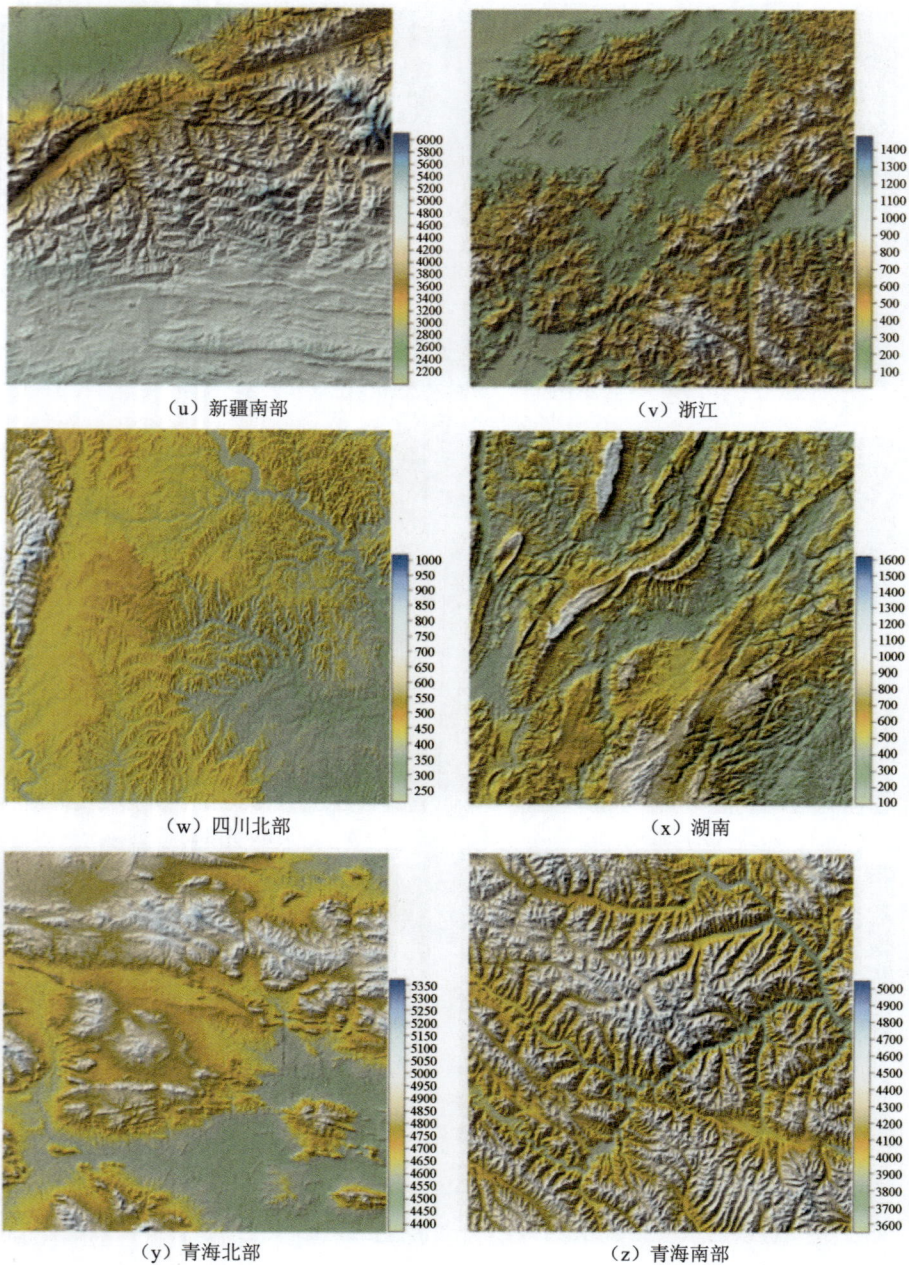

（u）新疆南部　　　　　　　　　　　　　　　（v）浙江

（w）四川北部　　　　　　　　　　　　　　　（x）湖南

（y）青海北部　　　　　　　　　　　　　　　（z）青海南部

图 4.5　实验样区三维效果图（续）

表 4.1　实验样区地形特征因子（30km×30km）

实验样区	最低高程	最高高程	平均高程	高　差	平均坡度	平均坡度变率	平面曲率	剖面曲率
内蒙古东部	395.0000	971.0000	563.5883	576.0000	6.4199	2.7556	0.0542	0.0091
福　建	221.0000	1204.0000	528.7608	983.0000	12.7286	5.1323	0.0430	0.0097
内蒙古西部	1176.0000	1461.0000	1320.0454	285.0000	6.9900	3.5774	0.0176	0.0027
广　西	134.0000	1368.0000	418.2983	1234.0000	15.1453	5.5801	0.0987	0.0246
贵　州	873.0000	1807.0000	1368.0803	934.0000	15.5347	7.1582	0.0502	0.0134
河　南	158.0000	1694.0000	459.3567	1536.0000	12.2060	4.3482	0.0509	0.0104
湖　北	0.0000	197.0000	23.8810	197.0000	3.1194	2.3750	0.0524	0.0055
江　苏	0.0000	193.0000	28.2811	193.0000	3.4381	2.5641	0.0712	0.0075
山　东	214.0000	700.0000	391.8868	486.0000	8.9120	3.4279	0.0546	0.0102
陕　西	672.0000	1657.0000	1104.6275	985.0000	10.3726	4.1387	0.0223	0.0064
四川南部	2558.0000	5247.0000	4017.7984	2689.0000	28.9116	7.2681	0.0194	0.0084
西　藏	4355.0000	5382.0000	4629.0494	1027.0000	10.7450	4.1754	0.0319	0.0082
甘　肃	3118.0000	4908.0000	3783.6248	1790.0000	10.3641	4.4521	0.0416	0.0095
云　南	1191.0000	3224.0000	2023.8983	2033.0000	21.7697	6.7130	0.0113	0.0037
江　西	0.0000	1339.0000	252.5060	1339.0000	13.8205	5.3500	0.0603	0.0133
重　庆	250.0000	990.0000	380.3955	740.0000	7.6068	3.0060	0.0393	0.0057
河　北	268.0000	1206.0000	594.8847	938.0000	13.2604	5.2756	0.0463	0.0117
黑龙江	66.0000	247.0000	184.4195	181.0000	4.2557	2.9030	−0.0889	−0.0119
山　西	766.0000	1966.0000	1184.6001	1200.0000	14.2798	6.1603	0.0339	0.0082
新疆北部	42.0000	908.0000	366.7406	866.0000	4.4979	2.5991	0.0121	0.0017
新疆南部	4714.0000	5534.0000	5112.1320	820.0000	8.3447	4.5168	0.0137	0.0024
浙　江	8.0000	1058.0000	314.3330	1050.0000	16.8856	5.6433	0.0542	0.0148
四川北部	362.0000	566.0000	430.8719	204.0000	5.5738	3.0430	0.1043	0.0124
湖　南	278.0000	984.0000	562.6708	706.0000	12.9500	5.4749	0.0619	0.0140
青海北部	4478.0000	5350.0000	4698.6417	872.0000	6.9293	3.3887	0.0169	0.0038
青海南部	3696.0000	4758.0000	4210.7712	1062.0000	15.4741	5.1063	0.0251	0.0076

表 4.2　实验样区地形特征因子（60km×60km）

实验样区	最低高程	最高高程	平均高程	高　差	平均坡度	平均坡度变率	平面曲率	剖面曲率
内蒙古东部	205.0000	1195.0000	498.5086	990.0000	6.0523	2.7787	0.0405	0.0070
福　建	214.0000	1755.0000	676.7458	1541.0000	15.6016	5.9512	0.0391	0.0101

（续表）

实验样区	最低高程	最高高程	平均高程	高　差	平均坡度	平均坡度变率	平面曲率	剖面曲率
内蒙古西部	1095.0000	1510.0000	1276.2774	415.0000	7.6169	3.7982	0.0180	0.0031
广　　西	43.0000	1688.0000	428.8558	1645.0000	14.6952	5.0352	0.0790	0.0190
贵　　州	756.0000	1807.0000	1309.3481	1051.0000	12.9066	5.9549	0.0720	0.0161
河　　南	14.0000	2122.0000	485.9745	2108.0000	12.0138	4.5123	0.0427	0.0089
湖　　北	0.0000	997.0000	58.1228	997.0000	4.1121	2.3576	0.0370	0.0049
江　　苏	0.0000	216.0000	27.4393	216.0000	3.5197	2.6853	0.0450	0.0049
山　　东	108.0000	1059.0000	386.9035	951.0000	10.1073	3.9606	0.0580	0.0115
陕　　西	588.0000	1657.0000	1186.7308	1069.0000	12.3644	4.7623	0.0308	0.0076
四川南部	2558.0000	5771.0000	4316.8375	3213.0000	24.9330	6.6343	0.0208	0.0090
西　　藏	3520.0000	5475.0000	4545.1140	1955.0000	16.1737	4.8077	0.0177	0.0050
甘　　肃	3118.0000	5328.0000	4024.8797	2210.0000	11.2737	4.5046	0.0239	0.0063
云　　南	1191.0000	4106.0000	2215.9592	2915.0000	18.0096	5.9449	0.0166	0.0044
江　　西	0.0000	1685.0000	293.6775	1685.0000	14.8399	5.6633	0.0544	0.0122
重　　庆	124.0000	990.0000	347.9967	866.0000	7.0669	3.0188	0.0433	0.0065
河　　北	268.0000	1504.0000	700.3117	1236.0000	13.2278	5.3745	0.0407	0.0109
黑 龙 江	66.0000	328.0000	198.2815	262.0000	3.3607	2.2872	−0.0500	−0.0063
山　　西	716.0000	2480.0000	1308.8167	1764.0000	14.1052	5.8448	0.0296	0.0073
新疆北部	−115.0000	2844.0000	736.8112	2959.0000	7.3359	3.5034	0.0158	0.0036
新疆南部	3012.0000	5798.0000	4768.0935	2786.0000	16.3994	5.7761	0.0174	0.0058
浙　　江	8.0000	1480.0000	380.5569	1472.0000	16.4437	5.6526	0.0588	0.0158
四川北部	264.0000	1012.0000	448.2957	748.0000	7.7498	3.7007	0.0919	0.0133
湖　　南	142.0000	1620.0000	582.7037	1478.0000	14.3994	5.9084	0.0531	0.0135
青海北部	4428.0000	5372.0000	4704.5704	944.0000	6.5555	3.3266	0.0109	0.0023
青海南部	3590.0000	5008.0000	4253.3143	1418.0000	17.1757	5.4564	0.0340	0.0111

表 4.3　实验样区地形特征因子（90km×90km）

实验样区	最低高程	最高高程	平均高程	高　差	平均坡度	平均坡度变率	平面曲率	剖面曲率
内蒙古东部	174.0000	1243.0000	460.2403	1069.0000	5.8587	2.6819	0.0426	0.0072
福　　建	11.0000	1755.0000	612.9705	1744.0000	15.9046	6.2457	0.0388	0.0100
内蒙古西部	894.0000	1510.0000	1199.5974	616.0000	6.6083	3.3688	0.0125	0.0021
广　　西	43.0000	2072.0000	463.4308	2029.0000	14.8511	4.8976	0.0692	0.0159

（续表）

实验样区	最低高程	最高高程	平均高程	高　差	平均坡度	平均坡度变率	平面曲率	剖面曲率
贵　州	637.0000	1813.0000	1268.5942	1176.0000	12.1926	5.5736	0.0729	0.0156
河　南	14.0000	2122.0000	435.5541	2108.0000	10.7006	4.2346	0.0389	0.0085
湖　北	0.0000	1198.0000	110.2414	1198.0000	6.1811	2.8616	0.0415	0.0068
江　苏	0.0000	335.0000	26.5530	335.0000	3.1909	2.4009	0.0223	0.0024
山　东	5.0000	1059.0000	319.9413	1054.0000	8.8194	3.7199	0.0493	0.0094
陕　西	418.0000	1657.0000	1111.2726	1239.0000	12.0123	5.1859	0.0123	0.0027
四川南部	2558.0000	5789.0000	4339.1770	3231.0000	21.3707	5.8977	0.0200	0.0080
西　藏	3486.0000	5558.0000	4461.3558	2072.0000	18.0658	5.0127	0.0179	0.0058
甘　肃	3082.0000	5476.0000	3978.9159	2394.0000	10.1415	4.0174	0.0205	0.0052
云　南	1090.0000	4106.0000	2168.4612	3016.0000	16.4962	5.7430	0.0176	0.0047
江　西	0.0000	1685.0000	258.4463	1685.0000	14.1093	5.7245	0.0588	0.0123
重　庆	90.0000	1549.0000	342.2547	1459.0000	7.8177	3.3687	0.0429	0.0069
河　北	268.0000	1780.0000	760.0743	1512.0000	13.6971	5.4261	0.0385	0.0108
黑龙江	24.0000	489.0000	231.2073	465.0000	3.4277	2.2604	−0.0248	−0.0033
山　西	670.0000	2786.0000	1363.4296	2116.0000	13.9671	5.6296	0.0280	0.0073
新疆北部	−154.0000	4202.0000	1275.0541	4356.0000	11.1602	4.4145	0.0172	0.0051
新疆南部	2004.0000	6100.0000	4340.5007	4096.0000	16.2625	5.6589	0.0190	0.0063
浙　江	2.0000	1480.0000	384.6092	1478.0000	16.0799	5.5892	0.0592	0.0154
四川北部	208.0000	1018.0000	436.2478	810.0000	8.2772	3.9682	0.0906	0.0138
湖　南	96.0000	1620.0000	528.4464	1524.0000	15.5342	6.1370	0.0539	0.0146
青海北部	4372.0000	5372.0000	4730.2215	1000.0000	7.1177	3.5182	0.0094	0.0019
青海南部	3552.0000	5046.0000	4248.4798	1494.0000	17.2530	5.6910	0.0316	0.0106

2．地形起伏度提取方法

通常，地形起伏度的计算运用邻域分析的原理实现。假设给定 DEM 的任意格网点，首先，开辟一定大小的分析区域，在这个区域内搜索最高高程和最低高程，得到给定 DEM 格网点的地形起伏度；其次，分别提取 DEM 中每个格网点的地形起伏度；最后，根据得到的所有地形起伏度计算极值、均值等统计量，得到实验样区 DEM 的最大地形起伏度或均值地形起伏度，这里考虑最大地形起伏度。

一般而言，邻域分析的分析区域形状可以分为正方形邻域、圆形邻域、环形邻域、扇形邻域等，其中以正方形邻域最为常见。因此，这里使用正方形邻域分析提取的地形起伏度；并分别计算分析区域从"3×3"到"199×199"系列分析尺度的最大地形起伏度。

同时，在计算某个分析尺度下的地形起伏度时考虑边界效应，删除不能构成完整分析区域的格网点。以图 4.6 为例，用 3×3 的分析尺度计算格网点 A 的地形起伏度，由于格网点 A 位于 DEM 格网的边界，那么格网 1、2、3、7、8 为无值区域，此时格网点 A 的地形起伏度存在误差。对于类似含有边界效应的格网点，将不计入最终的地形起伏度的计算。

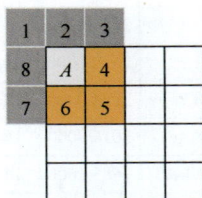

图 4.6　地形起伏度计算的边界效应处理

3. 实验步骤

为了研究和地形起伏度最佳分析区域相关的问题，设计如下实验步骤。

第 1 步：选择实验样区，计算各实验样区的地形特征因子。

第 2 步：对实验样区进行分析尺度从"3×3"到"199×199"的最大地形起伏度计算。

第 3 步：研究从同区域、异尺度的 DEM 实验样区提取的地形起伏度之间的关系。

第 4 步：研究地形起伏度和实验样区地形特征因子之间的关系，并建立地形起伏度最佳分析区域预测模型。

▶ 4.2.3　实验分析

1. 多尺度 DEM 与地形起伏度关系分析

研究多尺度 DEM 和地形起伏度之间的关系，即在同一个区域中，从不同尺度 DEM 中提取的地形起伏度是否存在差异？差异有多大？

从分析尺度角度看，可以发现相同分析尺度对应不同的地形起伏度。以陕西地区 90km×90km 实验样区为例（其他不同实验样区的实验数据均具有类似结果），当分析尺度为 15×15 时，从格网尺寸为 30m 的 DEM 提取的地形起伏度为 351m（见表 4.4），从格网尺寸为 60m 的 DEM 提取的地形起伏度为 471m（见表 4.5），从格网尺寸为 300m 的 DEM 提取的地形起伏度为 724m（见表 4.6）。这表明当分析尺度一致时，由于分析区域面积的差异，相应获得的地形起伏度存在较大差异。

表 4.4　从格网尺寸为 30m 的 DEM 提取的地形起伏度（基于分析尺度）

分析尺度	……	11×11	13×13	15×15	17×17	19×19	……
分析区域边长（m）	……	300	360	420	480	540	……
地形起伏度（m）	……	326	345	351	373	389	……

表 4.5　从格网尺度为 30m 的 DEM 提取的地形起伏度（基于分析尺度）

分析尺度	……	11×11	13×13	15×15	17×17	19×19	……
分析区域边长（m）	……	600	720	840	960	1080	……
地形起伏度（m）	……	404	431	471	491	523	……

表 4.6　从格网尺度为 300m 的 DEM 提取的地形起伏度（基于分析尺度）

分析尺度	……	11×11	13×13	15×15	17×17	19×19	……
分析区域边长（m）	……	3000	3600	4200	4800	5400	……
地形起伏度（m）	……	648	671	724	786	801	……

从分析区域面积角度看，可以发现相同分析区域面积对应类似的地形起伏度。同样，以陕西地区 90km×90km 实验样区为例，当分析区域面积为 9km² 时，从格网尺寸为 30m 的 DEM 提取的地形起伏度为 691m（见表 4.7），从格网尺寸为 60m 的 DEM 提取的地形起伏度为 689m（见表 4.8），从格网尺寸为 300m 的 DEM 提取的地形起伏度为 648m（见表 4.9）。

表 4.7　从格网尺度为 30m 的 DEM 提取的地形起伏度

分析尺度	……	97×97	99×99	101×101	103×103	105×105	……
分析区域边长（m）	……	2880	2940	3000	3300	3600	……
地形起伏度（m）	……	686	690	691	703	717	……

表 4.8　从格网尺度为 60m 的 DEM 提取的地形起伏度

分析尺度	……	47×47	49×49	51×51	53×53	55×55	……
分析区域边长（m）	……	2760	2880	3000	3120	3240	……
地形起伏度（m）	……	665	676	689	691	696	……

表 4.9　从格网尺度为 300m 的 DEM 提取的地形起伏度

分析尺度	……	7×7	9×9	11×11	15×15	17×17	……
分析区域边长（m）	……	1800	2400	3000	3600	4200	……
地形起伏度（m）	……	578	623	648	671	724	……

　　同时，建立"分析区域边长-地形起伏度"的散点图（见图 4.7、图 4.8），当分析区域边长为 0～6000m 时，三者极其类似。这表明，相同分析区域面积所提取的地形起伏度相似，随着 DEM 格网尺寸的增大，地形起伏度减小，其变化趋势是格网尺寸越大，地形起伏度越小。当 DEM 格网尺寸相差较小时，相同分析区域面积计算得到的 DEM 地形起伏度类似。

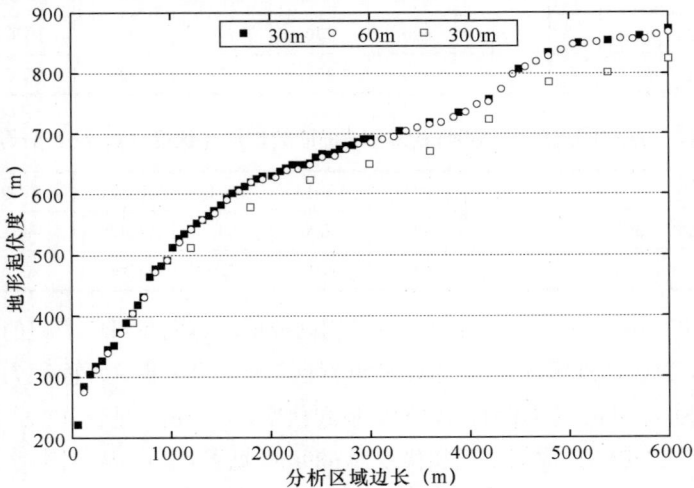

图 4.7　陕西地区各尺度 DEM 提取得到的地形起伏度

　　仔细观察各实验样区的地形起伏度，并且结合多尺度 DEM 的地形特征因子，可以发现同一个实验样区的 DEM，随着格网尺寸的增大，最大高程逐渐减小，最小高程逐渐增大，高程的分布趋于均化，反映在高差方面是高差逐渐减小，反映在平均坡度方面是平均坡度逐渐减小。因此可以初步判定，地形起伏度和最大高程、高差、平均坡度存在某种程度的相关性。

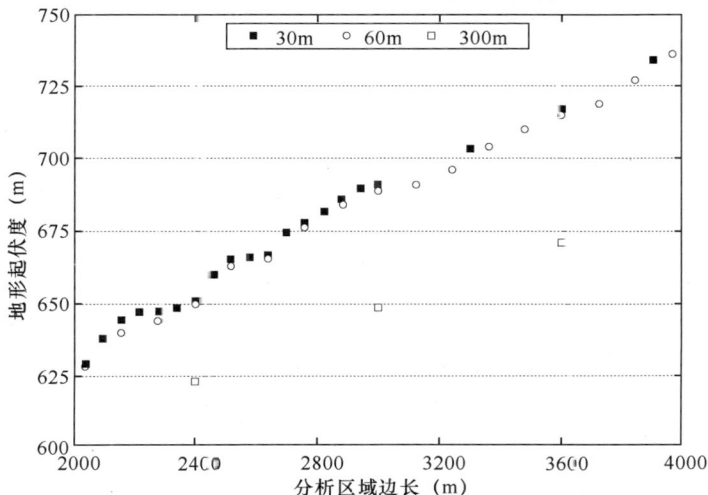

图 4.8　陕西地区各尺度 DEM 提取得到的地形起伏度（局部放大）

2. 地形特征因子和地形起伏度关系分析

已有地形起伏度研究成果表明，分析区域面积（或分析区域边长）和地形起伏度之间存在对数函数关系（郎玲玲等，2007；张磊，2009），形如

$$y = a \ln x - b \qquad (4.21)$$

因此，对于地形起伏度最佳分析区域计算的最好方法是基于分析区域面积（或分析区域边长）和地形起伏度之间的对数函数关系，通过计算其斜率得出最佳分析区域。假设斜率 30° 是地形起伏度的地形拐点，那么式（4.21）中 30°斜率对应的分析区域即为地形起伏度的最佳分析区域。

4.2.3 节中"多尺度 DEM 与地形起伏度关系分析"提及，地形起伏度和最大高程、高差、平均坡度可能存在某种程度的相关性，那么式（4.21）中的未知参数 a、b 能否由最大高程、高差和平均坡度表示？

首先，对各实验样区的地形起伏度和分析区域边长进行对数函数的曲线拟合，拟合参数结果如表 4.10 所示。由于不同格网尺寸 DEM 的地形起伏度较为类似，因此这里仅列出 30m 格网尺寸的拟合情况。

表 4.10　实验样区地形起伏度与分析区域边长对数拟合参数

实验样区	30km×30km			60km×60km			90km×90km		
	a	b	R^2	a	b	R^2	a	b	R^2
内蒙古东部	94.19	268.90	0.9302	110.60	322.90	0.9765	110.70	310.50	0.9742
福　建	182.00	682.70	0.9610	293.40	1201.00	0.9647	293.60	1201.00	0.9662
内蒙古西部	27.63	−59.68	0.6894	39.48	−42.51	0.6780	42.26	−46.03	0.6418
广　西	269.70	1176.00	0.9550	294.00	1171.00	0.9384	427.90	1980.00	0.9578
贵　州	139.00	341.00	0.8901	110.70	120.30	0.8980	151.70	367.70	0.9779
河　南	339.50	1568.00	0.9577	444.50	2363.00	0.9955	444.50	2363.00	0.9955
湖　北	4.97	−158.70	0.6109	220.60	940.20	0.9474	241.60	986.30	0.9812
江　苏	14.53	−68.92	0.9435	24.26	−13.89	0.9415	56.78	131.20	0.9671
山　东	68.79	148.60	0.9840	139.80	492.00	0.9737	150.90	556.40	0.9474
陕　西	144.50	575.00	0.9768	177.30	715.50	0.9828	193.00	835.80	0.9723
四川南部	548.70	2271.00	0.9861	582.80	2474.00	0.9625	582.80	2474.00	0.9625
西　藏	171.60	672.00	0.9597	327.30	1333.00	0.9682	432.20	1915.00	0.9635
甘　肃	244.60	1069.00	0.9604	260.50	1011.00	0.9737	266.70	1052.00	0.9658
云　南	447.80	2051.00	0.9299	580.70	2803.00	0.8767	580.70	2803.00	0.8767
江　西	289.30	1210.00	0.9780	334.90	1373.00	0.9822	329.80	1326.00	0.9708
重　庆	161.10	545.80	0.8630	166.40	571.50	0.9058	304.50	1240.00	0.9543
河　北	127.30	411.70	0.9903	192.50	729.10	0.9767	279.30	1206.00	0.9521
黑 龙 江	10.54	−59.24	0.6958	12.33	−51.43	0.6408	28.87	−88.34	0.6763
山　西	170.10	733.90	0.9150	226.30	923.90	0.9799	349.60	1762.00	0.9910
新疆北部	66.32	141.80	0.9722	385.20	1890.00	0.9884	684.20	3521.00	0.9107
新疆南部	125.90	350.90	0.9205	325.90	1061.00	0.9769	414.90	1626.00	0.9503
浙　江	213.60	809.80	0.9799	267.20	1109.00	0.9829	266.90	1062.00	0.9473
四川北部	22.43	−11.42	0.6007	109.80	321.60	0.9181	111.70	333.30	0.9370
湖　南	87.64	191.60	0.9770	180.90	144.50	0.9630	180.90	144.50	0.9630
青海北部	142.30	538.20	0.9755	147.20	505.40	0.9626	119.30	288.80	0.9616
青海南部	194.70	759.80	0.9793	258.30	963.70	0.9329	247.60	878.50	0.9454

在对数拟合过程中发现两个问题。

一是地形起伏度的提取在某个小分析区域内达到稳定，而后随着分析区域的增大，地形起伏度迅速增大，最终导致对数拟合效果极差，如 60km×60km 的河南实验样区（见图 4.9）。分析图 4.9 可以发现，当分析区域边长为 240～1000m 时，地形起伏度达到相对稳定；随着分析区域继续增大，地形起伏度同样继续增大。这表明 240～1000m 的最佳分析区域不符合山体完整性原则。如果考虑山体完整性原则，在对数拟合过程中应删除 0～1000m 的数据，这样最终曲线拟合效果较好（$R^2 = 0.9955$）。

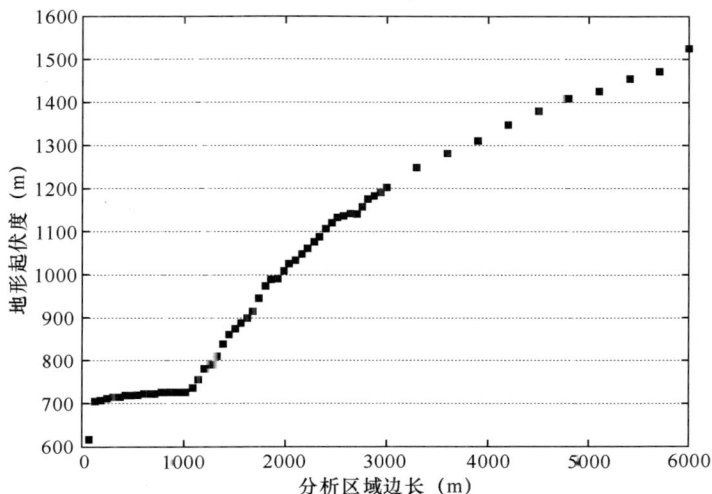

图 4.9　河南地区 60km×60km 的 DEM 提取得到的地形起伏度

二是由于实验样区的平均坡度较小（小于 5°），提取得到的地形起伏度呈现明显的阶梯状，或者在很短的分析区域范围内即达到稳定，并且随着分析区域范围的增大，地形起伏度变化不大，这同样导致拟合效果极差。例如，60km×60km 的内蒙古西部实验样区（见图 4.10）和 60km×60km 的黑龙江实验样区（见图 4.11）。

通常认为，"地形起伏度是用于划分丘陵、小起伏山地、中起伏山地和大起伏山地的依据。"因此，在实验过程中删除坡度小于 3°～5° 的实验样区。实际情况是，坡度小于 3°～5° 的实验样区拟合得到的"分析区域边长和地形起伏度之间的对数函数关系"效果相对较差。

在剔除或修正了拟合过程中的两种特殊情况之后，运用 DPS 数据处理系统提供的相关分析功能，分析未知参数 a、b 和地形特征因子的相关关系（见表 4.11）。实验结果显示：a 和区域高差存在强相关性，可决系数达到 0.9389；如果单独建立 a 和区域高差的散点图（见图 4.12），同时进行线性拟合，那么其可决系数 R^2 为 0.8841；a 和最高高程、平均高程、平均坡度、平均坡度变率存在一定的相关性；b 和区域高差存在强相关性，可决系数达到 0.9136；如果单独建立 b 和区域高差的散点图（见图 4.13），同时进行线性拟合，那么其可决系数 R^2 可达 0.8346；b 和最高高程、平均高程、平均坡度、平均坡度变率存在一定的相关性。

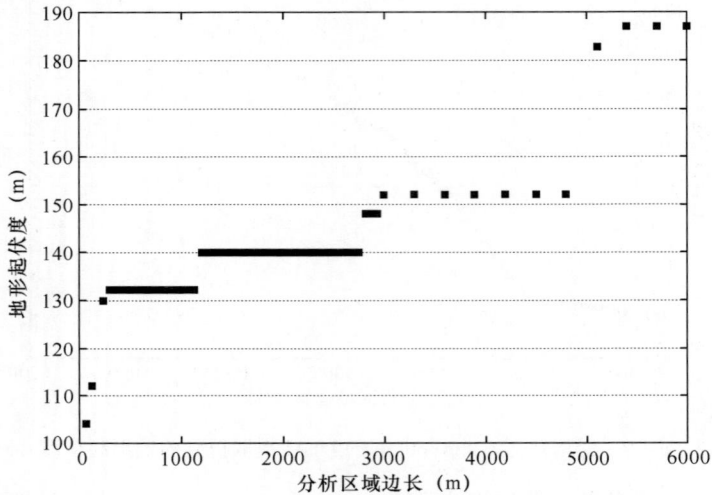

图 4.10　内蒙古西部地区 60km×60km 的 DEM 提取得到的地形起伏度

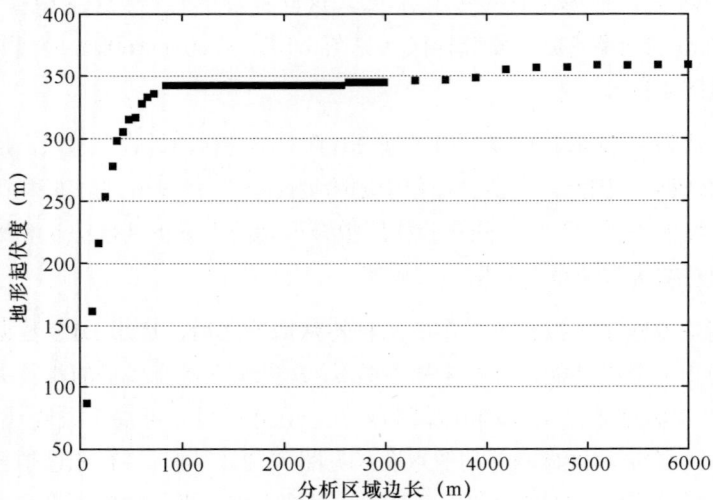

图 4.11　黑龙江地区 60km×60km 的 DEM 提取得到的地形起伏度

表 4.11　未知参数 *a*、*b* 和地形特征因子的相关系数

	最低高程	最高高程	平均高程	高　　差	平均坡度	平均坡度变率	平面曲率	剖面曲率
a	0.0708	0.5041	0.2739	0.9389	0.6497	0.4702	−0.3181	−0.0905
b	0.0435	0.4696	0.2603	0.9136	0.5566	0.3870	−0.3190	−0.1316

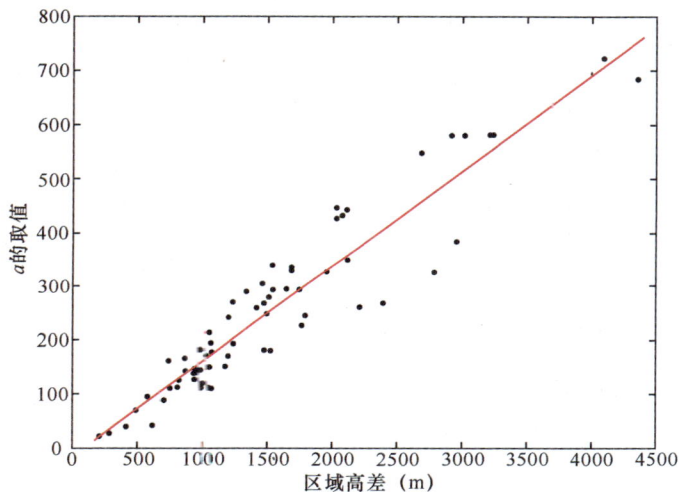

图 4.12　*a* 和区域高差的散点图

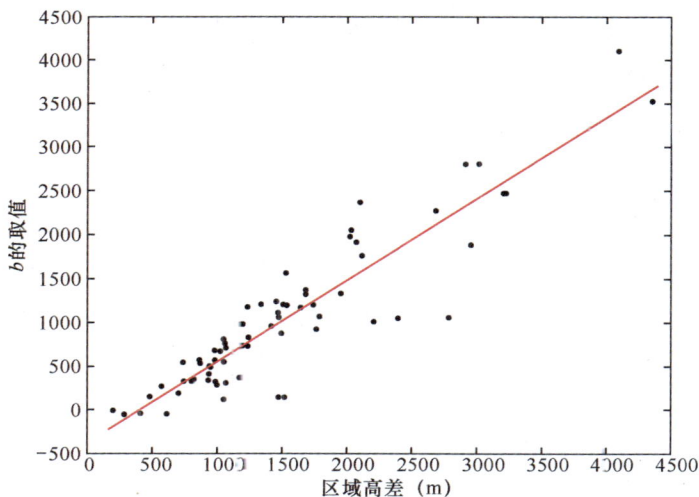

图 4.13　*b* 和区域高差的散点图

单纯从相关系数的角度来看，仅考虑高差对未知参数 a、b 的影响并不能达到理想效果。考虑到最低高程、最高高程、平均高程、平均坡度、平均坡度变率对未知参数 a、b 均有一定程度的影响，如果在预测模型中增加相应的变量是否可以达到更理想的效果呢？

因此，运用 DPS 数据处理系统提供的逐步回归功能建立 a 和高差、最低高程、最高高程、平均高程、平均坡度、平均坡度变率的多元线性回归函数，可以发现高差、平均高程、平均坡度、平均坡度变率可以参与对 a 值的拟合估计，表现为各因素的拟合系数在置信水平为 0.05 时具有显著性影响。建立 b 和高差、最低高程、最高高程、平均高程、平均坡度、平均坡度变率的的多元线性回归函数，可以发现高差、平均高程、平均坡度、平均坡度变率可以参与对 b 值的拟合估计，表现为各因素的拟合系数在置信水平为 0.05 时具有显著性影响。具体表达式如式（4.22）所示。

$$\begin{cases} a = 25.38 - 0.01\bar{H} + 0.16\Delta H + 16.30\bar{S} - 41.36S' & (R^2 = 0.9267) \\ b = -0.23 - 0.06\bar{H} + 0.89\Delta H + 61.82\bar{S} - 220.23S' & (R^2 = 0.8618) \end{cases} \tag{4.22}$$

式中，$\bar{H}$ 为平均高程，ΔH 为高差，$\bar{S}$ 为平均坡度，S' 为平均坡度变率。

最后，利用式（4.22）拟合所有实验样区的参数 a、b，建立置信水平为 0.05 的残差偏移区间图（见图 4.14、图 4.15）。可以发现：对于参数 a 而言，仅存在 90km×90km 的新疆北部地区不能满足要求；对于参数 b 而言，存在 30km×30km、60km×60km 的新疆南部地区，以及 30km×30km 的青海北部地区 3 个实验样区不能满足要求。

从总体来看，运用式（4.22）的拟合效果较单独使用高差拟合未知参数 a、b 的拟合效果略有提高，但并没有十分显著的提高；从拟合残差图来看，95% 以上的拟合值都能达到置信水平的要求。因此，可以将式（4.21）和式（4.22）初步作为基于宏观地形特征因子的最佳分析区域预测模型。

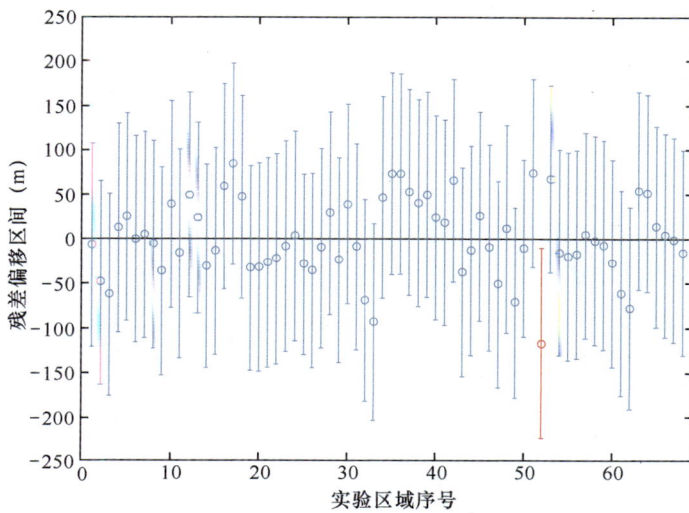

图 4.14 *a* 值拟合值的残差偏移区间

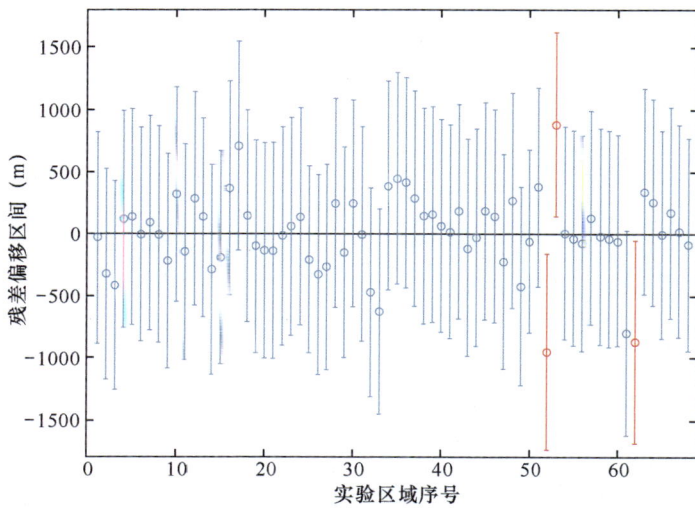

图 4.15 *b* 值拟合值的残差偏移区间

4.3　地形特征因子模糊聚类模型

4.2 节建立了宏观地形特征因子最佳分析区域预测模型,可以在预测模型建立的最佳分析区域基础上,分别求解各自的地形特征因子,包括微观地形特征因子和宏观地形特征因子。理论上这些地形特征因子都可以用于地貌类型的划分。但是,哪些地形特征因子在地貌类型划分中起主导作用?哪些地形特征因子和其他地形特征因子重叠?哪些地形特征因子完全可以由其他地形特征因子导出?基于此,需要定量分析地形特征因子之间的相关关系,最终选择对地貌类型划分最有利、最能代表不同地形特征的地形特征因子。

在计算得到各实验样区的地形特征因子之后,对它们进行聚类分析。首先,需要进行量纲分析,消除各变量中不同量纲、不同数量级对实验结果的影响;其次,利用相关分析的方法分析各变量之间的相关程度;最后,利用模糊聚类分析法建立地形特征因子动态谱系图。这将为建立地貌类型的模糊隶属度函数提供地形特征因子的选择依据。

▶ 4.3.1　量纲分析

一般来说,不同的变量都有各自的量纲和数量级单位,为使不同量纲、不同数量级的变量能够放在一起进行比较,通常需要对变量进行量纲分析,以消除不同量纲、不同数量级对结果产生的影响。常用的量纲分析包括中心化变换、极差规格化变换、标准化变换、对数变换。

1. 中心化变换

中心化变换是一种坐标轴平移处理方法,首先求出每个变量的样本平均值,然后从原始数据中减去该变量的均值,得到中心化变换后的数据,即

$$x'_{ij} = x_{ij} - \overline{x}_j \qquad (i = 1,2,\cdots,n \; ; \quad j = 1,2,\cdots,m \; ; \quad \overline{x}_j = \sum_{i=1}^{n} x_{ij} \bigg/ n \;) \qquad （4.23）$$

式中，m 为变量个数，n 为样本数。

在中心化变换后，每列数据之和都为 0，且每列数据的平方和是该列数据方差的 $n-1$ 倍，任何不同两列的数据交叉积是两列协方差的 $n-1$ 倍。因此，中心化变换本质上一种"方差–协方差"变换。

2．极差规格化变换

极差规格化变换是指从数据矩阵的每个变量中找出其最大值和最小值（最大值和最小值之差称为极差），然后从每个原始数据中减去该变量的最小值，再除以极差，即

$$x'_{ij} = \frac{x_j - \min(x_{ij})}{\max(x_{ij}) - \min(x_{ij})} \qquad （0 \leqslant x'_{ij} \leqslant 1） \tag{4.24}$$

在极差规格化变换后，每列的最大数据变为 1，最小数据变为 0，其余数据取值为 0～1；并且数据都不再具有量纲，以便于不同变量之间的比较。

3．标准化变换

标准化变换是对变量的数值和量纲进行类似极差规格化变换的另一种数据处理方法。首先对每个变量进行中心化变换，其次用该变量的标准差使变量标准化，即

$$x'_{ij} = \left(x_{ij} - \overline{x}_j\right) \big/ S_j \qquad \overline{x}_j = \frac{1}{n}\sum_{i=1}^{n} x_{ij} \qquad S_j = \frac{1}{n}\sum_{i=1}^{n}\left(x_{ij} - \overline{x}_j\right)^2 \tag{4.25}$$

在标准化变换后，每列数据的平均值为 0、方差为 1，并且数据不再具有量纲，以便于不同变量之间的比较。

4．对数变换

对数变换是指将各原始数据取对数并作为变换后的新值，即

$$x'_{ij} = \lg\left(x_{ij}\right) \qquad （x_{ij} > 0） \tag{4.26}$$

在对数变换后，可以将具有指数特征的数据转化为具有线性特征的数据。

▶ 4.3.2 相关分析

根据 4.1 节和 4.2 节的论述，分别提取各实验样区的地形特征因子，并通过 4.3.1 节的量纲分析，消除各地形特征因子的量纲和数量级的影响，然后对地形特征因子进行相关分析，结果如表 4.12、表 4.13 所示。

表 4.12 各地形特征因子相关系数

相关系数	最低高程	最高高程	平均高程	高差	平均坡度	平均坡度变率	平面曲率	剖面曲率	地表粗糙度	地形起伏度	高程变异系数	地表切割深度
最低高程	1.00											
最高高程	0.88	1.00										
平均高程	0.97	0.96	1.00									
高差	0.20	0.64	0.41	1.00								
平均坡度	0.24	0.50	0.39	0.64	1.00							
平均坡度变率	0.16	0.38	0.28	0.54	0.92	1.00						
平面曲率	−0.29	−0.29	−0.32	−0.11	0.10	0.17	1.00					
剖面曲率	−0.21	−0.12	−0.19	0.10	0.44	0.50	0.89	1.00				
地表粗糙度	0.25	0.52	0.41	0.67	0.96	0.84	0.02	0.33	1.00			
地形起伏度	0.26	0.52	0.41	0.66	1.00	0.89	0.07	0.40	0.98	1.00		
高程变异系数	−0.50	−0.54	−0.55	−0.30	−0.26	−0.24	0.32	0.18	−0.19	−0.25	1.00	
地表切割深度	0.27	0.53	0.42	0.66	0.99	0.89	0.04	0.36	0.98	1.00	−0.27	1.00

表 4.13 各地形特征因子相关系数的显著性

相关系数	最低高程	最高高程	平均高程	高差	平均坡度	平均坡度变率	平面曲率	剖面曲率	地表粗糙度	地形起伏度	高程变异系数	地表切割深度
最低高程												
最高高程	0.00											
平均高程	0.00	0.00										
高差	0.07	0.00	0.00									
平均坡度	0.03	0.00	0.00	0.00								
平均坡度变率	0.17	0.00	0.01	0.00	0.00							
平面曲率	0.01	0.01	0.00	0.36	0.37	0.13						

相关系数	最低高程	最高高程	平均高程	高差	平均坡度	平均坡度变率	平面曲率	剖面曲率	地表粗糙度	地形起伏度	高程变异系数	地表切割深度
剖面曲率	0.06	0.31	0.10	0.39	0.00	0.00	0.00					
地表粗糙度	0.03	0.00	0.00	0.00	0.00	0.00	0.83	0.00				
地形起伏度	0.02	0.00	0.00	0.00	0.00	0.00	0.54	0.00	0.00			
高程变异系数	0.00	0.00	0.00	0.01	0.02	0.04	0.01	0.12	0.09	0.03		
地表切割深度	0.02	0.00	0.00	0.00	0.00	0.00	0.74	0.00	0.00	0.00	0.02	

从表中可以发现：平均坡度、平均坡度变率、地表粗糙度、地形起伏度和地表切割深度之间显著相关，相关系数达到了 0.8 以上，而且具有显著性意义。平面曲率和剖面曲率之间显著相关，相关系数达到了 0.89，同样具有显著性意义。

► 4.3.3　模糊聚类分析

模糊聚类分析是从模糊集理论来探讨事物数量分类的方法（徐建华，2010）。利用模糊集理论进行基于模糊等价关系聚类分析的具体步骤如下。

1. 量纲分析

首先对原始数据进行量纲分析，消除原始数据不同量纲、不同数量级对分析结论的影响，具体方法参见 4.3.1 节。

2. 计算模糊相似矩阵

设 X 是需要被分类对象的全体，建立 X 上的相似系数 R，$R(i, j)$ 表示 i 与 j 之间的相似程度。当 X 为有限集时，R 是一个矩阵，称为相似矩阵。

$$X = \begin{bmatrix} x_{11} & x_{12} & \cdots & x_{1m} \\ x_{21} & x_{22} & \cdots & x_{2m} \\ \vdots & \vdots & \ddots & \vdots \\ x_{n1} & x_{n2} & \cdots & x_{nm} \end{bmatrix}_{n \times m} \quad (4.27)$$

建立相似矩阵 R 可以采用如下 8 种方法。

（1）相关系数法。

$$r_{ij} = \frac{\sum_{k=1}^{m}\left(x_{ik}-\overline{x}_i\right)\left(x_{jk}-\overline{x}_j\right)}{\sqrt{\sum_{k=1}^{m}\left(x_{ik}-\overline{x}_i\right)^2}\sqrt{\sum_{k=1}^{m}\left(x_{jk}-\overline{x}_j\right)^2}} \qquad (i,j \leqslant n) \qquad (4.28)$$

式中，$\overline{x}_i = \dfrac{1}{m}\sum_{k=1}^{m}x_{ik}$，$\overline{x}_j = \dfrac{1}{m}\sum_{k=1}^{m}x_{jk}$

（2）最大最小法。

$$r_{ij} = \frac{\sum_{k=1}^{m}\min\left(x_{ik},x_{jk}\right)}{\sum_{k=1}^{m}\max\left(x_{ik},x_{jk}\right)} \qquad (i,j \leqslant n) \qquad (4.29)$$

（3）算数平方最小法。

$$r_{ij} = \frac{\sum_{k=1}^{m}\min\left(x_{ik},x_{jk}\right)}{\dfrac{1}{2}\sum_{k=1}^{m}\left(x_{ik}+x_{jk}\right)} \qquad (i,j \leqslant n) \qquad (4.30)$$

（4）几何平均最小法。

$$r_{ij} = \frac{\sum_{k=1}^{m}\min\left(x_{ik},x_{jk}\right)}{\sum_{k=1}^{m}\sqrt{\left(x_{ik}x_{jk}\right)}} \qquad (i,j \leqslant n) \qquad (4.31)$$

（5）绝对指数法。

$$r_{ij} = e^{-\sum_{k=1}^{m}\left|x_{ik}+x_{jk}\right|} \qquad (i,j \leqslant n) \qquad (4.32)$$

（6）绝对值减数法。

$$r_{ij} = \begin{cases} 1, & i = j \\ 1 - \dfrac{\sum_{k=1}^{m}\left|x_{ik}-x_{jk}\right|}{c}, & i \neq j \end{cases} \qquad (4.33)$$

式中，c 等于 $\sum\limits_{k=1}^{m}\left|x_{ik}-x_{jk}\right|$ 中的最大值。

（7）夹角余弦法。

$$r_{ij} = \frac{\sum\limits_{k=1}^{m}x_{ik}x_{jk}}{\sqrt{\sum\limits_{k=1}^{m}\left(x_{ik}^2 x_{jk}^2\right)}} \qquad (i,j \leqslant n) \qquad (4.34)$$

（8）欧氏距离。

$$r_{ij} = 1 - \frac{\sqrt{\sum\limits_{k=1}^{m}\left(x_{ik}-x_{jk}\right)^2}}{\max D} \qquad (i,j \leqslant n) \qquad (4.35)$$

式中，$\max D$ 等于 $\sqrt{\sum\limits_{k=1}^{m}\left(x_{ik}-x_{jk}\right)^2}$ 中的最大值。

3．聚类分析

用 4.3.3 节"计算模糊相似矩阵"中的方法建立的相似关系 $\boldsymbol{R}$，一般只满足反射性和对称性，而不满足传递性，因而还不是模糊等价关系（模糊分类关系的 3 个等价关系是反射性、对称性和传递性）。为此，需要将 $\boldsymbol{R}$ 改造成 $\boldsymbol{R}^*$ 后得到聚类图，在适当的阈值上进行截取，便可得到所需要的分类。将 $\boldsymbol{R}$ 改造成 $\boldsymbol{R}^*$，可以使用求传递闭包的方法。

假设 $\boldsymbol{R}^2 = \left(r_{ij}\right)$，即 $r_{ij} = \mathop{\vee}\limits_{k=1}^{n}\left(r_{ik} \wedge r_{kj}\right)$，说明 x_i 与 x_j 通过第三者 k 作为媒介发生关系，$r_{ik} \wedge r_{kj}$ 表示 x_i 与 x_j 之间的关系密切程度是以 $\min\left(r_{ik},r_{kj}\right)$ 为准则的，因为 k 是任意的，故从一切 $r_{ik} \wedge r_{kj}$ 中寻求一个使 x_i 与 x_j 关系最密切的通道。随着 m 的增加，$\boldsymbol{R}^m$ 允许连接 x_i 与 x_j 的链就越多。由于在从 x_i 到 x_j 的一切链中，一定存在一个使最大边长达到极小的链，这个边长就相当于 r_{ij}^{∞}。

在实际应用中，一般采用如下处理方法：

$$\boldsymbol{R} \to \boldsymbol{R}^2 \to \boldsymbol{R}^4 \to \boldsymbol{R}^8 \to \cdots \to \boldsymbol{R}^{2^k}$$

也就是说，先将 $\boldsymbol{R}$ 自乘改造为 $\boldsymbol{R}^2$，再自乘改造为 $\boldsymbol{R}^4$，如此继续自乘，直

到出现 $R^{2k} = R^k = R^*$。此时 R^* 满足传递性，模糊相似矩阵 R 就被改造成模糊等价关系矩阵 R^*（唐启义，2007）。

4. 模糊聚类

对满足传递性的模糊关系 R^* 进行聚类处理，当给定不同置信水平 λ 时，求 R_λ^* 矩阵，找出 R^* 的 λ 显示，得到普通分类关系。当 $\lambda = 1$ 时，每个变量自成一类，随着 λ 的减小，由细到粗逐渐归并，最后得到模糊聚类的动态谱系图。

根据上述模糊聚类分析方法，首先对各实验样区的地形特征因子进行量纲分析，其次建立模糊相似矩阵（见表 4.14），寻找模糊等价矩阵（见表 4.15），最后得到各地形特征因子在不同水平下的连接情况（见表 4.16）和模糊聚类动态谱系图（见图 4.16）。

表 4.14 地形特征因子模糊相似矩阵

相似系数	最低高程	最高高程	平均高程	高差	平均坡度	平均坡度变率	平面曲率	剖面曲率	地表粗糙度	地形起伏度	高程变异系数	地表切割深度
最低高程	1.00											
最高高程	0.91	1.00										
平均高程	0.97	0.97	1.00									
高差	0.59	0.80	0.68	1.00								
平均坡度	0.68	0.83	0.78	0.76	1.00							
平均坡度变率	0.62	0.76	0.70	0.71	0.92	1.00						
平面曲率	0.54	0.65	0.58	0.63	0.67	0.68	1.00					
剖面曲率	0.57	0.61	0.58	0.55	0.64	0.69	0.92	1.00				
地表粗糙度	0.64	0.80	0.75	0.75	0.97	0.84	0.60	0.54	1.00			
地形起伏度	0.67	0.82	0.77	0.75	1.00	0.89	0.65	0.61	0.98	1.00		
高程变异系数	0.62	0.70	0.67	0.60	0.72	0.72	0.47	0.51	0.62	0.69	1.00	
地表切割深度	0.66	0.82	0.77	0.75	0.99	0.89	0.63	0.59	0.98	1.00	0.69	1.00

表 4.15 地形特征因子模糊等价矩阵

相似系数	最低高程	最高高程	平均高程	高差	平均坡度	平均坡度变率	平面曲率	剖面曲率	地表粗糙度	地形起伏度	高程变异系数	地表切割深度
最低高程	1.00											
最高高程	0.97	1.00										
平均高程	0.97	0.97	1.00									
高差	0.80	0.80	0.80	1.00								

（续表）

相似系数	最低高程	最高高程	平均高程	高差	平均坡度	平均坡度变率	平面曲率	剖面曲率	地表粗糙度	地形起伏度	高程变异系数	地表切割深度
平均坡度	0.83	0.83	0.83	0.80	1.00							
平均坡度变率	0.83	0.83	0.83	0.80	0.92	1.00						
平面曲率	0.70	0.70	0.70	0.70	0.70	0.70	1.00					
剖面曲率	0.70	0.70	0.70	0.70	0.70	0.70	0.92	1.00				
地表粗糙度	0.83	0.83	0.83	0.80	0.98	0.92	0.70	0.70	1.00			
地形起伏度	0.83	0.83	0.83	0.80	1.00	0.92	0.70	0.70	0.98	1.00		
高程变异系数	0.73	0.73	0.73	0.73	0.73	0.73	0.70	0.70	0.73	0.73	1.00	
地表切割深度	0.83	0.83	0.83	0.80	1.00	0.92	0.70	0.70	0.98	1.00	0.73	1.00

表 4.16 地形特征因子在不同水平下的连接情况

$I = 5$	$J = 10$	$M_x = 0.9960$
$I = 5$	$J = 12$	$M_x = 0.9960$
$I = 5$	$J = 9$	$M_x = 0.9842$
$I = 1$	$J = 3$	$M_x = 0.9697$
$I = 1$	$J = 2$	$M_x = 0.9662$
$I = 5$	$J = 6$	$M_x = 0.9248$
$I = 7$	$J = 8$	$M_x = 0.9202$
$I = 1$	$J = 5$	$M_x = 0.8280$
$I = 1$	$J = 4$	$M_x = 0.8015$
$I = 1$	$J = 11$	$M_x = 0.7268$
$I = 1$	$J = 7$	$M_x = 0.6997$

在表 4.16 中，序号表示各地形特征因子，例如，1 表示最低高程，2 表示最高高程，12 表示地表切割深度，等等。

由模糊聚类分析结果可知，当 $\lambda = 0.92$ 时，可以将各地形特征因子分成 5 类，分别是高程类（包括最低高程、最高高程和平均高程）、坡度类（包括平均坡度、地形起伏度、地表切割深度、地表粗糙度和平均坡度变率）、高差类、高程变异系数类和曲率类（包括平面曲率和剖面曲率）。

上述实验表明，在基于地形特征因子进行地貌类型划分或者其他研究时，并不是所有的地形特征因子都能完美地体现地形特征，各地形特征因子之间存在一定程度的重叠，只有选择合适的地形特征因子，研究结果才具有合理性。

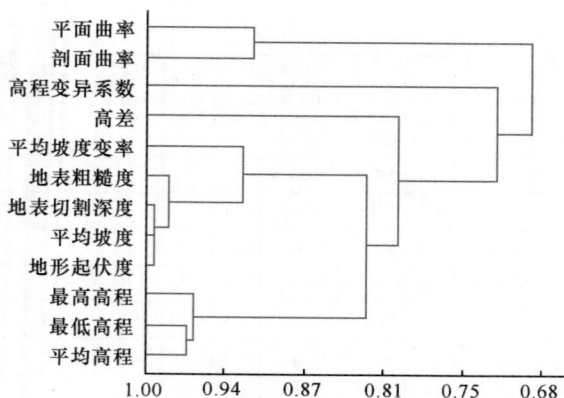

图 4.16　地形特征因子在模糊聚类分析中的动态谱系图

4.4　地貌类型隶属度函数模型

▶ 4.4.1　地貌类型分类方案

地貌类型模糊判别的首要步骤是确定地貌类型的分类方案。根据不同的分类指标和原则，可以形成不同的地貌类型分类方案。分类指标和原则包括按照成因进行分类、按照形态进行分类，以及按照形态和成因组合进行分类等（刘爱利和汤国安，2006）。

1. 按照成因分类

1884 年，Davis 按照地质构造和侵蚀量的标准划分地貌类型，并根据堆积作用、上升作用和破坏作用进行再分类；1889 年，Davis 又在原工作的基础上，进一步将地貌类型划分为两大类：水平构造和变动构造。1939 年，Lobeck 将分布范围较大的平原、高原、山地称为"建设"地貌，将较小的地貌景观称为"破坏"地貌。在"破坏"地貌之中根据各类应力的过程阶段又将其细分为侵蚀的、残余的、堆积的"破坏"地貌。1941 年，Mapkob 以高层次成因划分为标准，着重考虑地形特征和大地构造分区的关联性，将地貌类型划分为侵蚀构造地貌、构造地貌和堆积地貌。我国学者根据引起地貌成因的外应力和内应力，分别对地貌类型进行划分。其中，按外应力可以划分为流水地貌、湖成地貌、干燥地貌、风成地貌、黄土地貌、喀斯特地貌、海岸地貌、风化与坡地重力地貌；按内应力可以划分为大地构造地貌、褶曲构造地貌、断层构造地貌、断层构造地貌、火山与熔岩地貌。

2．按照形态分类

国际上最具有代表性的形态分类方案是国际地理联合会地貌调查与制图委员会编制的《1∶250000 欧洲国际地貌图》，其提出以海拔高度和起伏高度为依据，将基本地貌类型分为 5 类（见表 4.17）。

表 4.17　《1∶250000 欧洲国际地貌图》中的基本地貌类型

基本地貌类型	海拔高度（m）	起伏高度（m）
低平原	低于海平面	0～30
	0～200	
高平原、丘陵、高原	200～400	30～75
	>400	
台原、山垅	>400	75～300
山脉、块状山、山原（低的、中等的）	<1300	300～600
	>1300	
山脉、块状山、山原（高的）	>2000	>600

柴宗新（1986）以相对高度为划分指标，将中国基本地貌形态划分为平原、丘陵、低山、中山和高山（见表 4.18）。

表 4.18　中国基本地貌形态（相对高度指标）

基本地貌形态	相对高度（m）
平原	<20
丘陵	20～200
低山	200～500
中山	500～1500
高山	>1500

1987 年，中国科学院地理科学与资源研究所主持编订了《中国 1∶1000000 地貌图制图规范（试行）》，其中的地貌类型划分方案采用海拔高度、起伏高度指标，并将中国基本地貌形态划分为 18 个类型（见表 4.19）。

表 4.19   中国基本地貌形态（海拔高度、起伏高度指标）

起伏高度（m） 海拔高度（m）	20～30	<100	100～200	200～500	500～1000	1000～2500	>2500
<1000	平原、 台地	低丘陵	高丘陵	小起伏低山	中起伏低山		
1000～3500				小起伏中山	中起伏中山	大起伏中山	极大起伏中山
3500～5000				小起伏高山	中起伏高山	大起伏高山	极大起伏高山
>5000				小起伏极高山	中起伏极高山	大起伏极高山	极大起伏极高山

3．按照形态和成因组合分类

周廷儒、施雅风和陈述彭（1956）根据海拔高度、相对高度、构造特征，以及蚀积特征和地貌特征，将中国基本地貌形态划分为平原（海拔高度多数小于 200m，相对高度为 50m）、盆地（盆心与盆周高差为 500m 以上）、高原（海拔高度大于 1000m，与附近低地高差大于 500m）、丘陵（海拔高度多数小于 500m，相对高度为 50～500m）、中山（海拔高度为 500～3000m，相对高度为 500m 以上）和高山（海拔高度大于 3000m）6 种类型。这个方案是中国最早的现代地貌分类系统的分类方案。

沈玉昌（1959）为配合中国地貌区划工作，在周廷儒等（1956）分类方案的基础上对中国陆地地貌类型进行了更详细的划分，提出了一个全新的分类方案。该分类方案除划分出山地、平原、台地外，对山地类型依据海拔高度 500m、1000m、3000m 和 5000m 的指标体系划分了丘陵、低山、中山、高山和极高山，同时对指标确定的依据做了比较详细的说明。

依据上面的描述，虽然各地貌类型分类方案不尽相同，强调形态和成因的重点各异，但是台地、山地、丘陵、平原等类型在每个方案中通常都会出现。因此，可以将这些地貌类型统称为基本地貌类型。基本地貌类型的分类一般按照起伏高度和海拔高度两个指标进行，这是中国大多数学者的统一认识（李炳元等，2008）。

▶ 4.4.2   地貌类型分类方法

在确定地貌类型分类方案之后，就可以针对具体的实验样区进行地貌类型的划分。通常可以采用以下几种方法。

1. 依据地貌分类方案中的量化指标，灵活判断地貌类型的归属

例如，按照《1∶250000 欧洲国际地貌图》、柴宗新（1986）的中国基本地貌形态指标、《中国 1∶1000000 地貌图制图规范（试行）》等的分类方案确定的量化指标进行分类。但是，在实际地貌类型划分中，如果简单地、机械地按照量化指标的规定进行分类，可能产生既像这类又像那类，或者哪一类都不像的现象。因此，首先需要对研究区域进行分析，然后按照量化指标进行划分，这样做可能导致在分类过程中包含较大成分的主观性因素。但是，总体而言，这是一种比较常用的方法。

2. 编制地形分类决策表，自动判断地貌类型的归属

2001 年，黄杏元提出了地表形态自动分类方法：首先根据区域的地形特点，编制中国地形分类决策表（见表 4.20），然后从 DEM 中提取分类所需的地形要素，按照自动提取地形类型信息的过程，完成区域的地貌类型判断。

表 4.20　中国地形分类决策表

	平　地	岗　丘	丘　陵	低　山	中　山
绝对高度（m）	—	—	＜400	400~800	＞800
相对高度（m）	—	＜100	100~200	＞200	＞200
坡　度（°）	＜3	—	—	—	—

3. 基于地形特征因子，运用 ISODATA 非监督分类法和 Bayesian 最大似然监督分类法，监督判断地貌类型的归属

汤国安等（2005）利用 1∶1000000　DEM 数据及其所派生的多种地貌信息进行地貌类型的自动划分。实验中分别提取了地形起伏度、地表切割深度、地表粗糙度、高程变异系数、平均坡度、平均高程 6 个地形特征因子，并将各地形特征因子置于不同的信息层面，通过主成分分析、ISODATA 非监督分类法与 Bayesian 最大似然监督分类法相结合，对中国地貌的基本形态进行了多维信息综合分类。

4. 建立地貌类型隶属度函数，模糊判断地貌类型的归属

基本地貌类型具有明确的内涵，并有一定的成因意义，但是缺乏确切的外延；而模糊数学恰好可以定义具有明确内涵但不具有确切外延的概念。因此，李矩章（1982，1987）给出了基于某一个区域（或称形态单元）的各基本地貌类型的模糊隶属度函数，这些互相独立的形态概念的隶属度函数构成了一个形态分类指标系统，比较合理地解决了既像这类又像那类，或者哪一类都不像的形态单元的归属问题。但是，由于当时没有数字化地形图（特别是 DEM）可供使用，因此李矩章（1982，1987）提出的一些概念并不适合在规则分布的采样数据（或者基于 DEM 数据）上使用。

本章基于规则分布的采样数据对李矩章（1982，1987）提出的地貌类型隶属度函数进行了修正，为基于规则分布的采样数据的地貌类型模糊判断奠定了基础。

▶ 4.4.3　基于规则分布数据的地貌类型模糊隶属度函数的建立

分析李矩章（1982，1987）的研究成果，可以发现他对台地、平原、丘陵、山地进行了深入研究，并且给出了各地貌形态特征的数学表达式，建立了各地貌类型的模糊隶属度函数，为地貌类型的模糊判别提供了数学基础。但是，李矩章（1982，1987）的研究对象是（非数字化地形图中的）等高线数据，其中提及的一些概念并不适合在规则分布的采样数据上使用。

（1）关于形态单元的选择。各地貌类型的模糊隶属度函数的建立都是基于某个形态单元的，那么这个形态单元取多大的范围合适？

（2）李矩章（1982，1987）在台地模糊隶属度函数中关于台面和台坡的定义，在规则分布的采样数据中如何体现？什么样的采样点属于台面？什么样的采样点属于台坡？

（3）规则分布的采样数据在形式上类似于规则格网 DEM 数据。因此，在实际处理过程中，通常把它当成规则格网 DEM 数据使用，此时规则格网 DEM 数据中隐含的地形特征因子是否可以运用到地貌类型的判别中？

对于第 1 个问题，4.2 节"宏观地形特征因子最佳分析区域预测模型"给出

了一个较好的解决方案，把通过宏观地形特征因子确定的最佳分析区域当作形态单元的适宜范围，从而判定某个格网点（规则分布的采样点）的地貌类型归属。

第 2 个问题是一个难点。台地指四周有陡崖的、直立于邻近低地的、顶面基本平坦似台状的地貌，它介于平原与丘陵、低山之间。判断台地特征的关键在于确定台面和台坡，通过台面和台坡的特征判断是否属于台地。但是，在规则分布的采样数据中并不能挖掘台面和台坡的信息，这就造成了一个无法逾越的障碍。因此，这里暂不考虑建立台地模糊隶属度函数（换句话说，建立台地模糊隶属度函数还需要其他信息）。

第 3 个问题是一个引申问题。4.3 节"地形特征因子模糊聚类模型"将地形特征因子分为 5 类，分别是高程类、坡度类、高差类、高程变异系数类和曲率类。不同分类之间的地形特征因子表达的地表地形特征具有较大的差异性，同一分类之间的地形特征因子表达的地表地形特征具有较大的相似性。4.3 节的结论为更广泛层次上的地貌类型划分提供了判断依据。

李矩章（1982，1987）提出的各地貌类型模糊隶属度函数，其主要分类指标为平均坡度和高差。根据地形特征因子的动态谱系图可知，这两个指标分别属于坡度类和高差类的范畴。另外，现代地貌学中地貌基本类型的划分指标一般是起伏高度和海拔高度，这已经成为中国大多数学者的统一认识；同样，根据地形特征因子的动态谱系图可知，起伏高度本质上属于高差类的范畴，海拔高度属于高程类的范畴。因此可以证明两点：一是地形特征因子必须用于地貌类型的划分和判断，但并不是所有的地形特征因子都适合承担这个角色；二是4.3 节提出的地形特征因子动态谱系图具有指导性意义。也就是说，如果希望对地貌类型进行基本的分类，那么可以直接使用坡度类和高差类［类似李矩章（1982，1987）提出的分类方案］；如果希望对地貌类型进行更详细的分类，那么可以使用坡度类、高差类和高程类［类似李炳元（2008）提出的分类方案］。

因此，本章在李矩章（1982，1987）研究成果的基础上运用坡度类和高差类给出基于规则分布采样数据的地貌类型（平原、丘陵、山地）模糊隶属度函数。

1．平原模糊隶属度函数

平原是比较平整的，并且较山地、丘陵、台地更低的地形形态，可以模糊描述如下。

（1）当形态单元的平均坡度为 4° 时，平原的隶属度为 0.5；当平均坡度小于 3° 时，平原的隶属度大于 0.9，表明其确定属于平原（见图 4.17）。

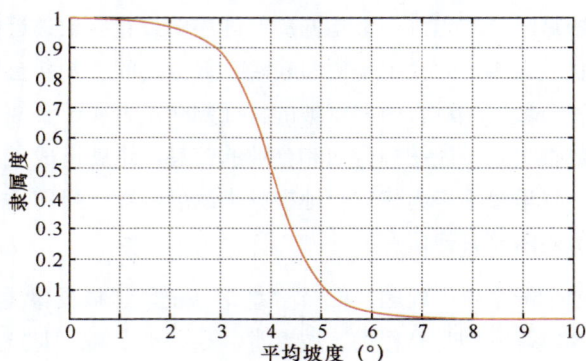

图 4.17　平均坡度隶属度函数

（2）当形态单元的高差为 100m 时，平原的隶属度为 0.5；当形态单元的高差小于 50m 时，平原的隶属度大于 0.9，表明其确定属于平原；当高差大于 150m 时，平原的隶属度接近 0.1，表明其不属于平原的概率较大（见图 4.18）。

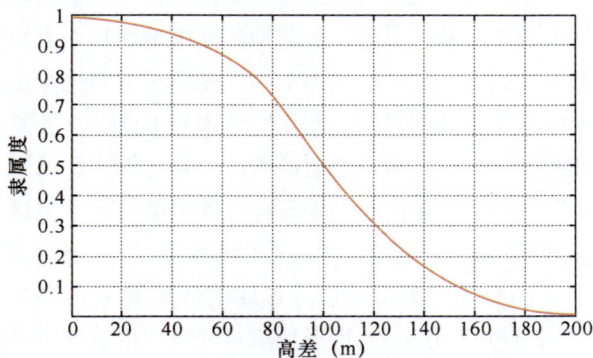

图 4.18　高差隶属度函数

（3）形态单元的平均坡度是决定性因素，形态单元的高差是辅助因素。

因此，可以使用两个不同的分隶属度函数表征平原的特性，分别如下。

①形态单元平均坡度的分隶属度函数：

$$f_{ping}(S) = \left[1 + \exp\left(2 \times (S-4)\right)\right] \tag{4.36}$$

②形态单元高差的分隶属度函数：

$$f_{\text{ping}}(\Delta H) = \left[1 + \exp\left(0.05 \times (\Delta H - 100)\right)\right]^{-1} \qquad (4.37)$$

式中，S 为形态单元平均坡度，ΔH 为形态单元高差。

因此，平原的综合隶属度函数为

$$f_{\text{ping}} = \frac{1}{3}\left[2 \times f_{\text{ping}}(S) + f_{\text{ping}}(\Delta H)\right] \qquad (4.38)$$

2. 丘陵模糊隶属度函数

丘陵是高差较小且较孤立的、分散突出于平原之上的地形形态，可以模糊描述如下。

（1）当形态单元的高差为 100～300m 时，丘陵的隶属度大于 0.5，属于丘陵形态的概率增大；当形态单元的高差小于 100m 或大于 300m 时，丘陵的隶属度小于 0.5，不属于丘陵形态的概率增大（见图 4.19）。

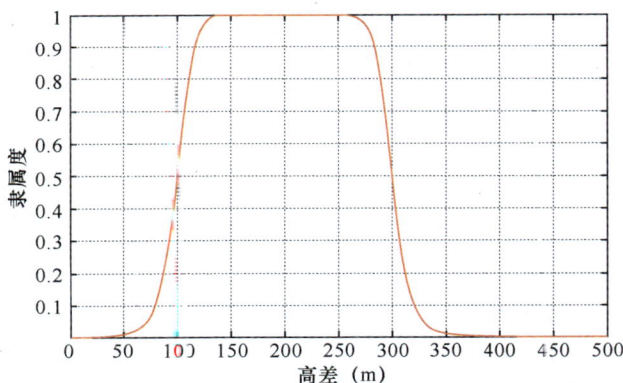

图 4.19　形态单元高差隶属度函数

（2）当形态单元的边缘高差为 150m 时，丘陵的隶属度为 0.5；当形态单元的边缘高差小于 150m 时，丘陵的隶属度逐渐趋向 1，属于丘陵形态的概率增大；当形态单元的边缘高差大于 150m 时，丘陵的隶属度缓慢接近 0，不属于丘陵形态的概率增大（见图 4.20）。

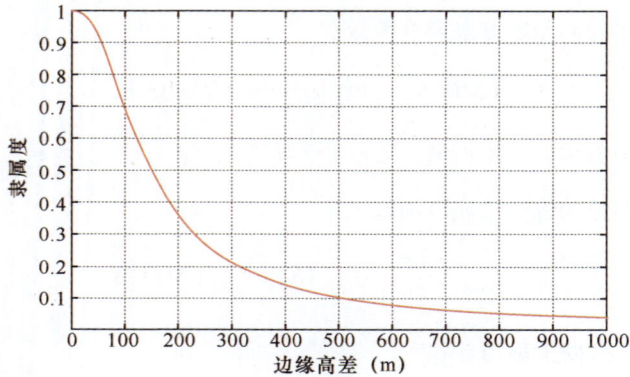

图 4.20　形态单元边缘高差隶属度函数

（3）当形态单元的边缘高差和高差比为 0.5 时，丘陵的隶属度为 0.5；当边缘高差和高差比小于 0.5 时，丘陵隶属度逐渐趋向 1，表明边缘高差逐渐趋于平缓，高程的起伏变化主要发生在形态单元内部，属于丘陵的概率增大；当边缘高差和高差比大于 0.5 并趋近 1（一般高差大于边缘高差，极限情况是高差等于边缘高差）时，表明边缘高差变换剧烈，高程的起伏变化发生在形态单元边缘，不属于丘陵的概率增大（见图 4.21）。

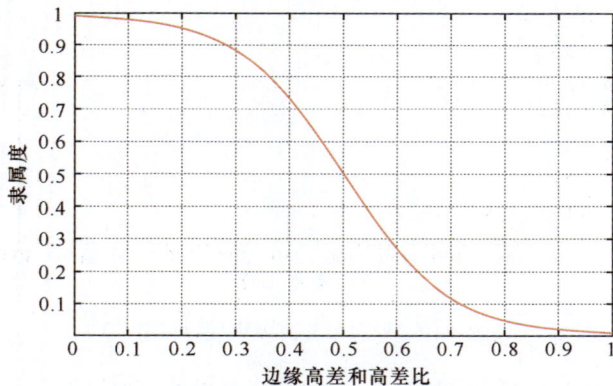

图 4.21　形态单元边缘高差和高差比隶属度函数

（4）当形态单元的平均坡度为 4°～8° 时，丘陵的隶属度大于 0.5，属于丘陵形态的概率增大；当形态单元的平均坡度小于 4° 或大于 8° 时，丘陵的隶属度小于 0.5，不属于丘陵形态的概率增大（见图 4.22）。

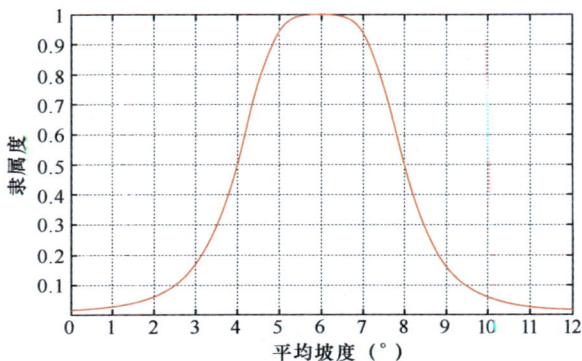

图 4.22　形态单元平均坡度隶属度函数

（5）形态单元的高差和平均坡度是决定性因素，而形态单元的边缘高差和高差比是辅助因素。

因此，可以使用 4 个不同的分隶属度函数表征丘陵的特性，分别如下。

①形态单元高差的分隶属度函数：

$$f_{\mathrm{q\,u}}\left(\Delta H\right)=\left[1+\left|\frac{\Delta H-200}{100}\right|^{6}\right]^{-1} \tag{4.39}$$

②形态单元边缘高差的分隶属度函数：

$$f_{\mathrm{qiu}}\left(\Delta h\right)=\left[1+\left(0.2\times\ln\left(\Delta h+1\right)\right)^{10}\right] \tag{4.40}$$

③形态单元边缘高差和高差比的分隶属度函数：

$$f_{\mathrm{qiu}}\left(\frac{\Delta h}{\Delta H}\right)=\left[1+\exp\left(10\times\left(\frac{\Delta h}{\Delta H}-0.5\right)\right)\right]^{-1} \tag{4.41}$$

④形态单元平均坡度的分隶属度函数：

$$f_{\mathrm{qiu}}\left(S\right)=\left[1+\left|\frac{S-6}{2}\right|^{4}\right]^{-1} \tag{4.42}$$

式中，ΔH 为形态单元高差，Δh 为形态单元边缘高差，S 为形态单元平均坡度。

因此，丘陵的综合隶属度函数为

$$f_{\text{qiu}} = \frac{1}{6}\left[2 \times f_{\text{qiu}}(\Delta H) + f_{\text{qiu}}(\Delta h) + f_{\text{qiu}}\left(\frac{\Delta h}{\Delta H}\right) + 2 \times f_{\text{qiu}}(S)\right] \quad (4.43)$$

3. 山地模糊隶属度函数

山地是高差较大的且连绵突出于平原上的地形形态，可以模糊描述如下。

（1）当形态单元的高差等于 300m 时，山地的隶属度为 0.5；随着高差的增大，隶属度逐渐增大，属于山地形态的概率增大；当形态单元的高差大于 400m 时，山地的隶属度趋近 1，确定属于山地形态；当形态单元的高差小于 200m 时，山地的隶属度趋近 0，确定不属于山地形态（见图 4.23）。

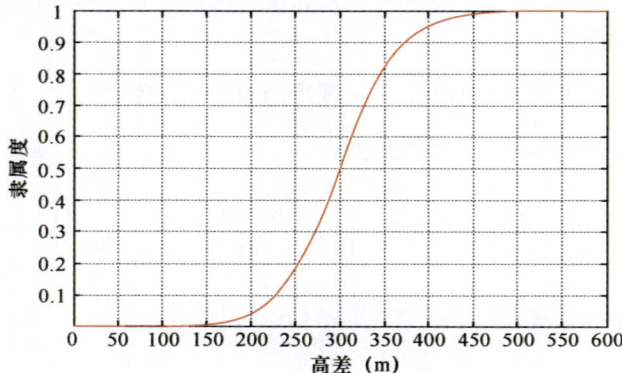

图 4.23　形态单元高差隶属度函数

（2）当形态单元的边缘高差和高差比为 0.5 时，山地的隶属度为 0.5；当边缘高差和高差比大于 0.5 时，山地隶属度逐渐趋向 1（一般情况下高差大于边缘高差，极限情况下高差等于边缘高差），表明形态单元高差变化剧烈，属于山地的概率增大；当边缘高差和高差比小于 0.5 时，山地隶属度趋近 0，表明边缘高差逐渐趋向平缓，高程的起伏变化主要发生在形态单元内部，属于山地的概率减小（见图 4.24）。

（3）当形态单元的平均坡度等于 8° 时，山地的隶属度大于 0.5；当形态单元的平均坡度大于 10° 时，山地的隶属度大于 0.9，确定属于山地形态（见图 4.25）。

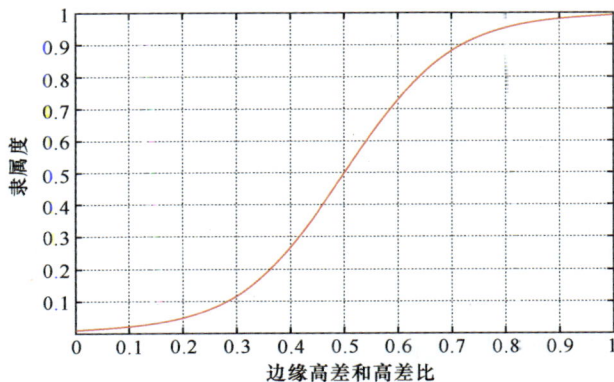

图 4.24　形态单元边缘高差和高差比隶属度函数

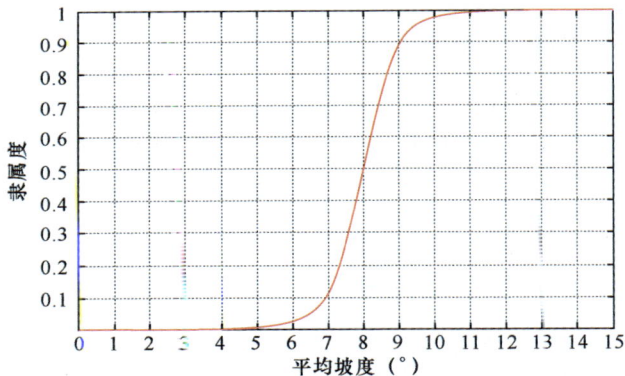

图 4.25　形态单元平均坡度隶属度函数

（4）形态单元高差和平均坡度是决定性因素，边缘高差和高差比主要反映形态单元的高差变化发生在形态单元内部还是形态单元边缘，如果发生在形态单元边缘，则属于山地形态的概率增大，反之亦然。

因此，可以使用 3 个不同的分隶属度函数表征山地的特性，分别如下。

①形态单元高差的分隶属度函数：

$$f_{\text{shan}}\left(\Delta H\right)=\left[1+\exp\left(-0.03\times\left(\Delta H-300\right)\right)\right] \tag{4.44}$$

②形态单元边缘高差和高差比的分隶属度函数：

$$f_{\text{shan}}\left(\frac{\Delta h}{\Delta H}\right)=\left[1+\exp\left(-10\times\left(\frac{\Delta h}{\Delta H}-0.5\right)\right)\right]^{-1} \quad (4.45)$$

③形态单元平均坡度的分隶属度函数：

$$f_{\text{shan}}(S)=\left[1+\exp\left(-2\times(S-8)\right)\right] \quad (4.46)$$

式中，ΔH 为形态单元高差，Δh 为形态单元边缘高差，S 为形态单元平均坡度。

因此，山地的综合隶属度函数为

$$f_{\text{shan}}=\frac{1}{5}\left[2\times f_{\text{shan}}(\Delta H)+f_{\text{shan}}\left(\frac{\Delta h}{\Delta H}\right)+2\times f_{\text{shan}}(S)\right] \quad (4.47)$$

4. 地貌类型自动判断验证实验

为了验证基于规则分布采样数据的地貌类型模糊隶属函数的可行性，本节专门设计了地貌类型自动判断验证实验，通过目视手段大概比较柴宗新（1986）的地貌类型分类方案、黄杏元（2001）的地貌类型分类方案，以及本书提出的地貌类型模糊隶属度函数分类方案之间的差异性。

（1）选择中国部分区域 90m SRTM DEM 数据作为实验数据（见图 4.26）。

（2）计算最佳分析区域的大小。这里选用式（4.22）所示的最佳分析区域预测模型计算最佳分析区域的大小。首先计算得到如图 4.26 所示的地形特征因子（见表 4.21），然后通过地形特征因子计算得到：a=1195.9550，b=6390.4439。

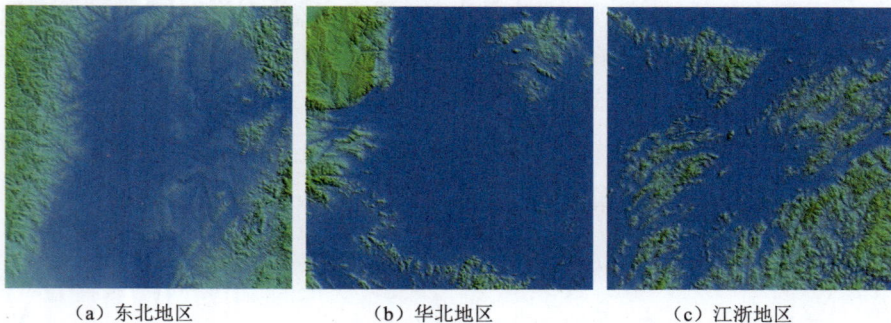

（a）东北地区　　　　　（b）华北地区　　　　　（c）江浙地区

图 4.26　中国部分区域 90m SRTM DEM 数据

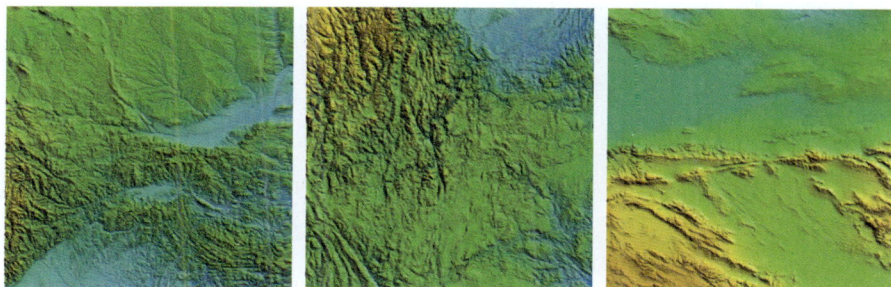

（d）中部地区　　　　　　　（e）西南地区　　　　　　　（f）西北地区

图 4.26　中国部分区域 90m SRTM DEM 数据（续）

表 4.21　全国 90m SRTM DEM 数据的地形特征因子

平均高程（m）	高差（m）	平均坡度（°）	平均坡度变率
1173.6861	7033.2260	4.0829	0.2310

为了验证 a、b 的可靠性，这里通过计算地形起伏度的实验方法再次计算各分析尺度下的地形起伏度，得到"分析区域边长-地形起伏度"的散点图和拟合曲线（见图 4.27）。

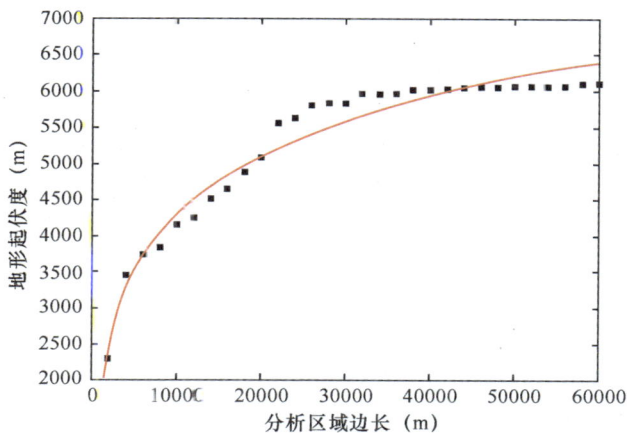

图 4.27　基于全国 90m SRTM DEM 数据的"分析区域边长-
地形起伏度"散点图和拟合曲线

经过拟合得到，a=1167（在 0.05 的置信水平下，它的置信区间为[1070, 1263]），b=6437（在 0.05 的置信水平下，它的置信区间为[5458, 7415]）。因此，经实验确定式（4.22）是合理的。

同时，可以得到基于全国 90m SRTM DEM 数据的最佳分析区域边长约为 40000m。

（3）分别按照柴宗新（1986）的地貌类型分类方案、黄杏元（2001）的地貌类型分类方案，以及本书提出的地貌类型模糊隶属度函数分类方案进行地貌类型的划分。

柴宗新（1986）按照相对高度的划分指标将我国地貌类型划分为平原、丘陵、低山、中山和高山，其计算结果如图 4.28 所示。

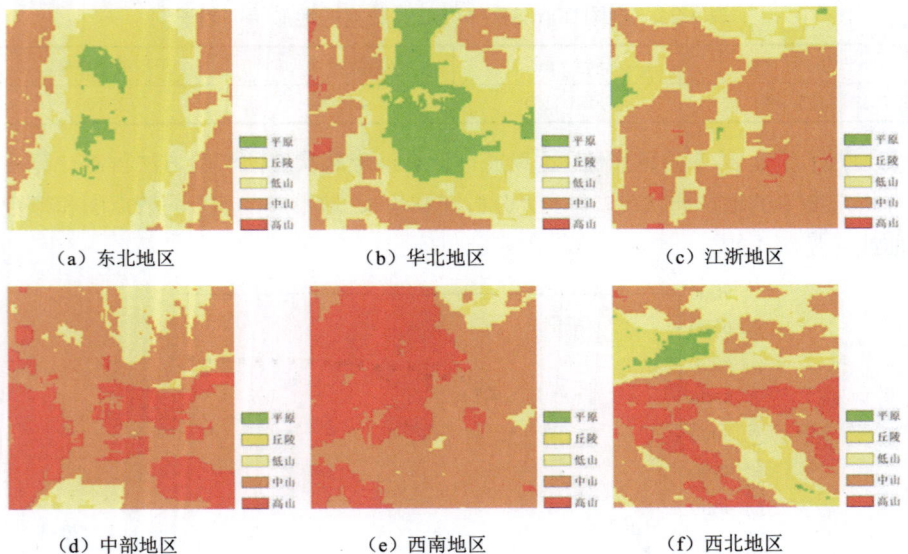

| (a) 东北地区 | (b) 华北地区 | (c) 江浙地区 |
| (d) 中部地区 | (e) 西南地区 | (f) 西北地区 |

图 4.28　柴宗新（1986）的地貌类型分类方案的计算结果

黄杏元（2001）按照相对高度、绝对高度和平均坡度的划分指标将我国地貌类型划分为平地、岗丘、丘陵、低山、中山，其计算结果如图 4.29 所示。

本章提出的地貌类型隶属度函数，按照坡度、高差等指标将我国地貌类型划分为平原、丘陵和山地，在必要时可以增加绝对高程指标，将山地细分为低山、中山和高山。通过本章提出的地貌类型隶属度函数，分别计算每个形态单元的各地貌类型的隶属度可以形成平原地貌隶属度分布（见图 4.30）、丘陵地貌隶属度分布（见图 4.31）和山地地貌隶属度分布（见图 4.32）。

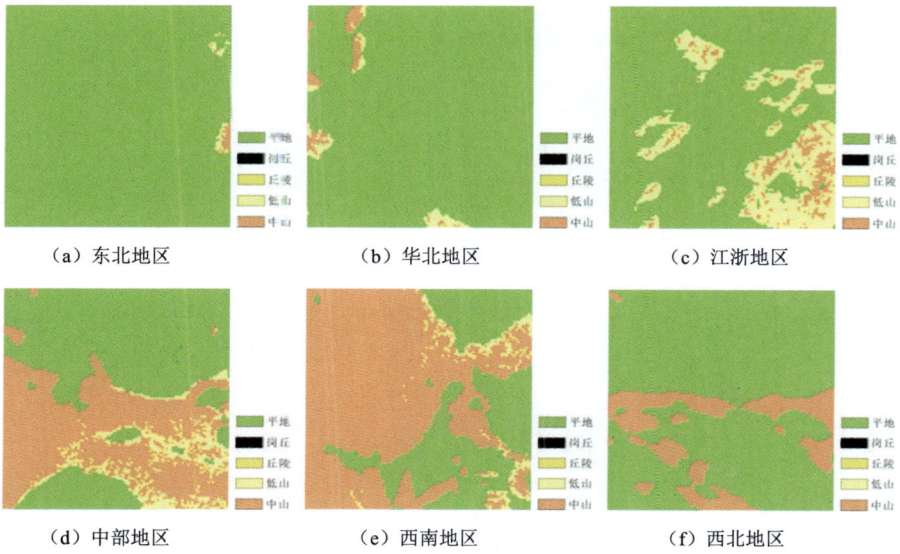

图 4.29　黄杏元（2001）的地貌类型分类方案的计算结果

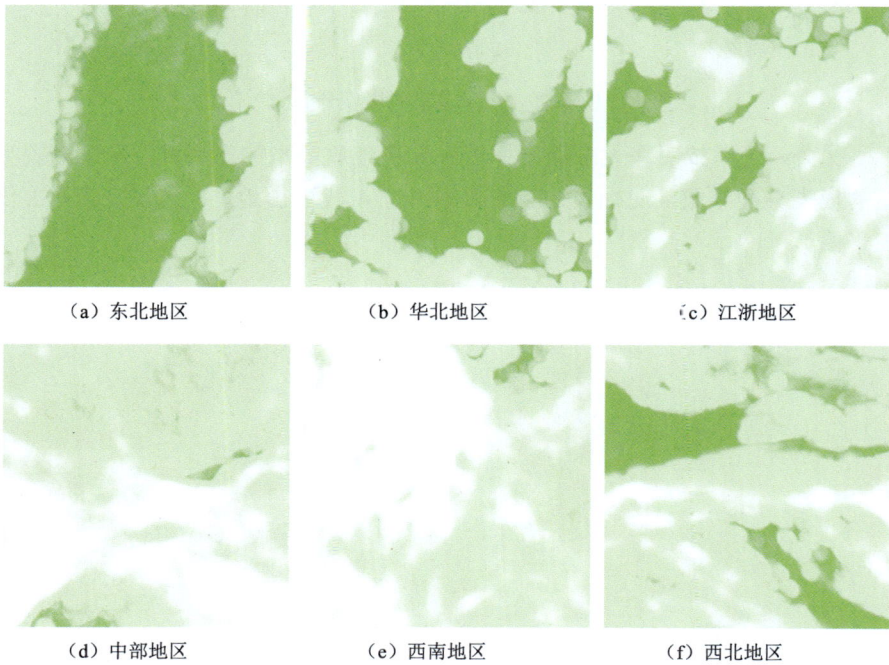

图 4.30　平原地貌隶属度分布

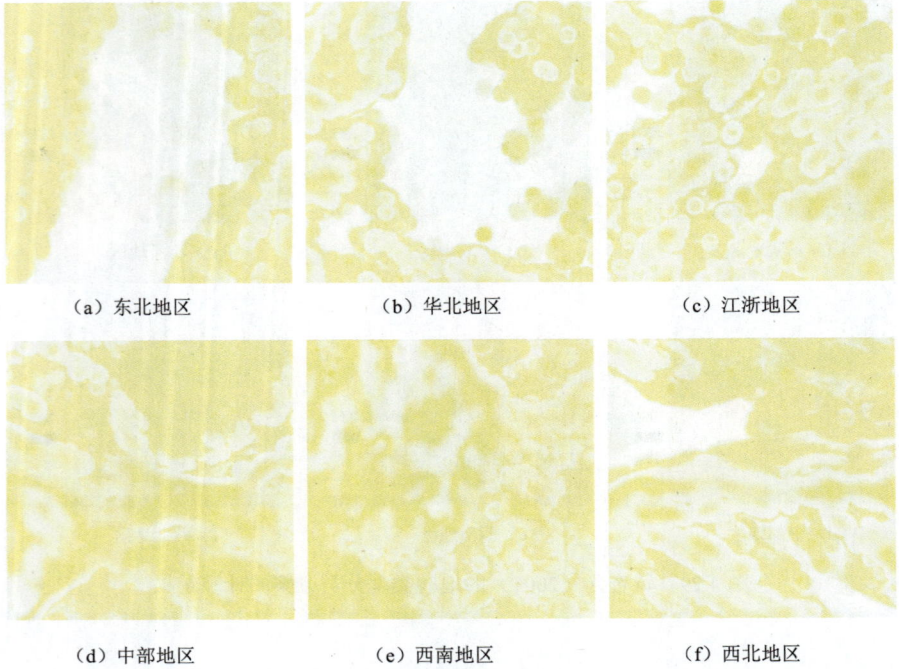

<table>
<tr><td>（a）东北地区</td><td>（b）华北地区</td><td>（c）江浙地区</td></tr>
<tr><td>（d）中部地区</td><td>（e）西南地区</td><td>（f）西北地区</td></tr>
</table>

图 4.31　丘陵地貌隶属度分布

另外，可以按照最大隶属度原则融合各地貌类型的隶属度，得到地貌类型的模糊分类结果（见图 4.33；在图例中，4 代表山地，3 代表丘陵，2 代表平原）。

比较三者之间的差异，可以明确以下几点。

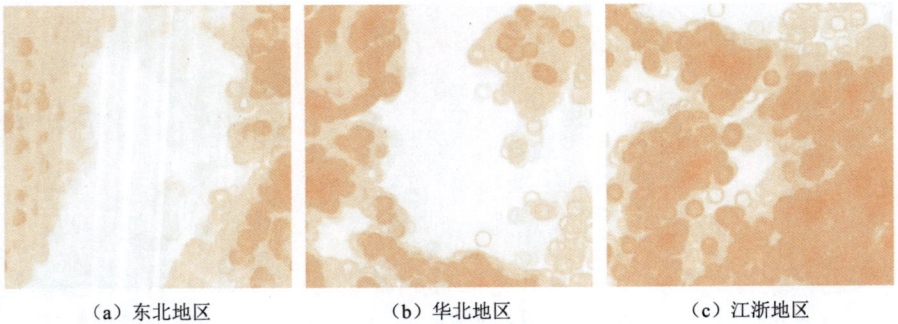

（a）东北地区　　　　　（b）华北地区　　　　　（c）江浙地区

图 4.32　山地地貌隶属度分布

（d）中部地区　　　　　　（e）西南地区　　　　　　（f）西北地区

图 4.32　山地地貌隶属度分布（续）

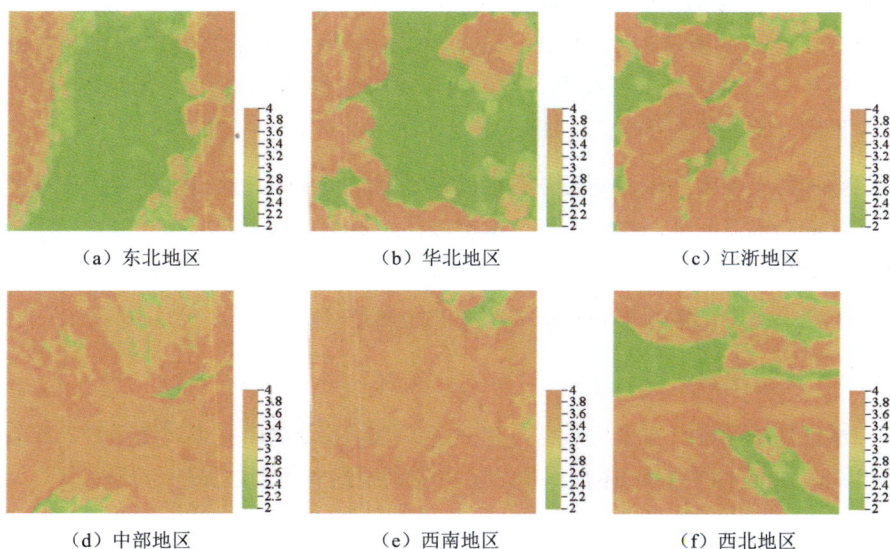

（a）东北地区　　　　　　（b）华北地区　　　　　　（c）江浙地区

（d）中部地区　　　　　　（e）西南地区　　　　　　（f）西北地区

图 4.33　地貌类型的模糊分类结果

（1）黄杏元（2001）的地貌分类结果对我国三级台阶的各大山体的反映较差，表现为在结果分类图中不存在岗丘和丘陵地区，平地地貌占据了全国将近 50%以上的区域。这表明地貌分类结果好坏一方面与分类方案有关（此分类方案先天不足：不存在高山的分类，而存在岗丘的分类），另一方面也与数值指标的划定有关。

（2）柴宗新（1986）的地貌分类结果大致可以反映我国三级台阶的各大山体的情况。但是，东北地区的平原地貌大多表现为丘陵地貌，如图 4.28

（a）所示，江浙地区的丘陵地貌几乎全部表现为中山地貌［见图 4.28（c）］，其他地区大致符合我国地貌类型的分类［见图 4.28（b）、图 4.28（d）、图 4.28（e）、图 4.28（f）］。

（3）模糊分类结果中的平原地貌隶属度较大的地区基本符合我国平原地貌的分布区域，如东北地区［见图 4.30（a）、图 4.33（a）］，但在西北地区（新疆附近）存在平原地貌较大的隶属度表明依靠高差进行地貌类型分类存在一定的局限性［见图 4.30（f）、图 4.33（f）］；丘陵地貌隶属度较大的地区分布相对较分散，相对而言仍然可以较好地反映中国丘陵地区的分布，如江浙地区［见图 4.31（c）、图 4.33（c）］，缺点在于西南地区的丘陵地貌隶属度相对较大［见图 4.31（e）、图 4.33（e）］；山地地貌的隶属度分布和丘陵地貌存在类似性，分布也较为分散，同样可以较好地反映中国山地地区的分布［见图 4.32（f）、图 4.33（f）］。

实验结果表明：模糊分类方案可以较好地反映我国三级台阶的各大山体的情况；更为重要的是，模糊分类方案可以针对每个形态单元分别计算各地貌类型的隶属度，较好地解决了形态单元似是而非的现象。因此，本章提出的地貌类型模糊隶属度函数用于判断地貌类型的归属是可行的。

5. 实验说明

本章基于规则分布采样数据，建立了各地貌类型的模糊隶属度函数，并且使用全国 90m SRTM DEM 数据验证了模糊判别地貌类型归属的可行性。

但是，对地貌类型的划分仅停留在基本形态特征层面显然是不够的；更重要的是，需要在基本形态特征划分的基础上进行更广泛层次的划分。例如，按照外应力对地表形态的影响，给出地貌类型的进一步划分，即流水地貌、湖成地貌、干燥地貌、风成地貌、黄土地貌、喀斯特地貌、海岸地貌、风化与坡地重力地貌等。因此，是否可以使用高程变异系数类和曲率类两个划分指标需要进一步的深入研究。

4.5　DEM 插值算法的地貌类型适应性实验

▶ 4.5.1　实验设计

本章前面部分详细措述了如何基于规则分布的采样数据建立地貌类型模糊隶属度函数，并且实现了每个采样点基于形态特征的地貌类型判断，为实现 DEM 插值算法的地貌类型适应性研究奠定了基础。

DEM 插值算法的地貌类型适应性研究的主要目的在于，建立插值点的地貌类型和插值算法之间的对应关系，给出基于不同地貌类型的 DEM 插值算法选择的建议。也就是说，DEM 插值过程应该"选择"什么样的插值算法，或者"回避"什么样的插值算法。

这里，DEM 插值算法的选择属于"优中选优"的问题；并且在插值点的地貌类型确定之后，DEM 插值参数的影响是可以忽略的。

因此，DEM 插值算法的地貌类型适应性研究需要考虑以下情况。

（1）由于地貌类型属于确定性因素，因此对于不同插值算法中插值参数的选择，应该选择"最优"的取值，即按照表 3.29 选择各种插值算法的插值参数。这样既可以保证对于插值算法而言插值参数是"最优"的，也可以保证所有的插值算法都是在"公平"的基础参与竞争的。

（2）实验数据来源于 DEM 插值参数"优选"实验中的不同地貌类型的数据。但是，由于边界因素的影响，某些采样点的地貌类型判断是不准确的；对于这样的采样点，在实验过程中应予以剔除。因此，实际参与判断的采样点的个数为 434832 个。

（3）地貌类型适应性实验中选择常用的 DEM 插值算法，包括 IDW、SPD、MQF、MLF、TPSF、NCSF、EXP 和 LINE 等。每种插值算法选择的插值参数如表 4.22 所示。

表 4.22　地貌类型适应性实验中各种插值算法的插值参数取值

插值算法	选择的插值参数
IDW	$P=8$ 个，$D=$四方向，$u=2$
SPD	$P=16$ 个，$D=$八方向，$u=2$
MQF	$P=24$ 个，$D=$四方向，$c=0$
MLF	$P=24$ 个，$D=$四方向，$c=0$
TPSF	$P=32$ 个，$D=$四方向，$c=0$
NCSF	$P=32$ 个，$D=$四方向，$c=0$
EXP	$P=8$ 个，$D=$无方向
LINE	$P=8$ 个，$D=$无方向

▶ 4.5.2　实验流程

DEM 插值算法的地貌类型适应性实验流程如图 4.34 所示。

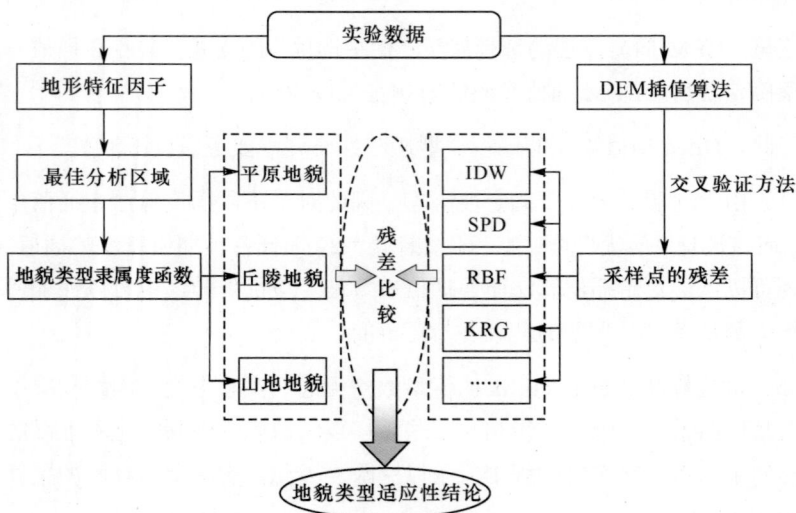

图 4.34　DEM 插值算法的地貌类型适应性实验流程

（1）选择实验数据，计算其地形特征因子，预测得到最佳分析区域。

（2）利用地貌类型隶属度函数，计算得到每个采样点的地貌类型隶属度。

（3）选择不同插值算法的"最优"插值参数，运用交叉验证方法计算每个采样点的残差。

（4）合并采样点的地貌类型隶属度和不同插值算法的残差，运用残差比较法判断 DEM 插值算法的地貌类型适应性，进而得出两个方面的结论。一是在确定地貌类型时，应该"选择"什么样的插值算法或者"回避"什么样的插值算法？二是在不确定地貌类型时，应该"选择"什么样的插值算法或"回避"什么样的插值算法？

▶ 4.5.3 实验分析及结论

按照 4.5.2 节的描述，可以建立地貌类型隶属度和插值算法残差之间的对应关系，并且分别统计在相同限制条件下不同插值算法得到的最小残差的数目（残差比较法），最终实现插值算法的比较，如表 4.23～表 4.26 所示。

首先，考察在平原地貌类型占优时（见表 4.23）地貌类型隶属度和插值算法之间的规律关系，可以发现如下结论。

（1）当采样点的平原地貌隶属度大于 0.8 时，可以确定属于平原地貌类型；此时表现较好的插值算法有 EXP、IDW、TPSF、NCSF，特别是 EXP，残差值最小的采样点数分别达到 87.84% 和 73.36%。

（2）随着采样点的平原地貌隶属度减小，属于平原地貌类型的程度下降；此时 EXP、IDW 插值算法的表现力下降，而 TPSF、NCSF、LINE 插值算法的表现力增强，特别是 TPSF 插值算法。

（3）在各种插值算法中，MQF 插值算法和 MLF 插值算法的表现力始终不强。

表 4.23　在平原地貌类型占优时地貌类型隶属度和插值算法之间的规律关系

平原区间	丘陵区间	山地区间	IDW%	SPD%	MQF%	MLF%	TPSF%	NCSF%	EXP%	LINE%	总点数（个）
[0.9, 1.0]	[0.1, 0.2]	[0.1, 0.2]	0.257	0.078	0.045	0.018	0.210	0.307	0.214	0.184	3812
	[0.1, 0.2]	[0.0, 0.1]	0.323	0.116	0.037	0.015	0.177	0.269	0.310	0.241	672
	[0.0, 0.1]	[0.0, 0.1]	0.873	0.803	0.004	0.001	0.045	0.054	0.878	0.083	15652
	[0.0, 1.0]	[0.0, 1.0]	0.738	0.643	0.013	0.005	0.080	0.109	0.878	0.107	

（续表）

平原区间	丘陵区间	山地区间	IDW%	SPD%	MQF%	MLF%	TPSF%	NCSF%	EXP%	LINE%	总点数（个）
[0.8, 0.9]	[0.2, 0.3]	[0.0, 0.1]	0.071	0.071	0.000	0.000	0.357	0.571	0.071	0.071	14
	[0.2, 0.3]	[0.1, 0.2]	0.191	0.045	0.060	0.032	0.231	0.344	0.118	0.109	4281
	[0.1, 0.2]	[0.1, 0.2]	0.211	0.052	0.051	0.028	0.232	0.336	0.132	0.126	2249
	[0.0, 1.0]	[0.0, 1.0]	0.198	0.048	0.057	0.030	0.232	0.342	0.734	0.115	
[0.7, 0.8]	[0.4, 0.5]	[0.0, 0.1]	0.000	0.000	0.000	0.000	0.000	1.000	0.000	0.000	1
	[0.4, 0.5]	[0.1, 0.2]	0.000	0.000	0.000	0.000	0.500	0.500	0.000	0.000	4
	[0.3, 0.4]	[0.1, 0.2]	0.121	0.017	0.017	0.000	0.224	0.535	0.103	0.086	58
	[0.3, 0.4]	[0.2, 0.3]	0.136	0.043	0.068	0.037	0.249	0.368	0.074	0.079	6828
	[0.2, 0.3]	[0.2, 0.3]	0.167	0.042	0.062	0.033	0.259	0.331	0.109	0.114	1679
	[0.2, 0.3]	[0.1, 0.2]	0.197	0.038	0.046	0.023	0.235	0.386	0.091	0.083	132
	[0.3, 0.4]	[0.0, 0.1]	0.600	0.400	0.000	0.000	0.000	0.200	0.000	0.200	5
	[0.0, 1.0]	[0.0, 1.0]	0.143	0.042	0.066	0.036	0.250	0.362	0.081	0.086	
[0.6, 0.7]	[0.4, 0.5]	[0.0, 0.1]	0.000	0.091	0.000	0.000	0.273	0.546	0.000	0.091	11
	[0.4, 0.5]	[0.1, 0.2]	0.033	0.011	0.044	0.055	0.363	0.396	0.044	0.055	91
	[0.2, 0.3]	[0.4, 0.5]	0.065	0.037	0.012	0.011	0.489	0.193	0.052	0.141	48662
	[0.3, 0.4]	[0.4, 0.5]	0.072	0.041	0.019	0.014	0.435	0.253	0.062	0.107	7610
	[0.3, 0.4]	[0.3, 0.4]	0.077	0.036	0.037	0.016	0.396	0.287	0.066	0.092	9340
	[0.4, 0.5]	[0.3, 0.4]	0.080	0.043	0.036	0.014	0.357	0.317	0.069	0.085	3680
	[0.4, 0.5]	[0.2, 0.3]	0.085	0.040	0.062	0.029	0.296	0.363	0.061	0.075	21735
	[0.3, 0.4]	[0.2, 0.3]	0.124	0.039	0.067	0.035	0.255	0.367	0.068	0.078	3107
	[0.0, 1.0]	[0.0, 1.0]	0.074	0.038	0.029	0.017	0.418	0.257	0.058	0.114	
[0.5, 0.6]	[0.4, 0.5]	[0.2, 0.3]	0.000	0.000	0.000	0.000	0.000	0.333	0.667	0.000	3
	[0.4, 0.5]	[0.4, 0.5]	0.018	0.018	0.000	0.018	0.500	0.232	0.054	0.161	56
	[0.3, 0.4]	[0.4, 0.5]	0.059	0.044	0.008	0.020	0.471	0.232	0.068	0.098	2343
	[0.2, 0.3]	[0.4, 0.5]	0.070	0.037	0.007	0.010	0.494	0.163	0.058	0.161	13904
	[0.4, 0.5]	[0.3, 0.4]	0.084	0.031	0.061	0.000	0.405	0.237	0.069	0.115	131
	[0.3, 0.4]	[0.3, 0.4]	0.200	0.080	0.000	0.040	0.260	0.340	0.040	0.040	50
	[0.0, 1.0]	[0.0, 1.0]	0.068	0.041	0.006	0.009	0.488	0.162	0.055	0.172	

其次，考察在丘陵地貌类型占优时（见表 4.24）地貌类型隶属度和插值算法之间的规律关系，但由于属于丘陵地貌类型占优的采样点并不多，因此不能得出有价值的规律。

表 4.24　在丘陵地貌类型占优时地貌类型隶属度和插值算法之间的规律关系

丘陵区间	平原区间	山地区间	IDW%	SPD%	MQF%	MLF%	TPSF%	NCSF%	EXP%	LINE%	总点数（个）
[0.7, 0.8]	[0.0, 0.1]	[0.6, 0.7]	0.023	0.000	0.000	0.068	0.500	0.159	0.000	0.250	44
	[0.1, 0.2]	[0.6, 0.7]	0.100	0.000	0.000	0.000	0.600	0.200	0.000	0.100	10
[0.6, 0.7]	[0.2, 0.3]	[0.5, 1.6]	0.125	0.000	0.000	0.000	0.375	0.125	0.000	0.375	8

　　再次，考察在山地地貌类型占优时（见表 4.25）地貌类型隶属度和插值算法之间的规律关系，可以得到如下结论。

表 4.25　在山地地貌类型占优时地貌类型隶属度和插值算法之间的规律关系

山地区间	平原区间	丘陵区间	IDW%	SPD%	MQF%	MLF%	TPSF%	NCSF%	EXP%	LINE%	总点数（个）
[0.9, 1.0]	[0.2, 0.3]	[0.2, 0.3]	0.000	0.000	0.000	0.125	0.375	0.000	0.250	0.250	8
	[0.3, 0.4]	[0.3, 0.4]	0.052	0.069	0.017	0.000	0.414	0.138	0.190	0.121	58
	[0.4, 0.5]	[0.4, 0.5]	0.058	0.039	0.019	0.039	0.404	0.192	0.115	0.135	52
	[0.0, 1.0]	[0.0, 1.0]	0.058	0.039	0.019	0.039	0.404	0.192	0.115	0.135	
[0.8, 0.9]	[0.4, 0.5]	[0.4, 0.5]	0.045	0.032	0.026	0.058	0.400	0.219	0.090	0.129	155
	[0.5, 0.6]	[0.5, 0.6]	0.066	0.050	0.009	0.011	0.334	0.205	0.146	0.179	542
	[0.6, 0.7]	[0.6, 0.7]	0.065	0.059	0.005	0.018	0.303	0.144	0.087	0.320	3512
	[0.0, 1.0]	[0.0, 1.0]	0.064	0.057	0.006	0.018	0.310	0.155	0.094	0.294	
[0.7, 0.8]	[0.5, 0.6]	[0.5, 0.6]	0.143	0.000	0.000	0.036	0.357	0.036	0.036	0.393	28
	[0.5, 0.6]	[0.5, 0.6]	0.071	0.052	0.002	0.007	0.364	0.121	0.058	0.326	29779
	[0.6, 0.7]	[0.6, 0.7]	0.075	0.062	0.002	0.005	0.295	0.113	0.061	0.389	107431
	[0.6, 0.7]	[0.6, 0.7]	0.087	0.057	0.002	0.016	0.349	0.118	0.046	0.326	1247
	[0.0, 1.0]	[0.0, 1.0]	0.074	0.060	0.002	0.005	0.310	0.114	0.060	0.375	
[0.6, 0.7]	[0.3, 0.4]	[0.3, 0.4]	0.074	0.045	0.004	0.007	0.433	0.146	0.053	0.238	4517
	[0.4, 0.5]	[0.4, 0.5]	0.069	0.049	0.002	0.008	0.412	0.136	0.054	0.271	15020
	[0.4, 0.5]	[0.4, 0.5]	0.069	0.046	0.003	0.008	0.425	0.139	0.054	0.257	23901
	[0.5, 0.6]	[0.5, 0.6]	0.081	0.053	0.002	0.008	0.378	0.125	0.054	0.299	5455
	[0.5, 0.6]	[0.5, 0.6]	0.069	0.047	0.003	0.007	0.389	0.130	0.057	0.299	13813
	[0.5, 0.6]	[0.5, 0.6]	0.074	0.045	0.004	0.007	0.433	0.146	0.053	0.238	4517
	[0.0, 1.0]	[0.0, 1.0]	0.070	0.048	0.003	0.008	0.410	0.135	0.054	0.272	

　　（1）当采样点的山地地貌类型隶属度大于 0.6 时，山地地貌类型的隶属度处于占优状态，此时 TPSF、NCSF 和 LINE 等插值算法计算得到的最小残差具

有较大的占有率。

（2）在各种插值算法中，IDW、SPD、MQF、MLF 插值算法表现力始终不强。

最后，考察在地貌类型归属不确定时（见表 4.26）地貌类型隶属度和插值算法之间的规律关系，其结果和在山地地貌类型占优时类似，表现较好的是 TPSF、NCSF、LINE 插值算法，表现不佳的有 IDW、SPD、MQF、MLF 插值算法。

表 4.26　在地貌类型不确定时地貌类型隶属度和插值算法之间的规律关系

平原区间	丘陵区间	山地区间	IDW%	SPD%	MQF%	MLF%	TPSF%	NCSF%	EXP%	LINE%	总点数（个）
[0.6, 0.7]	[0.6, 0.7]	[0.6, 0.7]	0.048	0.000	0.000	0.000	0.381	0.143	0.000	0.429	21
[0.1, 0.2]	[0.6, 0.7]	[0.6, 0.7]	0.055	0.027	0.000	0.008	0.361	0.145	0.025	0.380	366
[0.2, 0.3]	[0.5, 0.6]	[0.5, 0.6]	0.150	0.100	0.000	0.000	0.300	0.050	0.000	0.400	20
[0.2, 0.3]	[0.6, 0.7]	[0.6, 0.7]	0.050	0.000	0.000	0.000	0.400	0.100	0.000	0.450	20
[0.3, 0.4]	[0.5, 0.6]	[0.5, 0.6]	0.070	0.023	0.000	0.000	0.419	0.209	0.000	0.279	43
[0.4, 0.5]	[0.4, 0.5]	[0.4, 0.5]	0.048	0.048	0.000	0.000	0.619	0.191	0.048	0.048	21
[0.5, 0.6]	[0.2, 0.3]	[0.5, 0.6]	0.068	0.041	0.006	0.008	0.490	0.161	0.052	0.174	21103
[0.5, 0.6]	[0.3, 0.4]	[0.5, 0.6]	0.068	0.042	0.005	0.009	0.484	0.154	0.054	0.185	24596

因此，可以认为适合平原地貌类型的插值算法包括 EXP、IDW、TPSF、NCSF 插值算法，适合山地地貌类型的插值算法包括 TPSF、NCSF、LINE 插值算法，适合丘陵地貌类型或者地貌类型模糊的插值算法包括 TPSF、NCSF、LINE 插值算法。

MQF 插值算法和 MLF 插值算法对地貌类型适应性较差。

4.6　本章小结

地貌类型是影响 DEM 插值精度的主要因素之一。但是，由于地貌类型分类标准的不同，可能导致相同实验区域不同的地貌类型划分结果，以及相同实验数据和相同 DEM 插值算法得到截然相反的实验结果，因此建立地貌类型统一判别标准是 DEM 插值算法的地貌类型适应性研究的关键。地形特征因子作为描述地貌形态特征的量化指标，其相似性和差异性成为地貌类型统一判别的基本依据。

本章围绕如何基于规则分布的采样数据建立地貌类型的模糊隶属度函数和模糊判别做了大量研究，具体如下。

（1）详细介绍了可以用于地貌类型判别的各基本地形特征因子，包括坡度、曲率、地形起伏度、地表切割深度、地表粗糙度和高程变异系数。

（2）针对宏观地形特征因子提取的关键步骤，建立了"宏观地形特征因子最佳分析区域预测模型"，这样无论是微观地形特征因子还是宏观地形特征因子都可以在统一的分析尺度下进行分析。

（3）利用模糊聚类分析方法研究了各地形特征因子之间的相关性和重叠性，提出地形特征因子的动态谱系图，并且将其划分为 5 类：高程类、坡度类、高差类、高程变异系数类和曲率类。这为地貌类型模糊判别提供了地形特征因子使用依据。

（4）提出了基于规则分布采样数据的地貌类型隶属度函数，并使用全国90m SRTM DEM 数据验证了可行性。

（5）建立了基于形态特征的地貌类型和 DEM 插值算法之间的适应性关系。

但是，对地貌类型的划分仅停留在基本形态特征层面，而没有基于成因建立地貌类型的隶属度函数。如流水地貌、湖成地貌、干燥地貌、风成地貌、黄土地貌、喀斯特地貌、海岸地貌、风化与坡地重力地貌等。另外，基于成因的地貌类型划分和 DEM 插值算法的适应性研究更加具有实际意义，这是下一步需要着重研究的内容。

5

DEM 插值算法的采样数据分布特征适应性研究

摘要

采样数据分布特征包括采样数据的分布方式和密度。采样数据的分布方式分为规则分布采样和不规则分布采样。规则分布采样是指在采样时空间上不顾及地形的特点，以规则的几何形状在区域范围内均匀分布采样点；不规则分布采样需要兼顾地形的特征，在地形变化缓慢的地区，采样点分布相对稀疏，在地形变化剧烈的地区，采样点分布相对密集。采样数据的密度是指在同一个区域内采样点数目的多少或密集程度。对于同一个地区而言，采样点越多，DEM 对地形的表达程度就越真实；否则就越粗糙。

采样数据分布特征是影响 DEM 插值精度的主要因素之一。本质上，地貌类型决定了不同的采样点分布，每个区域地貌类型的差异是"存在"的，是不以人的意志为转移的。但是，地貌类型的差异只有通过采样数据的差异来明确体现，地貌类型才存在"实在"的意义。第 4 章建立了基于地貌类型的模糊隶属度函数，为针对规则分布的采样数据的地貌类型判别提供了有利工具。但是，在 DEM 插值过程中，原始采样数据并不局限于规则分布的采样数据，更多的是不规则分布的采样数据。通过不规则分布的采样数据提供的地形特征信息判别原始数据的地貌类型归属，存在较大的困难。若首先将不规则分布的采样数据转换为规则分布的采样数据（本质是插值），然后利用基于规则分布的采样数据的地貌类型隶属度函数判别地貌类型的归属，则可能陷入"循环论证"的困境。因此，我们必须另辟研究蹊径。

不同插值算法具有不同的优点和不足。对于绝大多数 DEM 插值算法而言，插值过程都是在局部范围内进行的，在很大程度上依赖局部范围内的采样点数据集的特性。如果能够建立局部范围内采样点数据集的特征指标，就可以实现不同 DEM 插值算法的适应性：预先判断哪些 DEM 插值算法适合哪种形式的局部地形，或者哪种形式的局部地形采用哪些 DEM 插值算法进行插值计算。

本章建立局部地形特征描述模型，用于对局部地形特征的指标进行描述，最终解决 DEM 插值算法的采样数据分布特征适应性问题。

5.1 局部地形特征描述模型

　　局部地形特征描述模型是用于描述局部范围内采样点数据分布特征的描述性模型，是 DEM 插值算法的采样数据分布特征适应性研究的关键。按照 4.1 节的描述，许多地形特征因子可以用于描述局部采样数据的特征，考虑到局部地形特征描述模型的研究对象是不规则离散采样数据，这里选择表面粗糙度和空间分布作为局部地形特征的描述指标。同时，考虑到几乎所有 DEM 插值算法的核函数都是距离的函数（无论是显式的，还是隐式的），这表明距离指标对 DEM 插值算法具有显著性影响，因此在局部地形特征描述模型中应增加距离指标。

▶ 5.1.1 表面粗糙度指标

　　按照 4.1 节的描述，平均坡度和地表粗糙度都可以作为局部地形特征描述模型中的表面粗糙度指标，这里选择平均坡度作为表面粗糙度指标。

　　通常，基于不规则采样数据（或者离散点集）的平均坡度的计算需要创建离散点集的 Delaunay 三角网，然后基于 Delaunay 三角网完成平均坡度的计算。

　　与规则格网 DEM 相比，不规则三角网由于能够较为简单地表达地形的结构特征，能够充分反映采样点的分布密度和地形的复杂程度，能够用较少的采样点表达有一定精度要求的地形模型，因此已经成为地形数字化表达的常用方式之一。

　　近几十年来，许多学者提出了多种可行的不规则三角网生成算法，包括分割合并算法（Shamos and Hoey，1975）、三角网生长算法（Floriani and Puppo，1992；Green and Sibson，1978）和逐点插入算法（Tsai，1993；Macedonia and Parerchi，1991）。

　　分割合并算法的思路简单，原则是将复杂问题简单化。首先，将采样点分割成易于进行三角剖分的子集；其次，对每个子集进行剖分，同时使用局部优化算法（Local Optimization Procedure，LOP）优化生成的三角网；最后，当每个子集剖分完成后，再对每个子集进行合并，形成最终的整体三角网。

三角网生长算法从一个"源"开始，逐步形成覆盖整个数据区域的三角网。根据生长过程的不同，其可以分为收缩型生长算法和扩张型生长算法。收缩型生长算法先形成整个数据域的数据边界（凸包），并以此作为源头，逐步缩小以形成整个三角网。扩张型生长算法与收缩型生长算法恰好相反，其从一个初始三角形开始向外层扩展，最终形成覆盖整个区域的三角网。

与分割合并算法、三角网生长算法等静态构网算法不同，逐点插入算法属于动态构网算法，即在整个三角网构网过程中，新点的插入会改变已有的三角网。首先，定义包含所有数据点的初始包容盒，并对该包容盒进行初始三角剖分；其次，对所有数据点进行循环处理（设当前处理的数据点为 P）：

（1）在已存在的三角网中查找包含点 P 的三角形 t；

（2）P 与 t 的 3 个顶点相连，形成 t 的 3 个初始三角剖分；

（3）用 LOP 算法对初始三角剖分进行优化处理。

无论使用哪种三角网生成算法，构网效率始终是关键因素。本章以三角网生长算法为例总结了几种提高三角网构网效率的优化策略。

1. 分区优化策略

分区也称为"数据分块"（Data Partitioning），指在平面采样点分布的区域内，用一系列均匀分布的矩形格网"覆盖"所有的采样点，使不规则分布的采样点分布"规则化"（舒广，1999）。当搜索某个采样点时，首先找到该采样点所在的格网，其次在格网内搜索该采样点，从而加快搜索的速度。假设存在 n 个采样点组成的点集 V，那么其分区步骤如下。

步骤 1：计算包括点集 V 的外接矩形，得到 x 方向的最大值 x_{max}、最小值 x_{min}，以及 y 方向的最大值 y_{max}、最小值 y_{min}。

步骤 2：计算格网尺寸大小和格网数。如果格网尺寸过大，每个格网中的采样点数可能过多；若格网尺寸过小，则增加了格网数，有些格网中可能没有采样点，导致搜索次数的增加。实验表明，选择适当的格网数会大大提高搜索效率。因此可以根据点集密度确定格网尺寸，经验公式如式（5.1）所示。

$$\begin{cases} x_{\text{num}} = \text{int}\left(\dfrac{x_{\max} - x_{\min}}{\text{CellSize}}\right) + 1 \\[2mm] y_{\text{num}} = \text{int}\left(\dfrac{y_{\max} - y_{\min}}{\text{CellSize}}\right) + 1 \\[2mm] \text{size} = \sqrt{\dfrac{(x_{\max} - x_{\min})(y_{\max} - y_{\min})}{n}} \\[2mm] \text{CellSize} = \dfrac{4}{3}\text{size} \end{cases} \qquad (5.1)$$

式中，CellSize 为格网尺寸，x_{num} 和 y_{num} 分别为 x 方向和 y 方向的行列数。

步骤 3：建立每个格网的搜索链表。根据每个采样点的坐标确定其所在格网，而后建立采样点的坐标索引。

三角网生长算法中的分区优化涉及两个方面：一是针对采样点建立分区结构，提高对采样点的搜索效率，具体在"第三点查找优化策略"中讲述；二是针对三角形的边建立分区结构，提高对边的搜索效率，具体在"三角形交叉和重复优化策略"中讲述。

2. 三角形遍历优化策略

三角网生长算法中最关键的步骤是扩展三角形，即对所有三角形的 3 条边进行相应第三点的搜索操作，这是一个三角形数量逐渐增长的遍历操作过程。在三角形遍历操作过程中需要注意两点优化：一是三角形遍历不可避免，但应当避免在搜索未处理三角形时重复搜索，而应当在保持三角形链表顺序增长的前提下，对三角形链表进行顺序搜索；二是设置对于三角形 3 条边的状态控制，在处理过程中，如果某条边已经处理完成（找到第三点或边界边），那么需要对该边进行状态控制，保证在处理相邻三角形时不再处理。

3. 第三点查找优化策略

第三点查找优化策略是在扩展三角形过程中必须优化的方面。按照三角网生长算法的构网步骤，第三点的查找以三角形的 3 条边为初始基线，利用空外接圆原则或张角最大原则，在初始基线的右侧寻找能与该 3 条初始基线形成 Delaunay 三角形的第三点。如果不对第三点搜索进行优化，算法的时间复杂度为 $O(N_{\text{edge}} \times (N_{\text{Vertex}} - 2))$，其中，$N_{\text{edge}}$ 为三角形的边数，N_{Vertex} 为采样点数。

通过对采样点进行格网分区，可以使用第三点查找优化策略进行搜索，步骤如下。

步骤 1：首先针对每个采样点，依据坐标建立顶点分区格网结构。

步骤 2：计算初始基线所压盖的格网序号，设为 I_{begin}、I_{end}、J_{begin}、J_{end}。

步骤 3：以 I_{begin}、I_{end}、J_{begin}、J_{end} 为基准格网外扩搜索，至少外扩搜索 1 圈，最多外扩搜索 $\max(x_{num}-I_{begin}, x_{num}-I_{end}, y_{num}-J_{begin}, y_{num}-J_{end})$ 圈，搜索结束的原则为已经搜索到张角最大的第三点或外扩圈数搜索完毕。

步骤 4：在对每个格网所包含的顶点进行张角最大原则判断之前，需要先对格网的 4 个角点和初始三角形的异向进行判断。如果 4 个角点都在初始三角形的同侧，说明该格网不在计算之内；否则，提取相应的顶点进行张角最大原则的判断。

步骤 5：搜索得到第三点，或者没有找到第三点。

4．三角形交叉和重复优化策略

三角形交叉和重复判断是保证生成的三角网正确的重要步骤。其具体的做法是，根据搜索得到的第三点和初始基线的顶点分别组成的两条边，将两条边是否使用两次或是否为新边作为判断的依据。如果为新边，那么表示该第三点是合理的；如果其中一条边被使用两次，那么认为该第三点并不合适。在这个过程中就会涉及根据两个顶点提取相应边的问题，而且记录边的链表也成数量级逐渐增长。如果不对这个问题进行优化，将显著影响三角网构网效率。

同样，对边进行格网分区，可以对三角形交叉和重复判断进行优化，步骤如下。

步骤 1：边分区格网的构建。在构网过程中，如果新生成一条有用的边，则根据新边的两个顶点坐标的平均值对边进行格网分区。

步骤 2：根据边的顶点序号和坐标搜索相应边。根据边的顶点坐标的平均值判断该边所在的格网序号，然后遍历该格网中的所有边，判断是否符合要求。

步骤 3：输出的结果为得到相应的边，或不存在该顶点对应的边。

5. 直线分区优化策略

在三角网构网过程中，第三点的查找一般在初始三角形另一个顶点的另一侧范围内进行。假设存在初始三角形 ABC，初始基线为 AB，另一个顶点为 C，那么查找的第三点 D 必须位于边 AB 的另一侧，而不能与点 C 同侧。汤国安等（2005）提出了直线分区优化策略，可以极大地提高判断效率，从而提高构网速率。基本思路如下。

（1）设初始基线 AB 的顶点坐标分别为 $A(x_A, y_A)$、$B(x_B, y_B)$；点 C 的坐标为 $C(x_C, y_C)$，点 D 的坐标为 $D(x_D, y_D)$，则点 C、点 D 在初始基线 AB 的同异侧关系可通过式（5.2）判断，即

$$\begin{cases} F(x, y) = y - ax - b \\ a = (y_B - y_A)/(x_B - x_A) \\ b = (y_A x_B - y_B x_A)/(x_B - x_A) \end{cases} \tag{5.2}$$

（2）将 $C(x_C, y_C)$、$D(x_D, y_D)$ 代入式（5.2），则有

如果 $F(x_C, y_C)$ 与 $F(x_D, y_D)$ 符号相同，则点 C、点 D 位于初始基线 AB 的同侧；

如果 $F(x_C, y_C)$ 与 $F(x_L, y_D)$ 符号相异，则点 C、点 D 位于初始基线 AB 的两侧；

如果 $F(x_D, y_D)=0$，则点 D 与初始基线 AB 共线。

（3）在由离散点集构建得到不规则三角网后，就可以利用 4.1.1 节提及的坡度计算方法得到每个三角形的坡度，进而求出整个离散点集的平均坡度。

▶ 5.1.2 空间分布指标

离散点集的空间分布指标是指离散点集在空间的分布特征和相互关系。例如，离散点集表现为聚集分布、随机分布、均匀分布。离散点集的空间分布指标可以运用"点格局"（Point Pattern）表示。

点格局可以用样方内点数均值变差、点间最近距离均值、点密度距离函数来度量，其实际观察值与在均匀空间分布条件下的理论值比较，以判断实际观察格局的归属：均匀、聚集、随机，或者有分形特征（王劲峰等，2006）。

1. 样方分析

样方分析即样方内点数均值变差方法。随机分布的机制是 Poisson 过程，此时离散方差等于均值。因此，当事件在空间上随机分布时，其方差-均值比接近 1；当方差-均值比偏离 1 时，表示事件在空间上非随机分布。如果样方内点数相同，格局显示出格与格之间频度的不变性，格局呈现完美离散分布；如果样方内点数差异很大，格与格之间频度变差将很大，格局呈现聚集分布；如果格与格之间频度变差适中，则格局呈现随机或近随机空间分布。

假设存在一个研究区域，用一组正方格罩在其上，计算每个正方格内的样点数，样方分析考虑每个正方格内样点数的方差。在样方分析统计中，指标方差-均值比为

$$\text{VMR} = \frac{S}{\overline{X}} \qquad \text{VMR} \sim \chi(n-1) \qquad (5.3)$$

式中，$S = \sqrt{\sum (X_i - \overline{X})^2 / (n-1)}$ 为样方频率方差；$\overline{X} = \sum X_i / n$ 为样方频率均值；X_i 为第 i 个样方内点数；n 为样方数目。

假设检验

（1）H0：$\text{VMR} = 1$，格局是随机分布的；

（2）HA：$\text{VMR} \neq 1$，格局不是随机分布的；

（3）HA：$\text{VMR} > 1$，格局较随机分布更加聚集；

（4）HA：$\text{VMR} < 1$，格局较随机分布更加离散。

2. 最邻近距离统计

最邻近距离统计即点间最近距离均值方法。它的思路是检验每个点所占据的面积，即通过比较计算最邻近的点对的平均距离与随机分布模式中最邻近的点对的平均距离，用其比值（NNI）判断其与随机分布的偏离程度，从而判断点集的分布格局是聚集分布还是离散分布。

（1）如果观察平均距离与平均随机距离相等，则 NNI = 1；

（2）如果观察平均距离小于平均随机距离，则 NNI < 1（聚集）；

（3）如果观察平均距离大于平均随机距离，则 NNI > 1（离散）。

最邻近距离统计的计算公式为

$$d(\text{NN}) = \sum_{i=1}^{n} \frac{\min(d_{ij})}{N} \tag{5.4}$$

式中，$d(\text{NN})$ 为最邻近的距离；N 为样本点数；d_{ij} 为第 i 点到第 j 点的距离；$\min(d_{ij})$ 为第 i 点到最邻近点的距离。

$$\text{NNI} = \frac{d(\text{NN})}{d(\text{ran})} \tag{5.5}$$

式中，NNI 为最邻近距离系数；$d(\text{NN})$ 为最邻近的距离；$d(\text{ran})$ 为随机分布条件下的理论平均距离，其取值一般如式（5.6）所示。

$$d(\text{ran}) = \frac{1}{2\sqrt{A/N}} \tag{5.6}$$

式中，N 为样本点数；A 为研究区域面积。

一般认为：当 NNI=0 时，样本点呈现完美聚集分布；当 NNI=0.5 时，样本点呈现比随机分布更聚集的分布；当 NNI=1.0 时，样本点呈现随机分布；当 NNI=1.5 时，样本点呈现比随机分布更离散的分布；当 NNI=2.149 时，样本点呈现完美离散分布。

3. Ripley's *K* 函数

Ripley's *K* 函数即点密度距离函数方法。点格局可以用如下方法刻画：首先以每个点为圆心，给定某个距离，统计该距离内的点数；其次被全部研究区域点密度除；最后画出该值随给定距离增加的函数曲线。比较实际计算得到的曲线与在空间均匀分布条件下的理论曲线（理论上是一条水平直线），可以判断实际观测点空间格局是空间聚集的、空间离散的，还是空间随机分布的。

假如空间具有均匀的空间密度 λ，那么距离 d 的期望事件数目应当是 $\lambda\pi d^2$。将实测值与该理论值进行比较，得出观测格局的类属判断。

Ripley's *K* 函数定义为

$$K(d) = \left(\text{在距离为}d\text{的范围内的平均数目}\right)/\lambda = A\sum_{i=1}^{n}\sum_{j=1}^{n}\frac{w_{ij}(d)}{n^2} \qquad (5.7)$$

式中，λ 为事件发生密度；n 为点的个数；d 为距离；$w_{ij}(d)$为空间事件个体 i 与个体 j 之间的距离；A 为研究区域面积。

为了方便将实测值与此理论值进行比较，可以构造如下指标：

$$L(d) = \sqrt{\frac{K(d)}{\pi}} - d \qquad (5.8)$$

$$\Delta(d) = K(d) - \pi d^2 \qquad (5.9)$$

如果 $\Delta(d)$大于零，表明点要素呈现聚集分布；如果 $\Delta(d)$小于零，表明点要素呈现离散分布。

由于 Ripley's K 函数一般用于研究点要素的分布模式可能随尺度的变化而改变的情况，样方分析又比较简单，因此本章选用最邻近距离统计方法计算离散点集的空间分布指标，在消除量纲影响时，统一除以 2.149。

▶ 5.1.3 距离指标

对于绝大多数 DEM 插值算法而言，其插值核函数都是距离的函数，因此离散点集和插值点的距离是必须考虑的因素，包括最小距离、最大距离。最小距离指离散点集和插值点最近的采样点距离；最大距离指离散点集和插值点最远的采样点距离。

在局部地形特征描述模型中，为了寻找最具代表性的距离指标及消除量纲的影响，需要对距离指标做进一步的处理，通常有 3 种方式，分别是最小距离、局部距离和混合距离。

1. 最小距离

最小距离即在所有的最小距离 $\min D_i$ 中寻找最大最小距离 $\max(\min D_i)$，然后统一对所有的最小距离 $\min D_i$ 除以 $\max(\min D_i)$，本质上是仅对 $\min D_i$ 进行量纲处理。最小距离反映的是绝对距离的概念。

2．局部距离

局部距离指在离散点集中寻找最小距离 $\min D_i$ 和最大距离 $\max D_i$，然后计算离散点集的局部距离比 $localD_i$：

$$localD_i = \frac{\min D_i}{\max D_i} \qquad (5.10)$$

$localD_i$ 反映的是局部距离相对比的概念。但是，这也可能存在问题。假设离散点集本身就比较密集，那么最小距离 $\min D_i$ 和最大距离 $\max D_i$ 的差别就不会太大，$localD_i$ 趋近 1；如果离散点集较为稀疏，所有采样点聚集在距离插值点较远的位置，那么寻找到的最小距离 $\min D_i$ 和最大距离 $\max D_i$ 之间也不会存在太大的差别，$localD_i$ 同样趋近 1。同样是趋近 1，两者的含义却大相径庭，前者如实反映了最小距离的概念，后者却反映不了最小距离的概念，这样会对最后的结论产生错误的判断。

3．混合距离

混合距离指计算最小距离和局部距离的组合值 $mixD_i$：

$$mixD_i = \sqrt{\frac{\min D_i}{\max D_i} \times \frac{\min D_i}{\max\left(\min D_i\right)}} \qquad (5.11)$$

$mixD_i$ 既反映了绝对距离的概念，又反映了局部距离的概念，同时消除了局部距离存在的问题。

4．距离指标选择

这里选择第 3 章的河南实验区域作为研究对象，研究距离指标的选择问题。

首先，对最小距离、局部距离、混合距离和残差进行相关分析、偏相关分析（固定平均坡度）。其中，最小距离和残差的相关系数为 0.2087，局部距离和残差的相关系数为 0.1822，混合距离和残差的相关系数为 0.1925；在固定平均坡度的情况下，最小距离和残差的偏相关系数为 0.3502，局部距离和残差的偏相关系数为 0.1723，混合距离和残差的偏相关系数为 0.2256。可以发现，最小距离是和残差相关性比较紧密的指标。

其次，分别依据各距离、平均坡度和残差进行 K 均值聚类分析（见 5.3 节），同样可以发现最小距离和混合距离较局部距离有更好的表现；较小的最小距离可以取得较小的残差（插值精度较好），即使在坡度相同的情况下，较小的最小距离也有相好的表现（见图 5.1、图 5.2、图 5.3）。

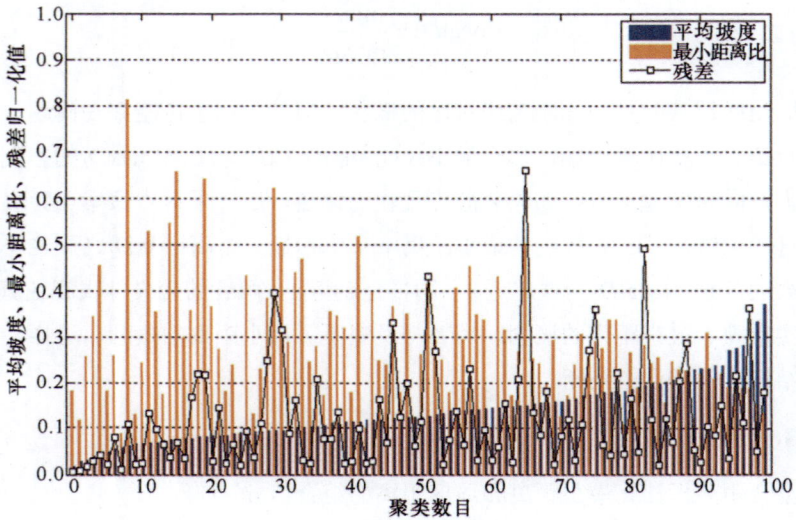

图 5.1　最小距离比聚类分析结果

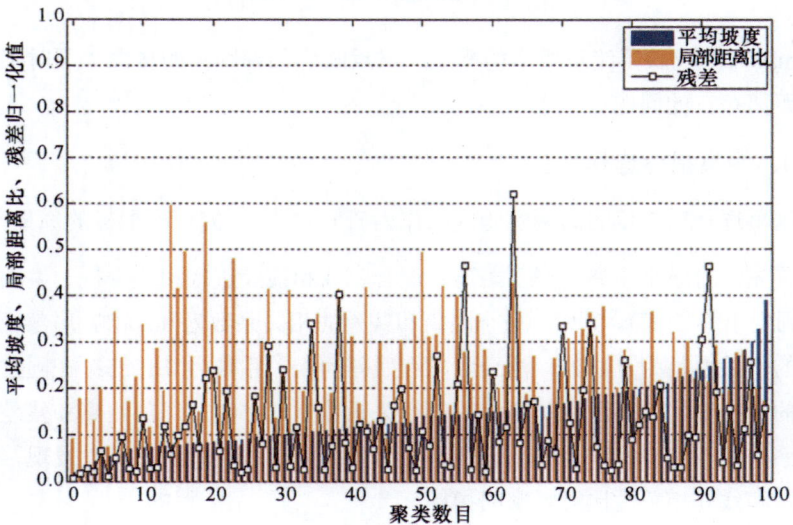

图 5.2　局部距离比聚类分析结果

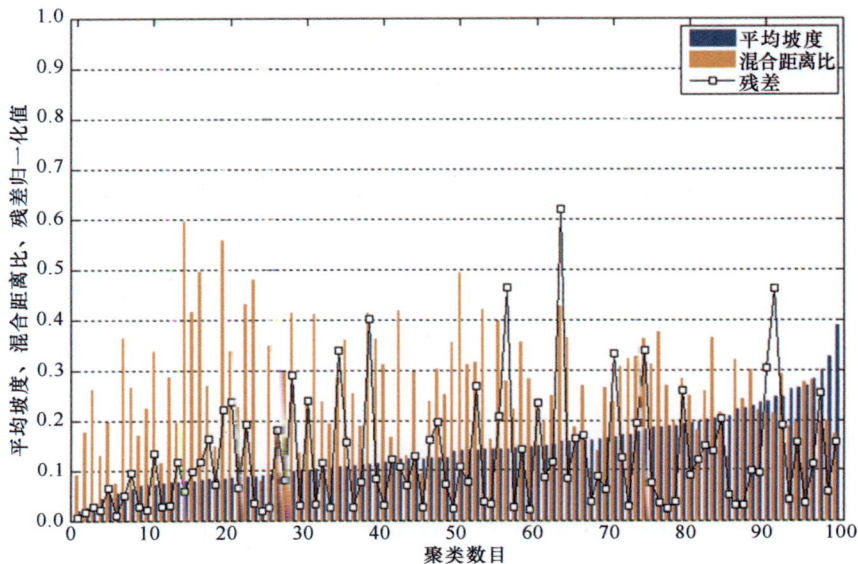

图 5.3　混合距离比聚类分析结果

　　上述研究表明，最小距离能够更准确地反映距离指标对 DEM 插值算法的重要性影响，因此距离指标选择最小距离。

5.2　边界因素影响

　　除局部地形特征描述指标外，边界因素影响是局部地形特征描述模型和 DEM 插值算法的适应性研究中另一个需要考虑的因素。

　　在 DEM 插值过程中，位于插值区域边缘的一些插值点，因按照搜索方式（第 3 章）的要求无法搜索到足够的采样点，但仍然强行进行 DEM 插值造成的影响，称为边界因素影响。边界因素影响在进行四方向限制搜索和八方向限制搜索时表现得尤为突出。图 5.4 表现了搜索方向为八方向限制搜索、各方向点数为 2 个、总点数为 16 个的情况。可以看出，由于插值点位于插值区域边界之上，在第二象限、第三象限没有找到采样点，此时采样点构成的局部地形特征属于不对称点格局。在这样的局部地形特征下，DEM 插值算法能否获得较好的插值效果，需要进一步深入研究。

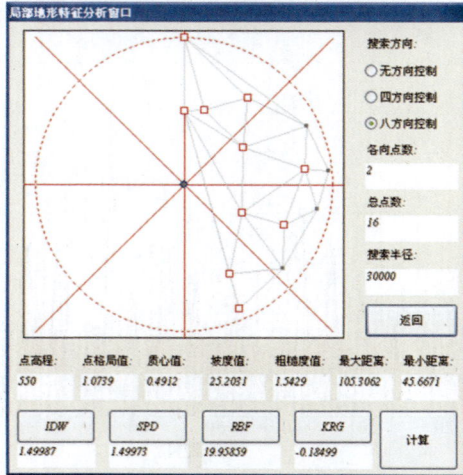

图 5.4   局部区域选择及局部地形特征计算

5.3   *K* 均值聚类分析

局部地形特征描述模型和 DEM 插值算法的适应性研究的最终目的是预先判断哪些 DEM 插值算法适合哪种形式的局部地形，或者哪种形式的局部地形适合采用哪些 DEM 插值算法进行插值计算。为此，本章在 DEM 插值参数"优选"实验的基础上，从局部地形特征的角度出发研究地表粗糙度、空间分布特征、最小距离可能对 DEM 插值结果造成的不同影响。由于使用 DEM 插值参数"优选"实验中的海量离散点数据作为实验数据（见 5.4.1 节），每个离散点数据都存在平均坡度、点格局、最小距离和残差 4 个属性（类似"点云"数据）。如果希望从海量数据的分析中找出一些共同特性，用于判断局部地形特征和 DEM 插值算法的适应性，或者说在地表粗糙度、空间分布特征、最小距离等指标的指引下预先做出合理的、有用的判断，那么 *K* 均值聚类分析是较好的实验方法。

　　K 均值聚类分析尝试将一个多变量数据集 $M\{x_i=[x_{i1}, x_{i2}, \cdots, x_{im}]\in M$（$i=1$，$2, \cdots, n$）}分割成 k 个不同（不相重叠）的集群，使同一个集群内的点在多维空间尽可能接近，而与其他集群内的点尽可能远。其中，多变量数据集 M 是一个对象集合；每个对象有 m 个属性，是 m 维空间的一个点或一个 m 元矢量。因此，多变量数据集 M 的 K 均值聚类分析步骤如下。

　　步骤 1：从多变量数据集 M 中选择 k 个对象作为初始均值聚类中心 C_k，这些中心可能如下。①作为所观察数据范围内 m 维空间的 k 个随机位置；②作为所观察数据范围内统一定好的 k 个随机位置；③作为一个用户自定义的 k 个位置；④将从观察数据范围内随机选择的 k 个数据点作为聚类中心；⑤作为通过对随机或统一分配的数据子集进行聚类分析得到的 k 个位置。

　　步骤 2：基于先验确定的度量标准计算每个点和均值聚类中心 C_k 之间的距离。此处的距离是研究对象之间亲疏程度的数量指标，包括欧氏距离、绝对值距离、切比雪夫距离、兰氏距离、马氏距离和卡方距离（唐启义，2007）。

　　（1）欧氏距离。

$$d_{ik} = \sqrt{\sum_{j=1}^{m}\left(x_{ij} - C_{kj}\right)} \tag{5.12}$$

式中，d_{ik} 定义了多变量数据集中第 i 个对象到第 k 个聚类中心的距离，x_{ij} 是第 i 个对象的第 j 个属性，C_{kj} 是第 k 个聚类中心的第 j 个属性。

　　（2）绝对值距离。

$$d_{ik} = \sum_{j=1}^{m}\left|x_{ij} - C_{kj}\right| \tag{5.13}$$

　　（3）切比雪夫距离。

$$d_{ik}(\infty) = \max\left|x_{ij} - C_{kj}\right| \tag{5.14}$$

　　（4）兰氏距离。

$$d_{ik} = \sum_{j=1}^{m}\frac{\left|x_{ij} - C_{kj}\right|}{x_{ij} + C_{kj}} \tag{5.15}$$

（5）马氏距离。

$$d_{ik} = (\boldsymbol{x}_i - \boldsymbol{C}_k)\boldsymbol{S}^{-1}(\boldsymbol{x}_i - \boldsymbol{C}_k) \tag{5.16}$$

式中，$\boldsymbol{S}^{-1}$ 为样本协方差矩阵 $\boldsymbol{S}$ 的逆矩阵，即

$$S_{ik} = \frac{\sum\limits_{j=1}^{m}(x_{ij} - \overline{x}_i)(C_{kj} - \overline{C}_k)}{m-1} \tag{5.17}$$

（6）卡方距离。

$$d_{ik} = \sum_{j=1}^{m}\left\{\frac{(x_{ij} - e_{ikj})^2}{e_{ikj}} + \frac{(C_{kj} - e_{ikj})^2}{e_{ikj}}\right\} \tag{5.18}$$

式中

$$e_{ikj} = \frac{x_{ij} - C_{kj}}{T_{ik}}T_i, \quad T_i = \sum_{j=1}^{m}x_{ij}, \quad T_{ik} = T_i + T_k \quad (i, k=1, 2, \cdots, n;\ j=1, 2, \cdots, m)$$

步骤 3：将点分配到最近的均值聚类中心，任何完全为空的集群将被抛弃，并且选择性地加入另一个新均值聚类中心。将所有的点分配到指定的均值聚类中心，重新计算均值聚类中心的坐标。计算分配给某个均值聚类中心的点和均值聚类中心坐标之间的总距离 DSUM。如果所有聚类的总距离都不再减小，则聚类迭代结束；否则转到"步骤 2"。

步骤 4：聚类迭代停止的条件除判断总距离 DSUM 的变化程度之外，还可以通过指定迭代次数，或者重新分配点的数量或百分比实现。

5.4　局部地形特征适应性实验

▶ 5.4.1　实验设计

DEM 插值参数"优选"实验的研究对象是海量的离散点数据，研究方法是对每个采样点数据进行交叉验证，运用残差中误差度量指标实现插值参数的

"优选"。在这个过程中，有可能存在 DEM 插值算法对某些采样点的插值效果并不好，但是由于大量的其他采样点取得了较好的插值效果，从而产生最终整体插值效果较好的情况。这种情况在插值参数"优选"实验中是不予排除的，因为需要从 DEM 插值算法的健壮性、鲁棒性等角度考察插值参数的"优选"取值区间。

但是，局部地形特征适应性研究的主要目的在于，从微观角度考察不同插值算法对局部地形特征的适应性，因此不能像插值参数"优选"实验一样停留在宏观层面，而应该从微观层面发现两者之间的关系。

因此，局部地形特征适应性实验需要考虑以下情况。

（1）不同插值算法要基于相同的局部地形特征，才能准确研究局部地形特征和插值算法之间的关系，因此对深刻影响局部地形特征的插值参数（搜索方式）要进行固定选取，即不同插值算法的搜索方式是固定的（这里考虑两种情况：一是搜索方向选择四方向限制搜索，搜索点数选择 64 个；二是搜索方向选择八方向限制搜索，搜索点数选择 16 个）。但是，对 DEM 插值精度产生显著影响，而对局部地形特征影响很小的插值核函数中的关键参数，则选取"最优"取值。

（2）实验数据来源于 DEM 插值参数"优选"实验中不同实验区域的数据，各实验区域包含的离散采样点数如表 5.1 所示。考虑到局部地形特征适应性实验的特性，本书将 6 个实验区域的所有离散采样点当作一个实验对象进行考虑，这是合理的（体现了局部的意义）。同时，对"加入边界因素"和"忽略边界因素"两种情况分别进行实验。

表 5.1　DEM 插值参数"优选"实验中不同实验区域包含的离散采样点数

实验区域	江　苏	山　东	河　南	贵　州	西　藏	辽　宁
离散采样点数（个）（加入边界因素）	13762	44172	93521	111889	145779	64183
离散采样点数（个）（忽略边界因素）	12367	41729	90201	107809	141240	61035

（3）局部地形特征适应性实验选择常用的 DEM 插值算法，包括 IDW、SPD、MQF、IMQF、MLF、TPSF、NCSF、EXP、LINE 插值算法等。

局部地形特征适应性实验步骤如图 5.5 所示。

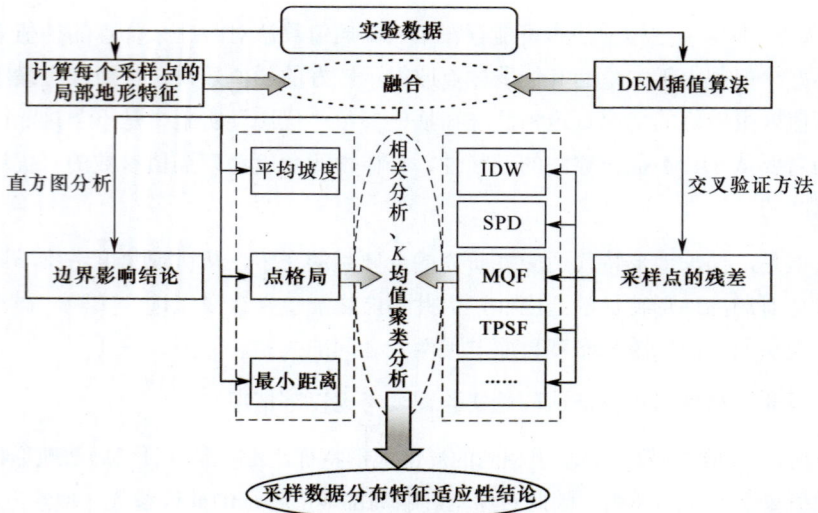

图 5.5　DEM 插值算法的局部地形特征适应性实验步骤

　　步骤 1：基于不同实验区域的各离散采样点数据，根据插值参数的不同选择局部区域，并计算各离散采样点的局部地形特征。图 5.6 所示是搜索方向为八方向限制搜索，各方向点数为 1 个，总点数为 8 个，搜索半径为 30000m 的局部地形特征，可得：点格局为 1.8432，平均坡度为 10.4655°，最小距离为 18.2762m，最大距离为 75.356m。

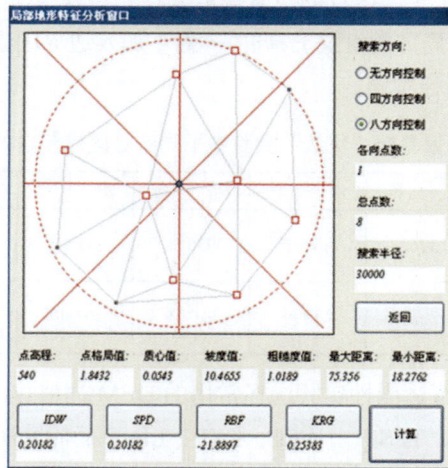

图 5.6　局部区域选择及局部地形特征计算

步骤 2：将插值参数"优选"实验中计算得到的每个离散采样点的残差信息和"步骤 1"中计算得到的局部地形特征信息进行融合，得到每个离散采样点的局部地形特征信息和残差信息。

步骤 3：运用残差直方图分析"加入边界因素"和"忽略边界因素"的差异。

步骤 4：运用 K 均值聚类分析局部地形特征信息和残差等 4 个属性之间的聚类情况，其中 K 均值聚类分析中的 K 取 100。

步骤 5：根据聚类结果，分析局部地形特征描述模型和 DEM 插值算法之间的适应性关系。

▶ 5.4.2　边界因素影响分析

边界因素影响指由于无法搜索到指定的采样点数据而强行进行插值操作，不同的 DEM 插值算法对插值结果产生的影响。在局部地形特征适应性实验中，分别考虑"加入边界因素"和"忽略边界因素"两种情况，观察两组数据的残差最大值（见表 5.2）和残差分布情况直方图（见图 5.7～图 5.11）。

表 5.2　在不同 DEM 插值算法中"加入边界因素"和"忽略边界因素"的残差最大值

插值算法	$D=1$, $P=64$		$D=2$, $P=16$	
	加入边界因素	忽略边界因素	加入边界因素	忽略边界因素
IDW	42.71	42.71	27.78	27.78
SPD	46.78	46.78	28.28	28.28
MQF	196.27	167.48	861.23	682.08
MLF	228.58	76.97	910.12	221.58
TPSF	34.22	11.41	557.95	557.95
NCSF	71.89	69.76	2493.78	536.04
EXP	835.42	835.42	27.74	27.74
LINE	12.88	12.88	17.19	17.19

分析表 5.2 的实验结果，可以得到如下结论。

对 IDW 插值算法而言，当搜索方式不同时，边界因素对插值精度的影响似乎并不显著，残差最大值也没有出现在边界处，而出现在实验区域内部。这可能和 IDW 插值算法的特性有关，IDW 插值算法的插值核函数是和距离直接相关的，距离是较采样数据分布特征更为重要的因素；即使参与边界处插值点计算的采样数据分布很不均匀，其结果受到采样数据分布特征的影响也不是很大。

对 SPD 插值算法而言，当搜索方式不同时，边界因素对插值精度的影响同样不明显，残差最大值也没有出现在边界处。这是比较难以理解的。因为 SPD 插值算法首先基于采样点数据进行曲面拟合，然后利用拟合曲面重新计算采样点的高程，在这个过程中采样数据分布特征或多或少地对插值精度造成了影响，但实验结果却恰恰相反。因此，实验结果只能表明一个问题，就是选择的搜索方式在很大程度上屏蔽了采样数据分布特征对曲面拟合的影响，即随着搜索点数的增加，曲面拟合引起的"龙格"振荡现象减弱；反而，当搜索点数减少时，曲面拟合引起的"龙格"振荡现象增强。

相同的情况也出现在克里格插值算法中，如 EXP、LINE 插值算法。对于 EXP、LINE 插值算法而言，最重要的一个特性是考虑了插值点和采样点之间的空间相关性，距离插值点越近，权系数越大。但是，如果在某个方向上几个采样点之间的距离较近，那么这几个采样点的权系数就会产生较大的差别，称为屏蔽效应（王劲峰等，2006）。因此，在克里格插值算法中，距离同样是重要因素，边界是次要因素。

但是，对于径向基函数插值算法而言，其核函数明确表明：越是均匀分布的采样点，越能产生精确的插值结果；边界因素的影响直接导致了采样数据分布的不均匀，从而在边界处产生了最大插值误差；在忽略边界因素影响时，插值误差大大减小。表 5.2 的结果明确无误地表明了径向基函数插值算法的特性。

此外，表 5.2 还表明搜索点数对不同插值算法的影响是不一致的，IDW、SPD、EXP 插值算法随着搜索点数的增加，DEM 插值误差逐渐增大；而径向基函数插值算法、LINE 插值算法随着搜索点数的增加，DEM 插值误差逐渐减小。这恰好验证了第 3 章的实验结果。

分析各种插值算法的残差直方图，建立以归一化残差为横轴、以频数为纵轴的直方图（加"*"表示在忽略边界因素时的直方图），可以得到如下结论（见图 5.7～图 5.11）。

对 IDW 插值算法而言，DEM 插值误差在加入边界因素和忽略边界因素时的差异在前几个残差区域（如[0.00,0.10]）比较明显，表明边界处的采样点同样可能存在较好的插值精度。在残差均值方面，加入边界因素的残差均值为 0.10453（$D=1$，$P=64$）和 0.08027（$D=2$，$P=16$），忽略边界因素的残差均值为 0.10455（$D=1$，$P=64$）和 0.08041（$D=2$，$P=16$），忽略边界因素的残差均值反而增大。因此可以认为，对于 IDW 插值算法而言，边界因素并没有对其插值精度造成显著影响，并没有因为边界因素的加入而导致 DEM 插值精度的下降（见图 5.7）。

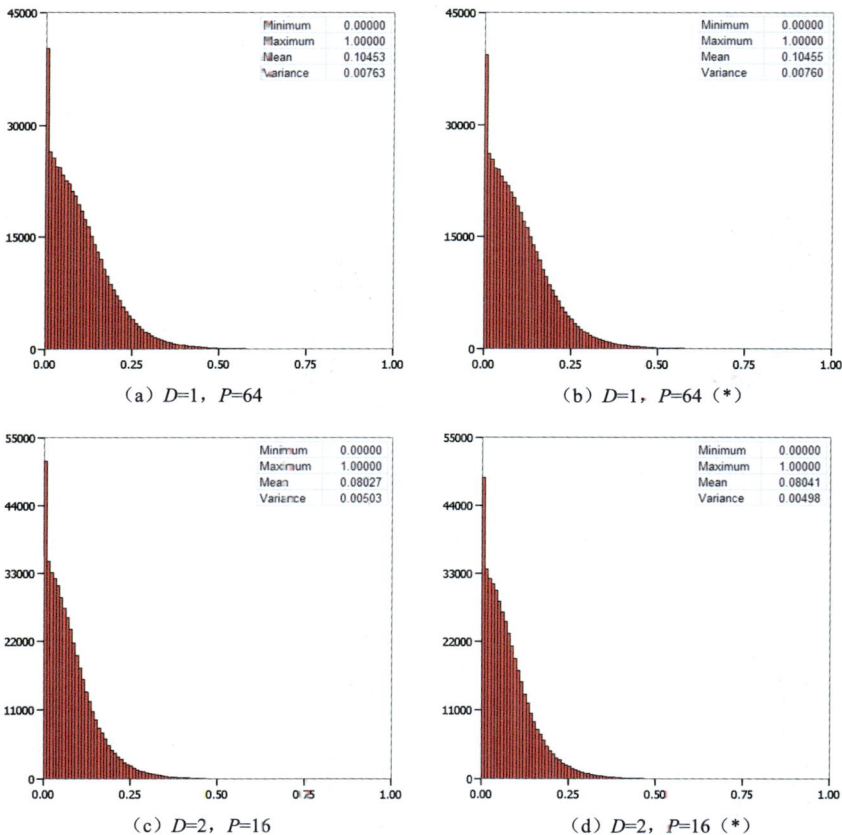

（a）$D=1$，$P=64$　　　　　　　（b）$D=1$，$P=64$（*）

（c）$D=2$，$P=16$　　　　　　　（d）$D=2$，$P=16$（*）

图 5.7　IDW 插值算法计算得到的残差直方图

对 SPD 插值算法而言，DEM 插值误差在加入边界因素和忽略边界因素时的差异在前几个残差区域（如[0.00,0.10]）比较明显，这表明边界处的采样点同样可能存在较好的插值精度。在残差均值方面，加入边界因素的残差均值为 0.11410（$D=1$，$P=64$）和 0.08131（$D=2$，$P=16$），忽略边界因素的残差均值为 0.11364（$D=1$，$P=64$）和 0.08143（$D=2$，$P=16$），如图 5.8 所示。当搜索点数较多时，加入边界因素的残差均值较忽略边界因素的残差均值大；当搜索点数较少时，加入边界因素的残差均值较忽略边界因素的残差均值小。另外，图 5.8 表明，随着搜索点数的增多，拟合得到的曲面趋于稳定，相应的边界因素的影响程度增加。但是，这种结论仅表现在基于采样点拟合的曲面较稳定时，一旦基于采样点拟合的曲面出现"龙格"振荡现象，那么最终的结论是一个未知数。

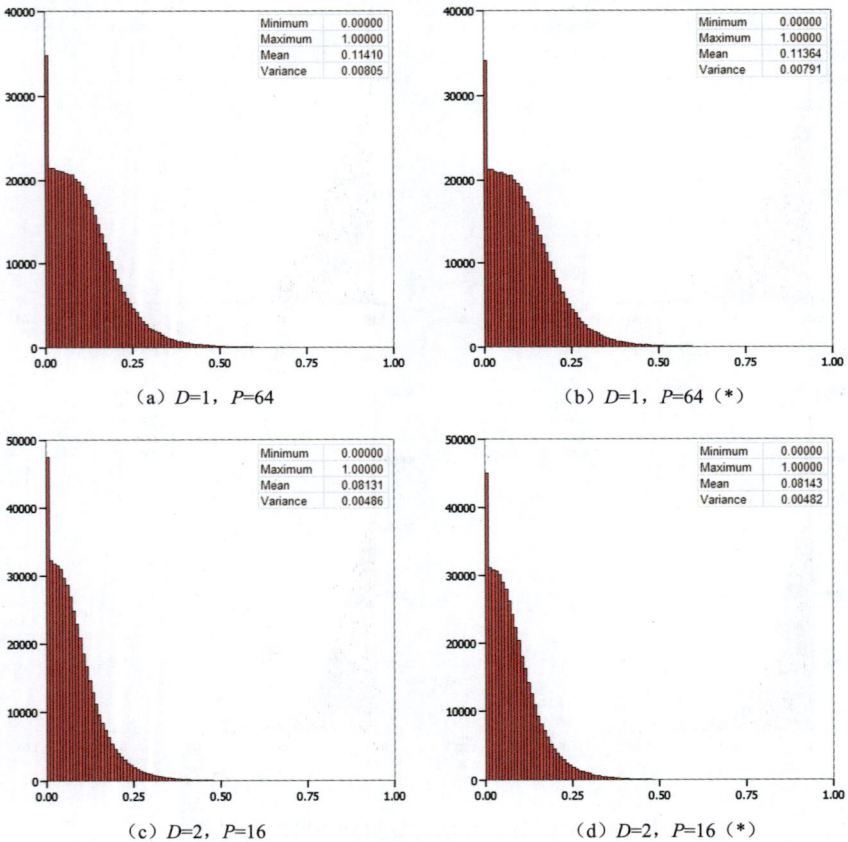

（a）$D=1$，$P=64$ （b）$D=1$，$P=64$（*）

（c）$D=2$，$P=16$ （d）$D=2$，$P=16$（*）

图 5.8 SPD 插值算法计算得到的残差直方图

对 MQF 插值算法而言，DEM 插值误差在加入边界因素和忽略边界因素时的差异在前几个残差区域（如[0.00,0.10]）比较明显，这表明边界处的采样点同样可能存在较好的插值精度。在残差均值方面，加入边界因素的残差均值为 0.01206（$D=1$，$P=64$）和 0.03763（$D=2$，$P=16$），忽略边界因素的残差均值为 0.01197（$D=1$，$P=64$）和 0.03773（$D=2$，$P=16$），如图 5.9 所示。从残差最大值来看，残差最大值出现在边界处，残差均值理应在不考虑边界因素时有所下降（例如，$D=1$，$P=64$），但是当搜索点数为 16 个时，残差均值不降反升，这表明 MQF 插值算法中较少的搜索点数比采样数据分布特征对 DEM 插值的精度影响更大。

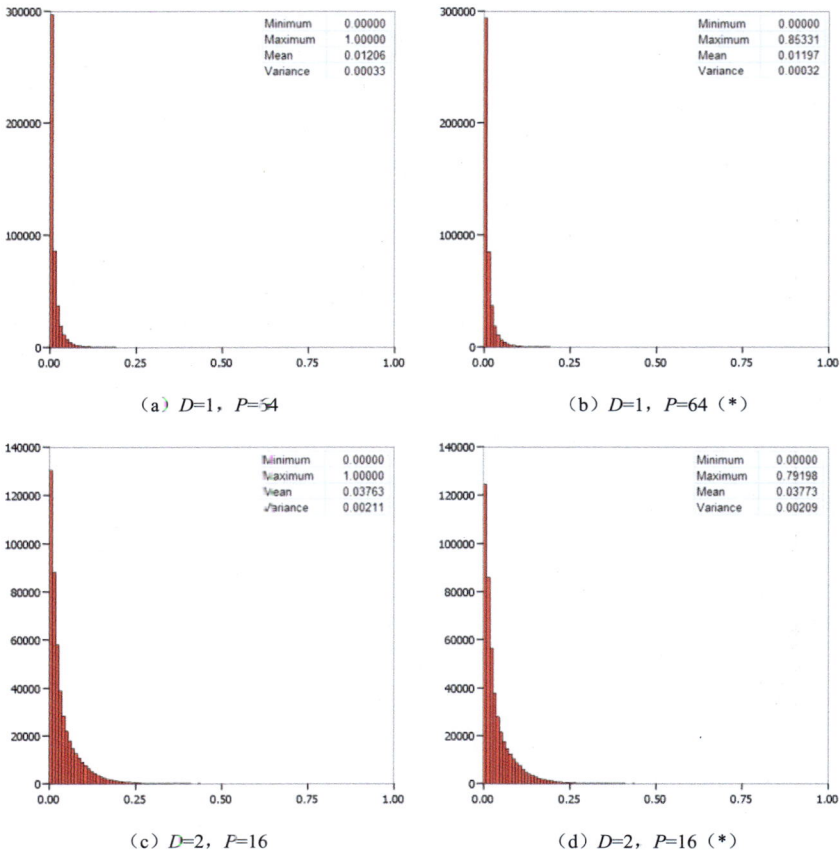

（a）$D=1$，$P=64$　　　　　　　　（b）$D=1$，$P=64$（＊）

（c）$D=2$，$P=16$　　　　　　　　（d）$D=2$，$P=16$（＊）

图 5.9　MQF 插值算法计算得到的残差直方图

对 MLF 插值算法而言，DEM 插值误差在加入边界因素和忽略边界因素时的差异在前几个残差区域（如[0.00,0.10]）和后几个残差区域（如 0.25 左右）最为明显，这表明边界处的采样点同样可能存在较好的插值精度。在残差均值方面，加入边界因素的残差均值为 0.01342（$D=1$，$P=64$）和 0.03625（$D=2$，$P=16$），忽略边界因素的残差均值为 0.01249（$D=1$，$P=64$）和 0.03486（$D=2$，$P=16$），如图 5.10 所示。从残差最大值来看，残差最大值出现在边界处，残差均值在忽略边界因素时有所下降，这表明在 MLF 插值算法中采样数据分布特征对 DEM 插值精度影响较大。

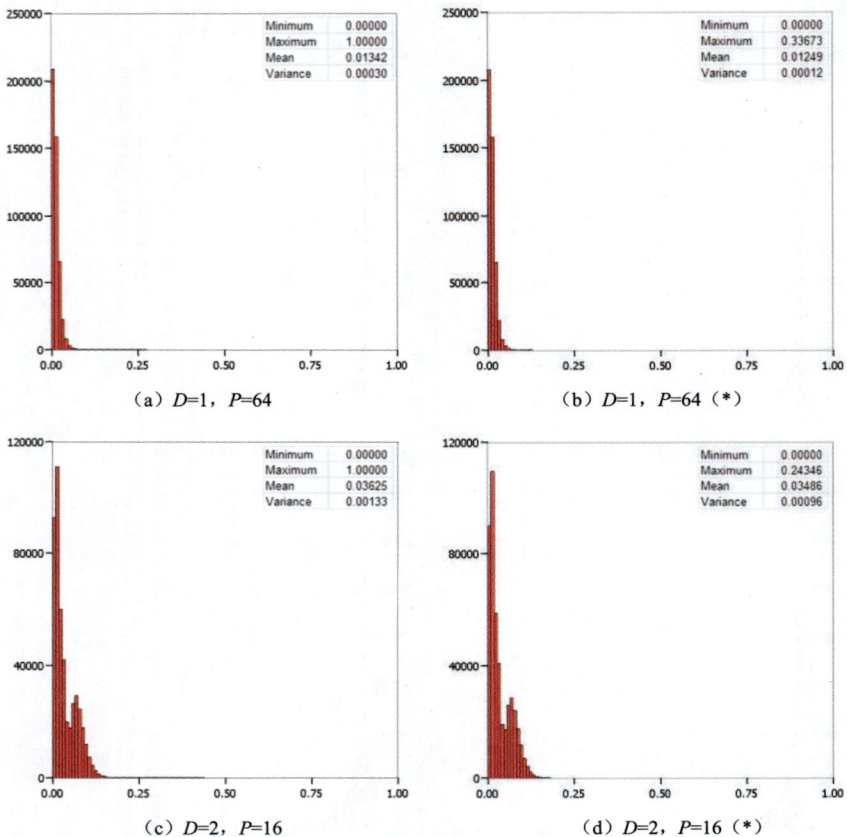

（a）$D=1$，$P=64$

Minimum	0.00000
Maximum	1.00000
Mean	0.01342
Variance	0.00030

（b）$D=1$，$P=64$（*）

Minimum	0.00000
Maximum	0.33673
Mean	0.01249
Variance	0.00012

（c）$D=2$，$P=16$

Minimum	0.00000
Maximum	1.00000
Mean	0.03625
Variance	0.00133

（d）$D=2$，$P=16$（*）

Minimum	0.00000
Maximum	0.24346
Mean	0.03486
Variance	0.00096

图 5.10　MLF 插值算法计算得到的残差直方图

TPSF 插值算法、NCSF 插值算法的表现和 MLF 插值算法类似。

对 EXP 插值算法而言，DEM 插值误差在加入边界因素和忽略边界因素时的差异在前几个残差区域（如[0.00,0.02]）最为明显，这表明边界处的采样点同样可能存在较好的插值精度。在残差均值方面，加入边界因素的残差均值为0.00366（$D=1$，$P=64$）和0.08165（$D=2$，$P=16$），忽略边界因素的残差均值为0.00365（$D=1$，$P=64$）和0.08121（$D=2$，$P=16$），如图 5.11 所示。在忽略边界因素时残差均值降低，表明边界因素的影响可能导致边界处的插值点因为没有搜索到更近的采样点而使插值精度较差；而一旦消除边界因素的影响，插值精度反而提高。

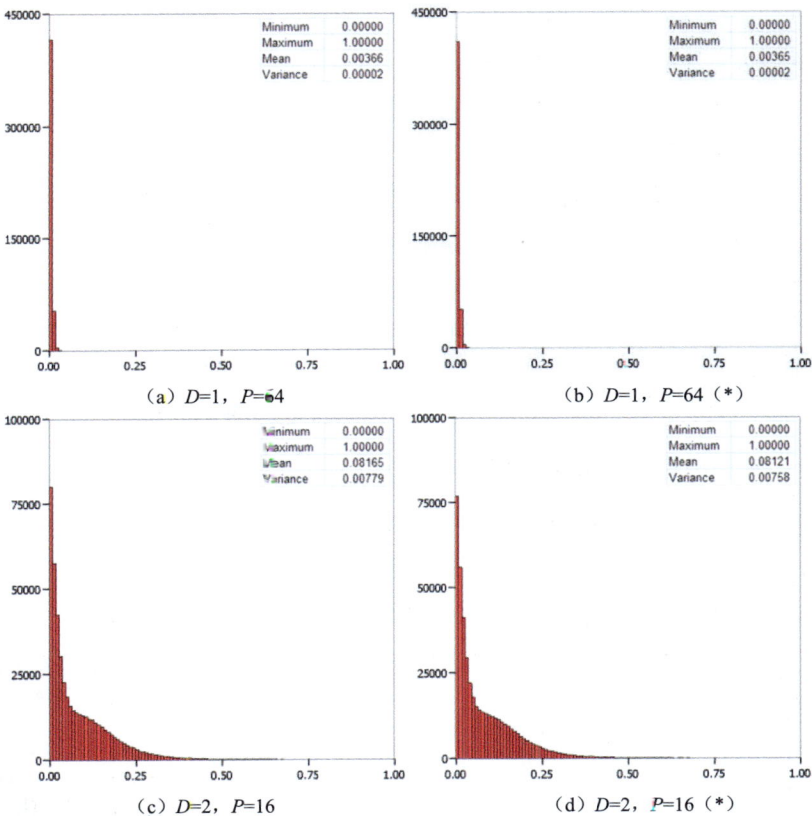

（a）$D=1$，$P=64$　　（b）$D=1$，$P=64$（*）

（c）$D=2$，$P=16$　　（d）$D=2$，$P=16$（*）

图 5.11　EXP 插值算法计算得到的残差直方图

LINE 插值算法的表现和 EXP 插值算法类似。

总之，DEM 插值算法对边界因素的敏感性是不一样的。有些插值算法在边界可以获得较好的插值精度，有些插值算法则可能获得较差的插值精度。相对而言，IDW、SPD、EXP、LINE 插值算法对边界因素影响的反应较为平缓，而径向基函数插值算法对边界因素影响的反应相对比较剧烈。因此，在插值过程中应充分考虑边界因素对 DEM 插值精度的影响。

▶ 5.4.3　K 均值聚类结果分析

数据经过 K 均值聚类分析处理后，得到的 k 个聚类是对分析数据的高度聚合和有效简化。这使得各聚类本身的数据尽可能紧凑，使得聚类之间的数据尽可能分开，很好地体现了原始数据的特征（周成虎等，2011）。

针对 6 个实验区域的采样数据，基于相同（或不同）的插值参数，分别建立以采样点为中心的局部区域，并且计算局部区域的平均坡度、点格局、最小距离等局部地形特征指标。通过局部地形特征指标和不同 DEM 插值算法残差的判断，可以实现局部地形特征各指标和 DEM 插值算法之间的适应性关系。

K 均值聚类分析用于计算距离系数的属性包括平均坡度、点格局、最小距离和残差。按照 5.1 节的描述，应对属性进行量纲处理以消除量纲对分析结果的影响。其中，平均坡度以 $\pi/2$ 为最大值进行量纲处理，点格局以 2.149 为最大值进行量纲处理，残差以残差极值为最大值进行量纲处理，最小距离本身已经经过量纲处理。经过量纲处理后，所有的属性取值均位于[0,1]。

1. 平均坡度和残差的关系

研究在各种 DEM 插值算法下平均坡度和残差之间的关系，以聚类数目为横轴，以平均坡度和残差归一化值为纵轴，建立"平均坡度-残差"柱状图（见图 5.12～图 5.19；插值参数为：$D=1$，$P=64$），可以得到如下结论。

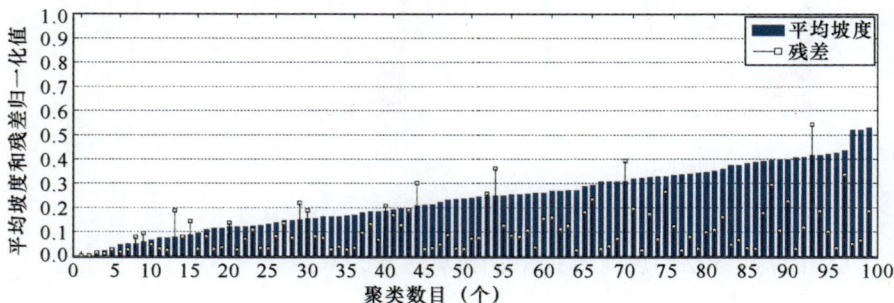

图 5.12　平均坡度和残差关系（基于 IDW 插值算法）

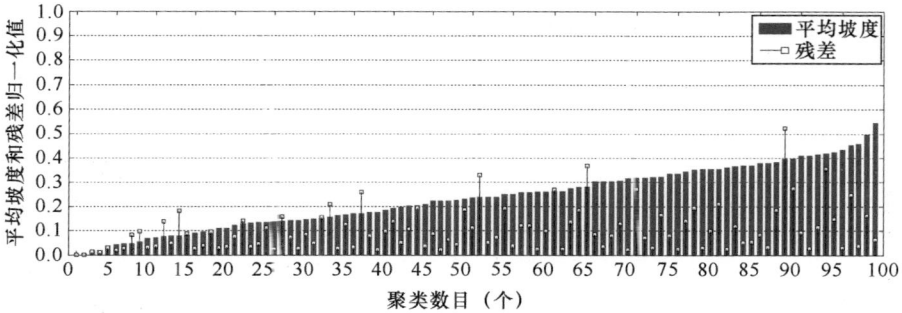

图 5.13　平均坡度和残差关系（基于 SPD 插值算法）

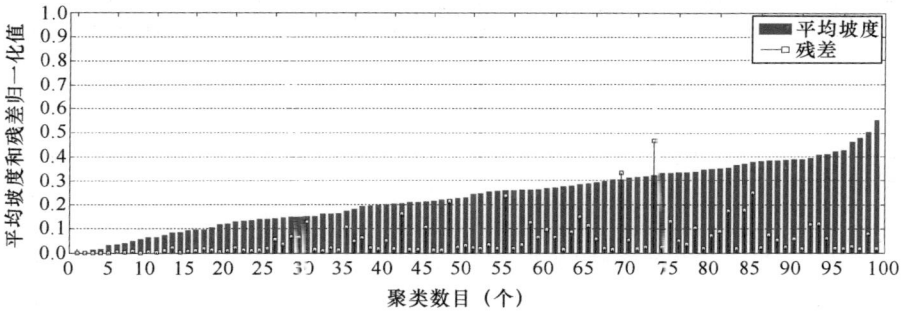

图 5.14　平均坡度和残差关系（基于 MQF 插值算法）

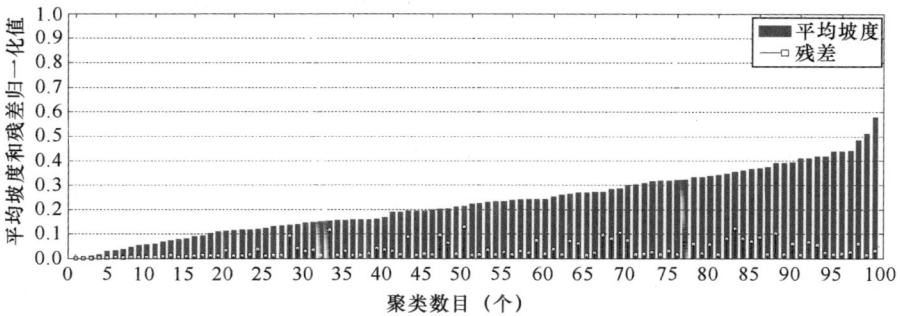

图 5.15　平均坡度和残差关系（基于 MLF 插值算法）

（1）当平均坡度较小（≤0.05，≈4.5°）时，除 EXP 插值算法（$D=1$，$P=64$）外，其他 DEM 插值算法在合适的插值参数下都可以获得较高的插值精度（见表 5.3）。

但是，比较各种插值算法可得，插值结果的差异还是很明显的。其中，当平均坡度较小时，IDW、MLF、TPSF、NCSF、LINE 插值算法是相对合适的备选算法，一般不应选 SPD 插值算法和 EXP 插值算法，特别是当搜索点数较多时更应如此。

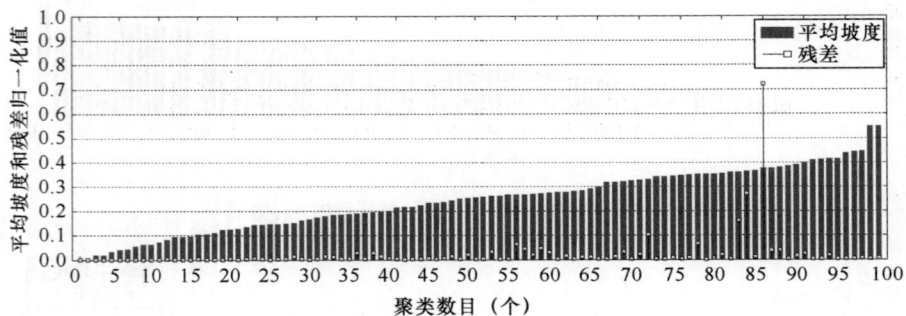

图 5.16　平均坡度和残差关系（基于 TPSF 插值算法）

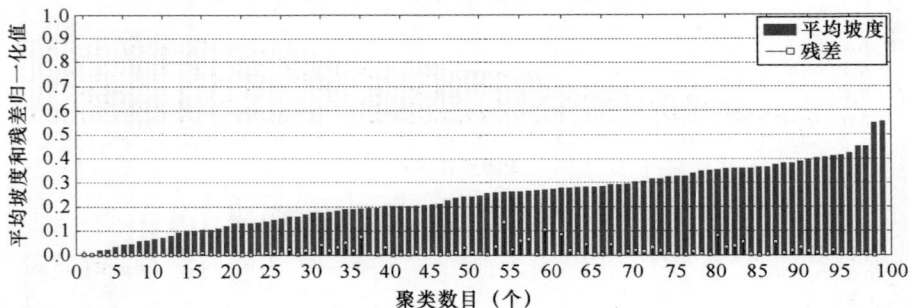

图 5.17　平均坡度和残差关系（基于 NCSF 插值算法）

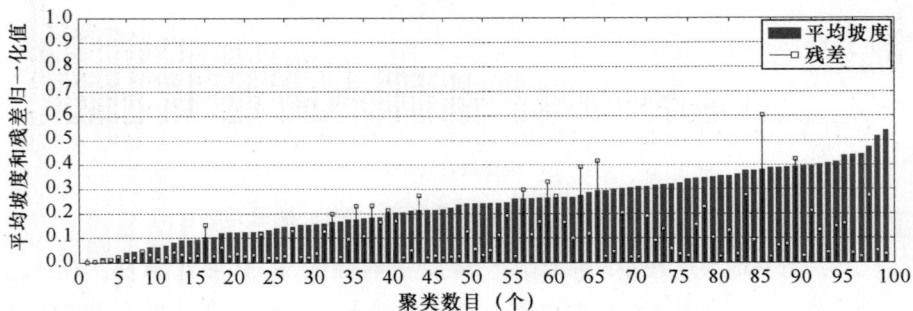

图 5.18　平均坡度和残差关系（基于 EXP 插值算法）

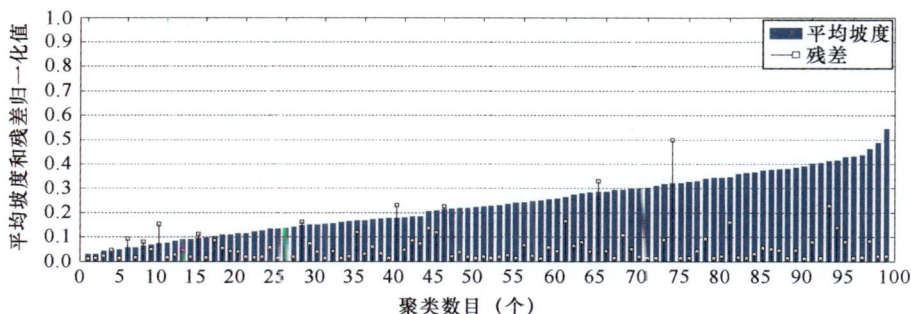

图 5.19 平均坡度和残差关系（基于 LINE 插值算法）

表 5.3 当平均坡度较小时，不同插值算法计算得到的最大残差（单位：m）

插值算法	IDW	SFD	MQF	MLF	TPSF	NCSF	EXP	LINE
$D=1$，$P=64$	1.76	4.7	1.15	1.12	0.09	0.32	794.01	0.85
$D=2$，$P=16$	0.73	2.3	6.27	1.55	0.62	0.34	0.67	0.82

（2）随着平均坡度的增大，其对 DEM 插值算法的插值精度的影响各不相同。但是，当所有插值算法计算得到的残差最大时，平均坡度并不是最大的；当平均坡度达到最大值时，残差反而呈现减小趋势。例如，对于 IDW 插值算法而言，当平均坡度达到 0.4087 时，残差达到最大值（0.6162）；当平均坡度达到最大值时，残差反而减小到 0.0699（2.99m）；类似地，SPD、MQF、MLF、TPSF、NCSF、EXP、LINE 插值算法等也存在相同的情况。这说明当平均坡度增大时，平均坡度对 DEM 插值精度的影响减弱，其他因素（点格局或最小距离等）的影响增强。

（3）平均坡度对各种 DEM 插值算法的影响程度，可以运用相关分析方法进行重要性程度的度量（见表 5.4）。其中，当搜索点数为 64 个时，IDW、SPD、MQF、MLF、NCSF、EXP 插值算法受平均坡度的影响较 TPSF 插值算法和 LINE 插值算法更为显著，表明当局部区域平均坡度增大时，使用 TPSF、LINE 插值算法可能取得更合理的插值结果；当搜索点数为 16 个时，IDW、SPD、MQF、MLF、NCSF、TPSF、EXP 插值算法受平均坡度的影响较 LINE 插值算法更为显著，表明当局部区域平均坡度增大时，使用 LINE 插值算法可能取得更合理的插值结果。

表 5.4　在不同插值算法中平均坡度和残差之间的相关系数

插值算法	IDW	SPD	MQF	MLF	TPSF	NCSF	EXP	LINE
$D=1$，$P=64$	0.2910	0.2216	0.2980	0.1530	0.0775	0.2096	0.3093	−0.0903
$D=2$，$P=16$	0.2672	0.2380	0.3575	0.4465	0.2662	0.2252	0.3140	−0.0266

2．点格局和残差的关系

研究在各种 DEM 插值算法下点格局和残差之间的关系，以聚类数目为横轴，以点格局和残差归一化值为纵轴，建立"点格局-残差"柱状图（见图 5.20～图 5.27；插值参数为：$D=1$，$P=64$），可以得到如下结论。

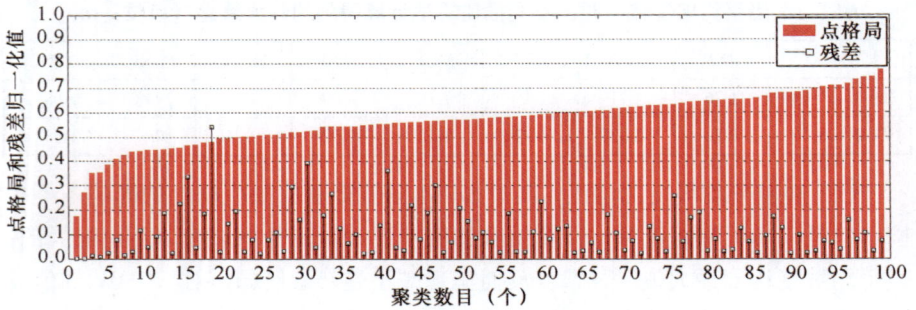

图 5.20　点格局和残差关系（基于 IDW 插值算法）

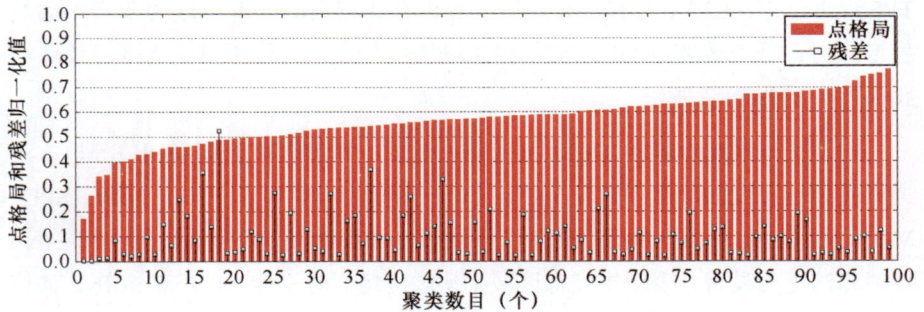

图 5.21　点格局和残差关系（基于 SPD 插值算法）

（1）当点格局较小（≤0.4，采样点分布比较聚集）时，除 IDW、SPD、MLF、EXP 插值算法（$D=1$，$P=64$）之外，其他 DEM 插值算法在取合适的插值参数时都可以获得较高的插值精度（见表 5.5）。

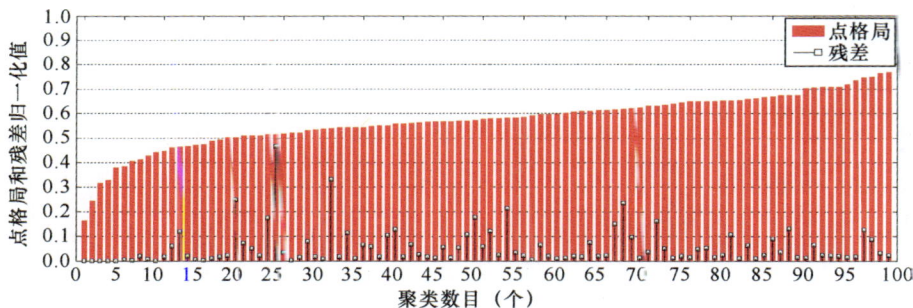

图 5.22 点格局和残差关系（基于 MQF 插值算法）

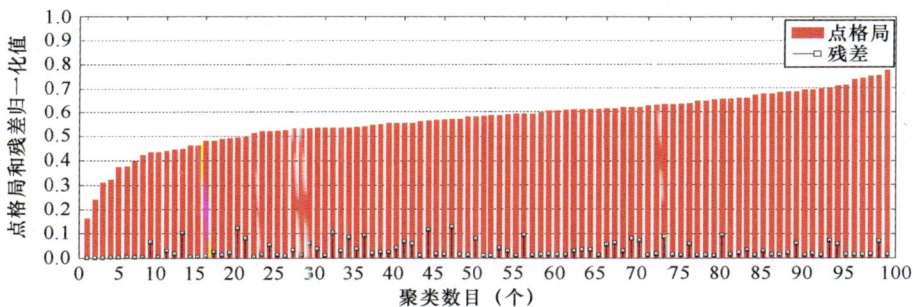

图 5.23 点各局和残差关系（基于 MLF 插值算法）

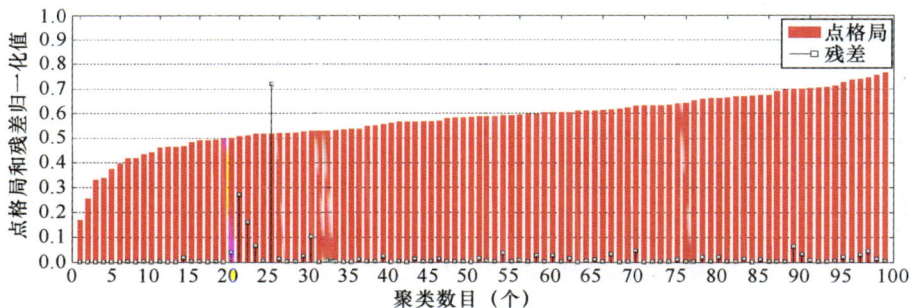

图 5.24 点格局和残差关系（基于 TPSF 插值算法）

相对而言，MQF、TPSF、NCSF、LINE 插值算法是当采样点分布较为聚集时相对合适的备选插值算法。

（2）随着点格局的增大，当其达到 0.5（采样点分布属于随机分布）左右时，除 MLF、EXP 插值算法之外，其他各种 DEM 插值算法的残差分别达到最大值。

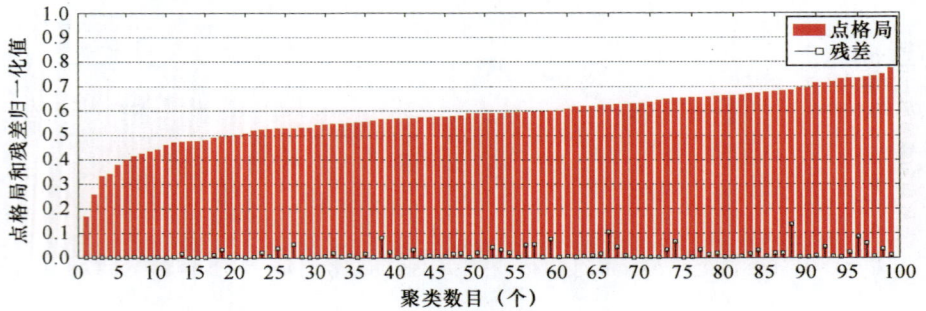

图 5.25　点格局和残差关系（基于 NCSF 插值算法）

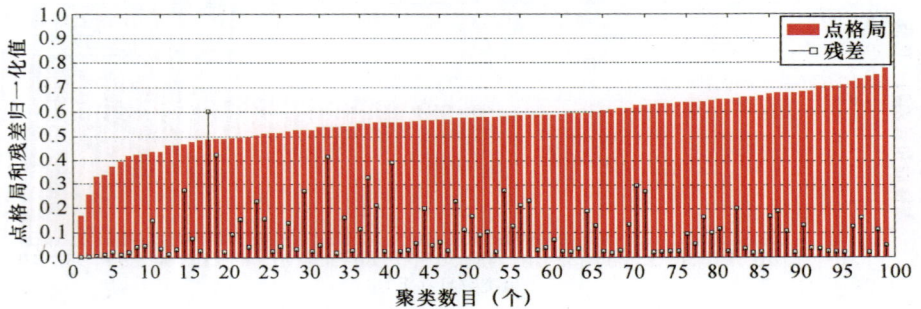

图 5.26　点格局和残差关系（基于 EXP 插值算法）

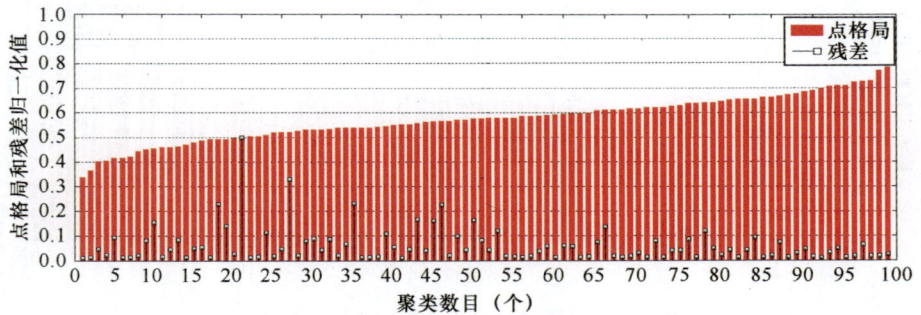

图 5.27　点格局和残差关系（基于 LINE 插值算法）

表 5.5　当点格局较小时，不同插值算法计算得到的最大残差

插值算法	IDW	SPD	MQF	MLF	TPSF	NCSF	EXP	LINE
$D=1$, $P=64$	5.19	10.42	0.58	16.48	0.16	0.60	794.01	1.69
$D=2$, $P=16$	0.73	2.37	3.52	1.23	0.62	0.34	0.67	0.02

（3）随着点格局继续增大，当点格局大于 0.6（采样点分布比较均匀）时，不同 DEM 插值算法的插值精度有所提高，但提高并不是特别明显（见表 5.6）。相对而言，当搜索点数较多时，MLF、TPSF、NCSF、LINE 插值算法可能取得较高的插值精度。

表 5.6　当采样点分布较均匀时，不同插值算法计算得到的最大残差

插值算法	IDW	SPD	MQF	MLF	TPSF	NCSF	EXP	LINE
$D=1$，$P=64$	8.99	11.56	8.72	2.05	0.22	1.37	8.01	1.56
$D=2$，$P=16$	7.17	7.62	160.35	21.39	35.27	72.63	8.28	2.33

（4）点格局对各种 DEM 插值算法的影响程度，可以运用相关分析方法进行重要性程度的度量（见表 5.7）。可以看出，当搜索点数较多时，不同插值算法受点格局的影响均相对较小，比较而言 MQF、MLF、TPSF、NCSF、LINE 插值算法受点格局的影响更为明显。结合前文的论述，TPSF、LINE 插值算法比较适合不同点格局的插值。

表 5.7　在不同插值算法中点格局和残差之间的相关系数

插值算法	IDW	SPD	MQF	MLF	TPSF	NCSF	EXP	LINE
$D=1$，$P=64$	0.1746	0.1303	0.0794	0.0611	0.0203	0.0479	0.1110	−0.0636
$D=2$，$P=16$	0.0845	0.0721	0.1514	0.0984	0.2014	0.2534	0.0970	−0.0589

3．最小距离和残差的关系

研究在各种 DEM 插值算法中最小距离和残差之间的关系，以聚类数目为横轴，以最小距离和残差归一化值为纵轴，建立"最小距离-残差"柱状图（见图 5.28～5.35；插值参数为：$D=1$，$P=64$），可以得到以下结论。

（1）从"最小距离-残差"柱状图无法总结两者之间的明显规律，即没有"最小距离较小时残差就较小"，以及"最小距离较大时残差就较大"等类似的规律，甚至通常认为受距离因素影响较大的 IDW、SPD、EXP、LINE 插值算法也没有类似的规律。较大残差值出现在多个不同最小距离处，当最小距离达到最大值时，残差反而减小了。

（2）最小距离对各种 DEM 插值算法的影响程度，可以运用相关分析方法进行重要性程度的度量（见表 5.8）。可以看出，除 EXP 插值算法之外，其他 DEM 插值算法都受距离的影响较大，MQF、NCSF 插值算法所受影响最大。

因此，当最小距离较大时，适合选择 EXP、SPD、MLF 插值算法等备选的 DEM 插值算法。

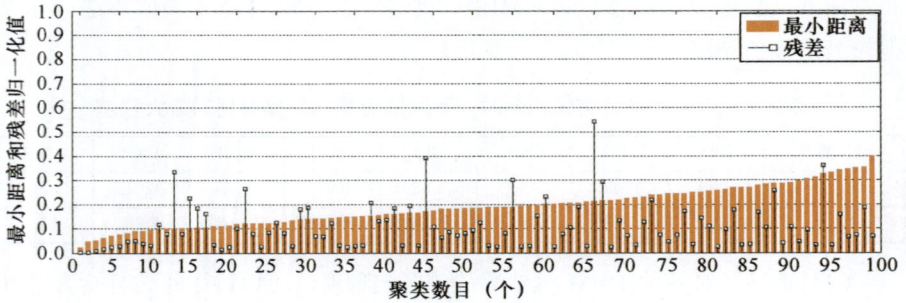

图 5.28　最小距离和残差关系（基于 IDW 插值算法）

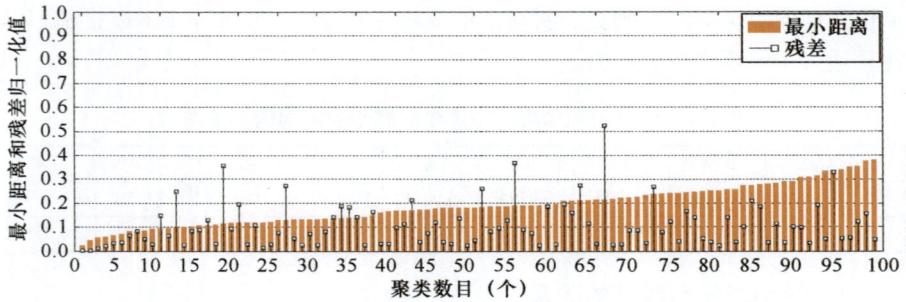

图 5.29　最小距离和残差关系（基于 SPD 插值算法）

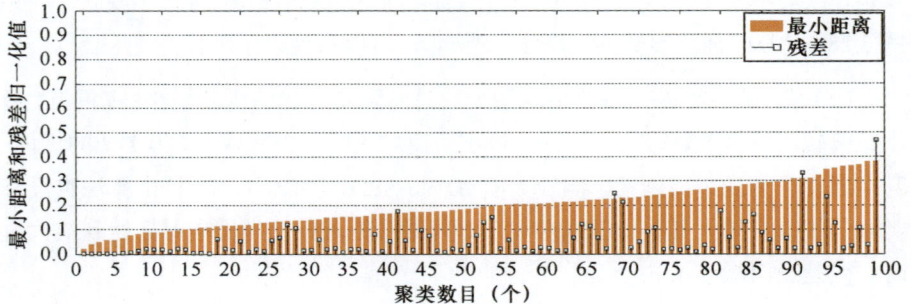

图 5.30　最小距离和残差关系（基于 MQF 插值算法）

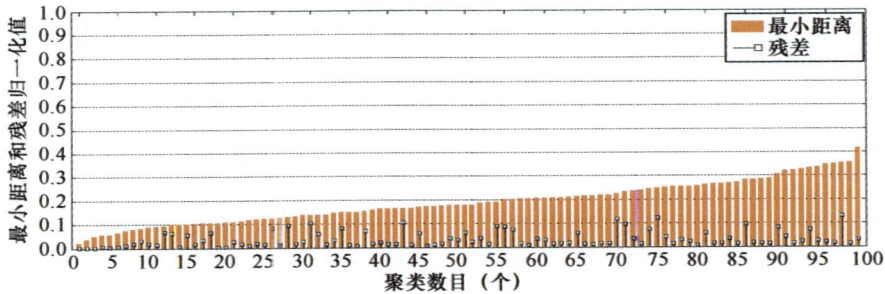

图 5.31 最小距离和残差关系（基于 MLF 插值算法）

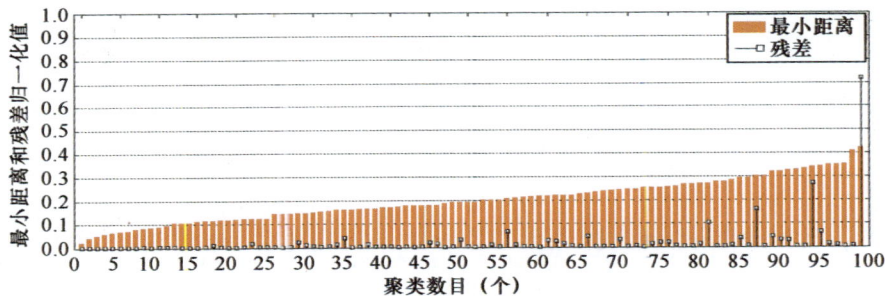

图 5.32 最小距离和残差关系（基于 TPSF 插值算法）

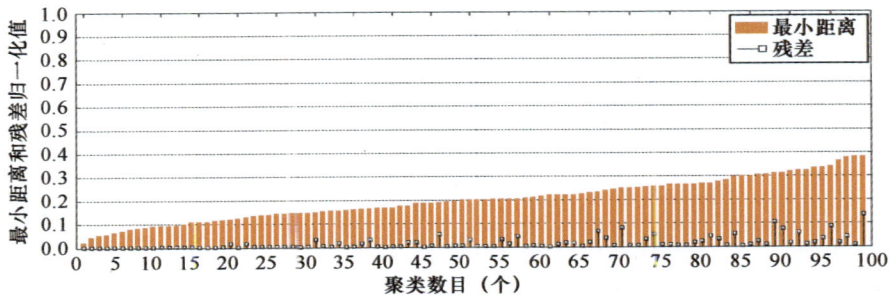

图 5.33 最小距离和残差关系（基于 NCSF 插值算法）

4. 组合指标和残差的关系

研究在不同 DEM 插值算法下各指标和残差之间的关系，以聚类数目为横轴，以组合指标（平均坡度、点格局、最小距离）和残差归一化值为纵轴，建立"组合指标-残差"柱状图（见图 5.36～图 5.43；插值参数为：$D=1$，$P=64$），可以得到如下结论。

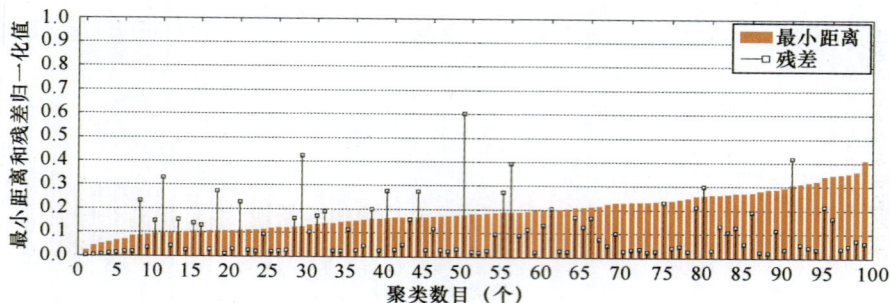

图 5.34　最小距离和残差关系（基于 EXP 插值算法）

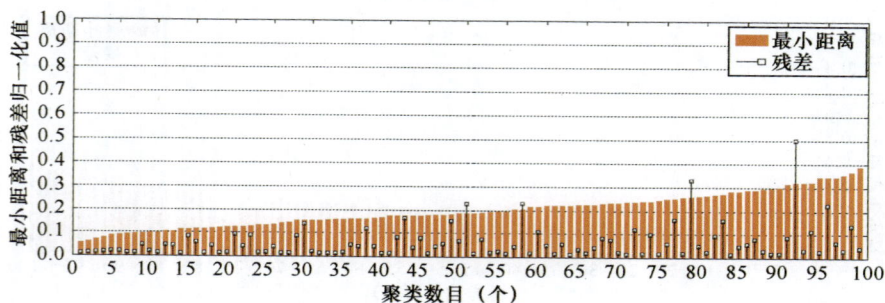

图 5.35　最小距离和残差关系（基于 LINE 插值算法）

表 5.8　在不同插值算法中最小距离和残差之间的相关系数

插值算法	IDW	SPD	MQF	MLF	TPSF	NCSF	EXP	LINE
$D=1$，$P=64$	0.2432	0.1254	0.3135	0.1705	0.2445	0.2607	0.0807	0.2534
$D=2$，$P=16$	0.1702	0.1463	0.3529	0.1530	0.3023	0.4563	0.0744	0.2210

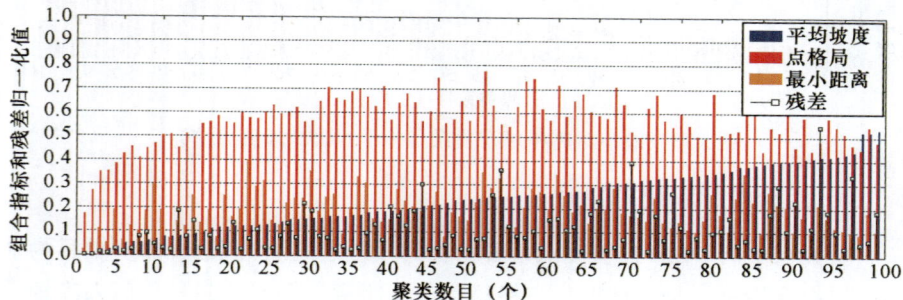

图 5.36　组合指标和残差关系（基于 IDW 插值算法）

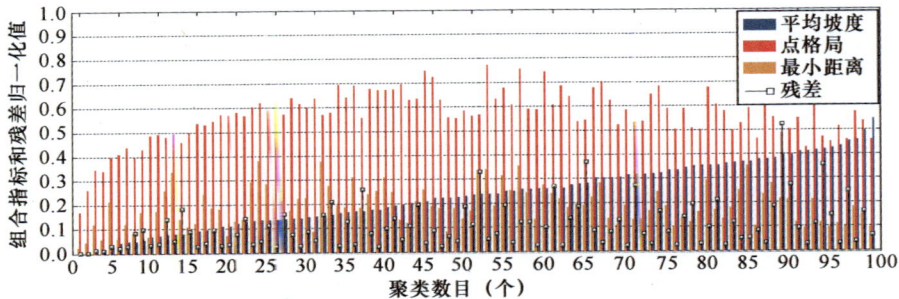

图 5.37　组合指标和残差关系（基于 SPD 插值算法）

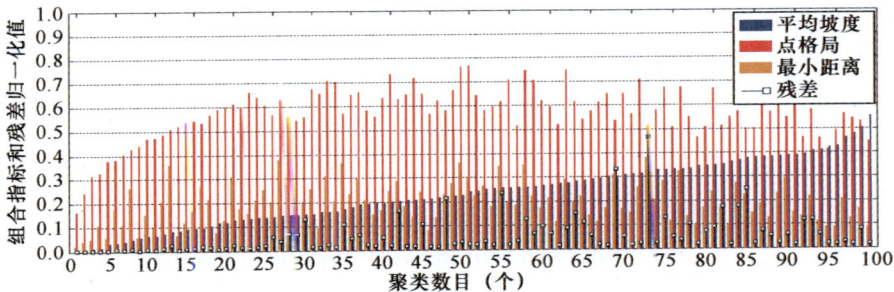

图 5.38　组合指标和残差关系（基于 MQF 插值算法）

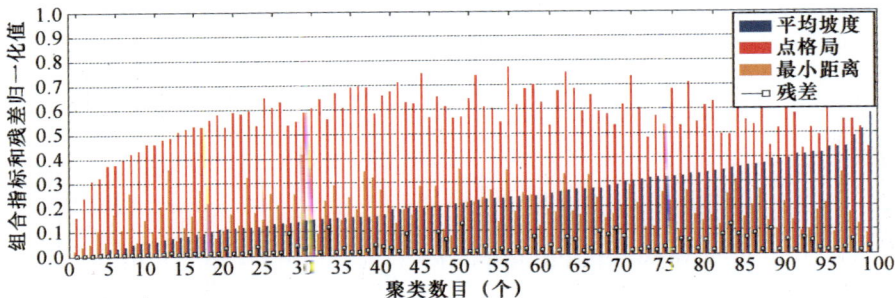

图 5.39　组合指标和残差关系（基于 MLF 插值算法）

（1）当平均坡度类似时，除 TPSF、LINE 插值算法之外，其他插值算法都表现出"较小的最小距离获得较小的残差，较大的最小距离获得较大的残差"的规律。图 5.44 是 IDW 插值算法中的一个片段。

（2）运用相关分析方法分析平均坡度、点格局、最小距离和残差之间的相关性，建立四者之间的相关系数，如表 5.4、表 5.7、表 5.8 所示。另外，建立各指标和残差之间的偏相关性。例如，平均坡度和残差之间的偏相关性，就以点格局和最小距离为控制变量考察平均坡度对残差的影响，如表 5.9 所示。当运用偏相关系数考察各指标和残差之间的关系时，最明显的变化发生在点格局和残差之间，两者完全没有表现出相关性，表现出来的甚至是反相关性；而平均坡度、最小距离和残差之间的（偏）相关性基本保持不变，对 DEM 插值精度表现出较强的影响，只不过不同插值算法受到平均坡度和最小距离的影响程度不一致。

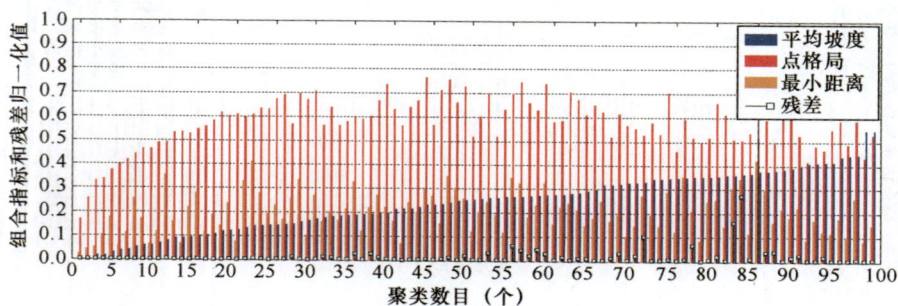

图 5.40　组合指标和残差关系（基于 TPSF 插值算法）

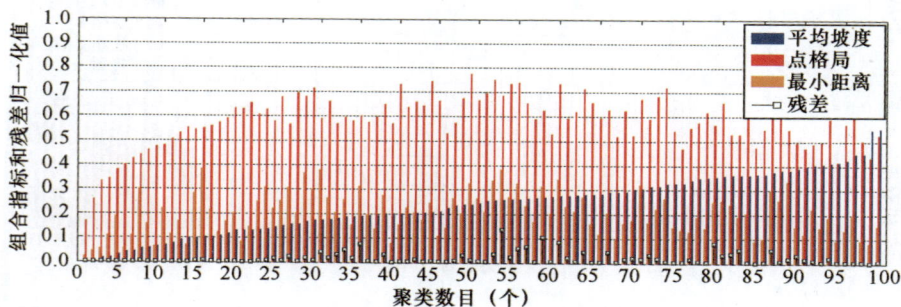

图 5.41　组合指标和残差关系（基于 NCSF 插值算法）

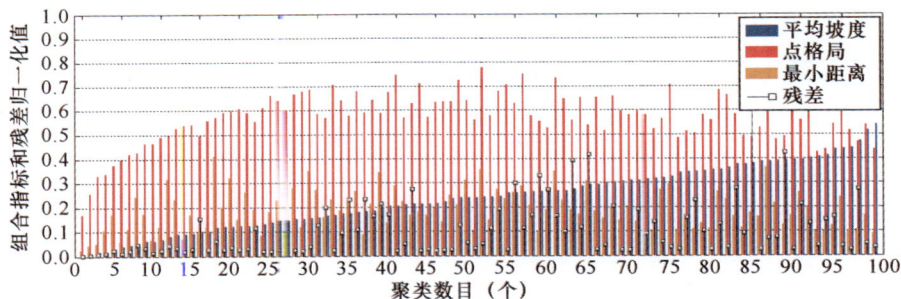

图 5.42　组合指标和残差关系（基于 EXP 插值算法）

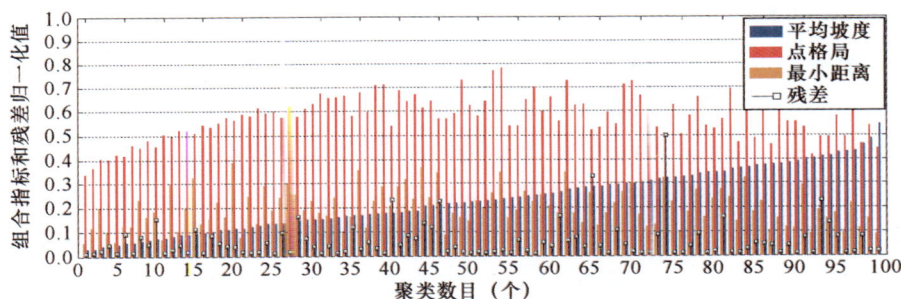

图 5.43　组合指标和残差关系（基于 LINE 插值算法）

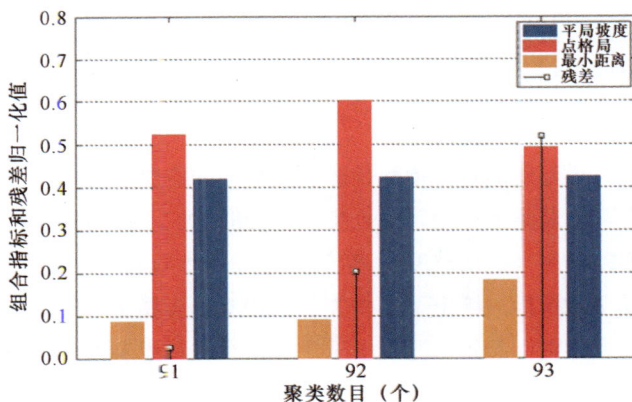

图 5.44　平均坡度、点格局、最小距离对残差影响片段（基于 IDW 插值算法）

表 5.9　在各种插值算法中，各指标与残差之间的偏相关系数

插值算法	IDW	SPD	MQF	MLF	TPSF	NCSF	EXP	LINE
	0.2701	0.1977	0.3269	0.1543	0.0966	0.2325	0.2937	−0.0642
D=1，P=64	−0.0221	0.0158	−0.1959	−0.0742	−0.1448	−0.1670	−0.0110	−0.1868
	0.2066	0.0846	0.3518	0.1733	0.2770	0.2941	0.0508	0.3096
	0.2707	0.2405	0.3831	0.4509	0.2568	0.2237	0.3039	0.0000
D=2，P=16	−0.0818	−0.0721	−0.1671	−0.1007	−0.0273	−0.0558	−0.0038	−0.2149
	0.1749	0.1501	0.3778	0.1684	0.2573	0.4070	0.0468	0.2995

5．实验说明

首先，点格局实验结果表明，点格局对 DEM 插值算法的插值精度影响不大，特别是表 5.9 的结果进一步说明点格局和残差之间不存在相关性，甚至存在反相关性。但是，本章认为实验结果和插值参数的选择存在很大关系，由于在实验中不同插值算法的插值参数均来自四方向限制搜索或八方向限制搜索的实验数据，而四方向限制搜索、八方向限制搜索的结果在很大程度上缓解了由于搜索方向造成的点格局的剧烈变化，从而产生了上述实验结果。

其次，关于局部地形特征描述模型和 DEM 插值算法之间适应性的问题。借用 Caruso 和 Quarta 的话："在插值过程中必须分析原始数据点集，并且从中获得有用的信息。假如插值算法都可能获得较好的插值曲面，或者数据集并没有显示显著的空间相关性，那么只有较少的指标可用。总之，这些指标能够对哪种插值算法表现更好给出一些建议性意见。"

也就是说，局部地形特征指标是影响 DEM 插值算法的重要因素，选择合适的指标就有可能对某个原始采样点集所适合的 DEM 插值算法做出选择。本章选择了地表粗糙度（平均坡度）、空间分布（点格局）、最小距离 3 个局部地形特征描述模型的指标，给出了一些关于 DEM 插值算法适应性选择的建设性意见。但是，本章也仅起到"抛砖引玉"的作用，希望未来有更多、更好的描述局部地形特征的指标提出。

5.5　本章小结

采样数据分布特征是影响 DEM 插值精度的因素之一，不同地貌类型的实验区域最终需要通过采样点表现出来，唯一的区别在于不同地貌类型的实验区域采集得到的采样数据在分布方式和密度上存在一定的差异。当基于采样数据进行 DEM 插值时，绝大多数的 DEM 插值算法都是在局部区域内进行的，局部区域的地形特征是影响 DEM 插值精度的直接因素。因此，本章从局部地形特征的角度出发，尝试建立局部地形特征和 DEM 插值算法之间的适应性关系，提出局部地形特征描述模型。

局部地形特征描述模型选取了地表粗糙度（平均坡度）、空间分布（点格局）、最小距离作为基本的特征指标；同时，基于 DEM 插值参数"优选"实验的数据，运用 K 均值聚类分析方法进行适应性比较分析，得到如下结论。

（1）边界因素对不同 DEM 插值算法具有不同的影响。相对而言，IDW、SPD、EXP、LINE 插值算法受边界因素影响较小，而径向基函数插值算法受边界因素影响较大。在实际插值过程中，边界处的插值点的计算应尽可能选用受边界因素影响较小的备选插值算法。

（2）对于较为平坦的局部地形区域，IDW、MLF、TPSF、NCSF、LINE 插值算法是当平均坡度较小时相对合适的备选算法；随着平均坡度的增大，使用 LINE 插值算法可能获得更合理的插值结果。

（3）在不考虑边界因素，并使用多方向搜索采样点时，点格局对 DEM 插值精度的影响不大。但是，当局部区域的采样点分布为随机分布时，需要有针对性地选择 DEM 插值算法，如 MLF、EXP 插值算法。

（4）最小距离对大多数 DEM 插值算法的插值结果都有较大的影响，其中 MQF、NCSF 插值算法所受影响最大；当最小距离较大时，适合选择 EXP、SPD、MLF 插值算法等备选 DEM 插值算法。

但是，关于采样数据分布特征和 DEM 插值算法之间的适应性研究需要进一步深入，表现如下。

首先，从不同指标和残差之间的图形角度出发研究了两者之间的关系，但没有将各种不同的指标组合成一个新的指标，并用新指标确定其和 DEM 插值算法之间的关系。这导致实验结论大多数是观察结果，而不能提供定量化的结果，因而需要进一步研究。

其次，从各指标和残差的相关性分析来看，其相关系数都较小，而且随着 DEM 插值参数取值的不同，这种相关性随之变化。这表明 DEM 插值参数的选择对结论具有一定的影响。本章选择了固定的插值参数，能不能在 DEM 插值参数"优选"实验的基础上选择"最优"插值参数进行实验？虽然局部地形特征发生了变化，但是基于"最优"插值参数的实验，同样需要进一步研究。

6

DEM 插值算法的尺度适应性研究

摘要

尺度问题是 DEM 研究的主要问题之一。作为地形表面的数字化表达,DEM 在通过离散方式表达连续变化的地形表面过程中,存在尺度依赖性。主要表现在:①原始采样数据的尺度特性影响插值生成的 DEM 尺度,即使用某种尺度的原始数据并不能建立任意尺度的 DEM 数据,而存在最适宜的尺度范围;②DEM 数据的尺度转换问题。经典等级理论认为,任意尺度的数据都具有特定的约束体系和临界值,尺度转换必然超越约束体系和临界值,在尺度转换后所获得的结果可能难以理解。

DEM 插值算法的尺度适应性研究包括两个方面。一是在建立多尺度 DEM 时插值算法的差异,即使用不同 DEM 插值算法建立的多尺度 DEM,在精度上是否存在差异? 二是不同插值算法实现的尺度转换适宜范围的差异。DEM 尺度转换包括 DEM 尺度上推和 DEM 尺度下推。在 DEM 尺度转换过程中存在一个合理的、能够理解的尺度范围,即使用不同插值参数转换 DEM 尺度的适应范围,是否存在差异。因此,本章研究 DEM 插值算法、小波分析算法(从广义角度来说,小波分析算法可以认为是适用于 DEM 尺度下推的插值算法)在建立多尺度 DEM 时的差异;并且从精度角度运用中误差精度模型,从套合角度运用水系和地形套合精度定量化描述模型研究 DEM 尺度转换的适宜范围。

6.1　尺度与 DEM 尺度

▶ 6.1.1　尺度

尺度指观测和描述实体、结构和过程的空间维(Macrceau,1999),是一个具有广泛内涵的概念。不同的学科和领域从不同的角度定义和研究了尺度问题。

在生态学领域,一般认为具有两种不同含义的尺度:粒径(Grain)和范围(Extent)。"粒径"对应于观测的最小空间采样单元,"范围"指观测所覆盖的总面积。Dungan 等（2002）在生态学尺度研究中，构建了现象、采样、分析的三维尺度空间（见图 6.1），内容涉及范围、幅度、粒度、比例尺、分辨率、间隔、坐标单位、区间等尺度概念。

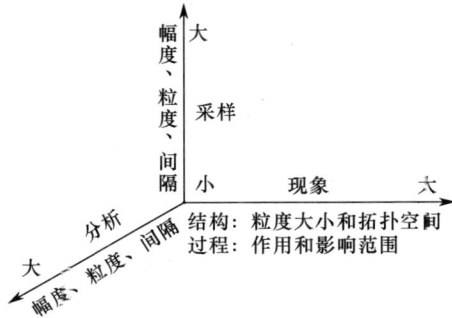

图 6.1　生态学中的尺度概念

在地理学领域，Lam 和 Quattrochi（1992）定义了 3 个意义上的尺度，此后，Cao 和 Lam（1997）又发展为 4 个意义上的尺度（见图 6.2），分别如下。①制图尺度或地图尺度，即地图比例尺。它是图上距离与实际距离之比，大比例尺的地图一般是供更详细的信息。②地理或观测尺度，即研究区域的空间范围。它相当于生态学中的"范围"，大尺度的研究覆盖较大的研究区域。观测尺度的确定具有很大的主观性。③运行尺度（也称为"作用尺度"），指特定地学过程运行的尺度。运行尺度是由所研究的地学现象或过程本身的规律决定的。④测量尺度或空间分辨率。空间分辨率指研究对象最小可分辨部分的大小，相当于生态学中"粒径"。

在水文学领域，尺度者水文过程、水文观测、水文模型特征的时间和长度（钟晔和金昌杰，2005）。

不同的学科和研究领域根据不同的分类标准和体系，将尺度分成不同类型的概念。但是，无论何种分类方法，尺度问题由简单到复杂一般可以划分为 3 个不同层次。

第一个层次，用何种"尺"去"度"，即尺度的选择问题。例如，城市之间的距离与星球之间的距离，两者显然不能用相同的"尺"去"度"。不同的衡量标准通常可以得到不同的结果。这是最基本的尺度问题。

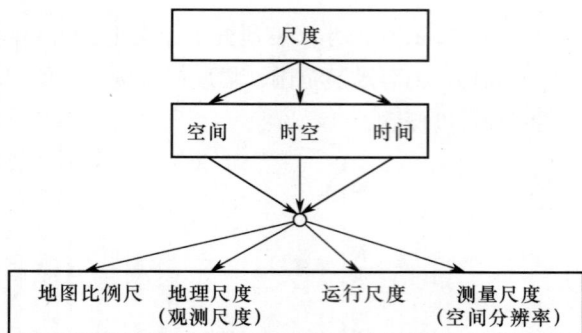

图 6.2 地理学中的尺度概念

第二个层次，度量标准与度量结果之间的关系，即尺度的适宜性问题。1967年，美国数学家 Mandelbrot 发表了《英国的海岸线有多长》的文章，指出用米、千米等不同尺度量取的海岸线长度不同；并引入分数维度的概念用于度量结果和度量标准之间关系的探讨，显示了"一种尺度一个结果，一种尺度一个世界"的哲理。

第三个层次，事物运动变化的规律都是在一定"尺度"和条件下的规律，如何根据事物在某个尺度和条件下的运动变化规律预测和估计其在其他尺度下的规律，即尺度推移和转换问题。

▶ 6.1.2 DEM 尺度

汤国安等（2006）、刘学军等（2007）从 DEM 生产流程和应用角度出发，将 DEM 及其地形分析中的尺度问题归纳为 5 类：地理尺度、采样尺度、DEM 结构尺度、分析尺度、表达尺度，并描述了各尺度之间的关系（见图 6.3）。

（1）地理尺度（Geographical Scale）。DEM 是地形表面的数字化表达，本身就具有地理尺度含义。DEM 表示的区域范围具有很大弹性，小到仅覆盖几平方千米的直接服务于具体工程的范围，大到覆盖全球的范围。DEM 的地理尺度直接决定着其他尺度和 DEM 应用的目的。

（2）采样尺度（Sampling Scale）。DEM 是对区域地形表面的采样，因此采样尺度包括原始数据尺度和样点尺度两类。

DEM 作为再生数据，其精度不可能高于原始数据，因而 DEM 常常要强调原始数据的尺度和精度。在以地形图为主要数据源的 DEM 生产中，地图比例尺是主要考虑因素。例如，中国 1∶10000 DEM、1∶50000 DEM、1∶250000 DEM 中的地图比例尺说明的是 DEM 精度与原始地图比例尺或相应地图比例尺的地形图精度相当，或者说明 DEM 是基于相应地图比例尺地形图制作的。

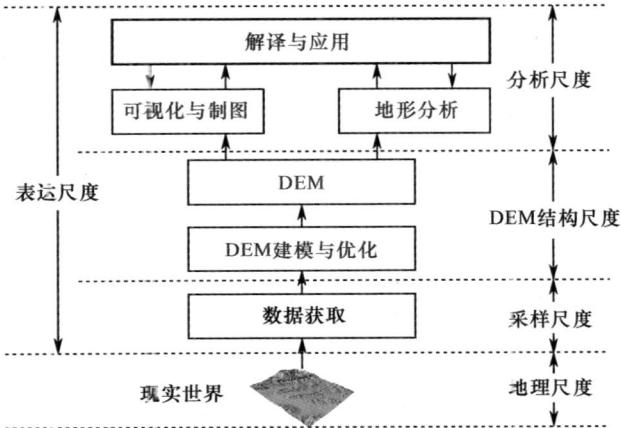

图 6.3　DEM 尺度体系

样点尺度包括采样点的分布和密度。一般要求采样点尽可能分布在地形特征部位，并具有足够的数量。不规则分布的采样点的分布方式具有可变尺度，随地形复杂程度而变化；规则分布的采样点直接形成结构各异的 DEM，也可以通过插值形成指定分辨率的 DEM。但是，采样点间隔应以能够反映地形特征为前提。样点尺度对 DEM 的地形模拟精度有重要的影响。

（3）DEM 结构尺度（Structure Scale）。DEM 是指用连续格网单元来逼近地形表面，逼近程度取决于水平格网单元的精细程度和垂直方向的接近程度，前者称为水平分辨率（Horizontal Resolution），后者称为垂直分辨率（Vertical Resolution）。

水平分辨率也称为水平采样间距（Horizontal Sampling Interval）、栅格单元（Cell Size）、格网间距（Grid Spacing Grid）等。水平分辨率是 DEM 最基本的变量之一，其大小直接决定了 DEM 对地形曲面刻画的精细程度。水平分辨率在东西方向和南北方向可以一致，也可以不一致，其单位可以通过"m"或"°"来表达。

垂直分辨率也称为垂直采样间距（Vertical Sampling Interval），指 DEM 高程数据记录的增量范围。例如，USGS 的 30m DEM，其高程数据一般凑整至"m"，即高程以 1m 为增量，垂直分辨率为"m"。中国 1∶50000 数字高程模型生产技术中规定，高程数据以"m"为单位，保留小数后 1 位。也就是说，高程数据的准确度为"dm"。与高程数据"精度"（Accuracy）不同，垂直分辨率反映高程数据最小的增量范围，而高程数据精度则受在采样和内插过程中产生误差的综合影响。例如，中国 1∶50000 DEM，其垂直分辨率为"dm"，相邻两个格网单元的垂直分辨率可以相差 1 个增量单位，即 0.1m，但并不意味着这两个格网单元的数据精度也是 0.1m，其高程数据精度为 4～19m。

（4）分析尺度（Analysis Scale）。基于 DEM 的地形参数，如坡度、坡向、曲率等的计算通常都是在 DEM 的局部范围内进行的。在形状上表现为方形、圆形或扇形等；在范围上可以是单个格网单元，也可以是整个 DEM 范围。不管怎样，局部范围都是以格网单元的各种组合表示的，这些格网单元的范围称为分析窗口尺度，简称分析尺度。

（5）表达尺度（Cartographic Scale）。DEM 作为数字产品，本身并无比例概念，若将数字产品转换为模拟产品，则需要按一定比例输出。因此，表达尺度一般指制图采用的比例尺。

DEM 及其地形分析的尺度问题归根结底包括尺度选择和尺度转换两个方面（汤国安等，2006）。

尺度选择指在研究问题时选择何种尺度的数据，以及在获取数据后选择何种尺度进行研究。尺度选择涵盖采样尺度、DEM 结构尺度、分析尺度的选择等方面的内容，如 DEM 适宜分辨率的确定等。

尺度转换是将数据或信息从一个尺度转换到另一个尺度的过程。尺度转换蕴含着变化，是格局空间分布的改变，或者过程的时间改变，或者两者敏感性的改变（王彦芳，2010）。按照转换方向，尺度转换可以分为尺度上推和尺度下推。在尺度上推或尺度下推的转换过程中，寻求不同规律之间的关系，DEM 尺度效应和 DEM 适宜范围是研究的关键。

DEM 尺度转换可以通过 DEM 插值算法、小波分析算法实现。

▶ 6.1.3　DEM 尺度和小波分析

小波分析是 20 世纪 30 年代后期发展起来的一种数学调和分析方法，被看作傅里叶分析的丰富和发展。由于具有良好的时频局部化特征、方向性特征、尺度变化特征，小波分析在多个领域取得了广泛应用，包括图像识别、数据压缩、地质勘探等。在 DEM 领域，由于规则格网 DEM 和小波分析对象的适应性，小波分析的应用面逐渐拓宽，包括数据压缩、地貌自动综合、地形多尺度表达、DEM 尺度转换等方面。

吴凡和朱国瑞（2001）首先提出了小波分析的空间数据多尺度处理框架，并给出了一种尺度依赖的地形抽象与表达方法，提出了利用小波系数的范数作为衡量相应尺度综合程度的数量化指标。

吴勇等（2007）以 5m 分辨率的 DEM 数据作为基础数据，运用等高线套合模型、中误差模型和表面重合指数等一系列方法对小波派生的多尺度 DEM 进行了精度分析，结果显示小波派生的多尺度 DEM 的精度呈现指数形式的衰减变异规律，但在达到三级重构（分辨率为 40m）时，其精度仍然优于 1∶50000（分辨率为 25m）的 DEM。

李含璞（2006）对多尺度综合 DEM 小波函数的适宜性、DEM 边界处理方式、小波分解高频系数阈值的选取，以及多尺度综合 DEM 小波函数对地貌形态结构的影响等方面进行了研究。

刘春等（2004）研究了多尺度小波分析用于 DEM 格网数据的综合，并对综合的可靠性从数据量、断面图、曲面面积变化等方面进行了分析。

万刚和朱长青（1999）运用多进制小波简化模型实现了对 DEM 数据的无损压缩，同时指出由于多进制小波是基于原始数据进行的，其压缩数据精度优于多层次二进制小波压缩数据的精度。

应该说，运用小波分析是实现 DEM 尺度变换的一种较好方法，但是运用小波分析派生的多尺度 DEM 是否最优？这是需要进一步明确的问题。

▶ 6.1.4　DEM 尺度和 DEM 插值算法

运用 DEM 插值算法是实现 DEM 尺度变换的另一种重要方法。运用 DEM

插值算法可以尽可能地在原始数据的基础上实现多尺度 DEM 派生，并且减小中间可能产生的传递误差；更为重要的是 DEM 插值算法可以实现 DEM 数据的加密。也就是说，DEM 插值算法既可以实现 DEM 尺度的下推，也可以实现 DEM 尺度的上推。

但是，在 DEM 尺度转换时，DEM 插值算法实现的尺度上推和尺度下推的差异性，以及合理的尺度范围，需要在 DEM 尺度转换时进行深入研究。

6.2　水系和地形套合精度定量化描述模型

DEM 精度既可以通过中误差模型进行数值精度的检验，也可以通过等高线回放模型进行地形保真的检验。本章基于水系和地形特征，从两者的套合精度角度检验建立的 DEM 精度模型，用于判断 DEM 精度，进而计算 DEM 尺度转换的适宜范围。

水系和地形套合精度定量化描述模型利用水系和地形的套合程度判断 DEM 精度，而水系和地形的套合程度可以转换为水系和地形特征线偏移程度的计算，并利用套合偏移量隶属度函数定量地计算水系和地形的套合程度。

▶ 6.2.1　水系特征

水系是海洋、湖泊（水库、池塘）、河流（沟渠）、井（泉）等物体的总称，它与自然界和人类社会有着密切的联系。水系是部队行军和航空飞行的良好方位物，是战时攻防不可忽视的因素，是发展水上交通的重要条件，是影响居民地及工业布局的重要因素，是农业、水利和电力的重要资源。

在制图综合中，水系是最重要的地性线之一，常被看作地形"骨架"，对其他要素有一定的制约作用。当水系和其他要素发生重叠必须移动某一要素时，通常将水系作为基准，移动其他要素。制图综合规范中的具体相关规定如下。

（1）海、湖、大河流等大的水系物体与岸边地物间的关系处理。

海、湖、大河流等是良好的方位物，又是地形的重要"骨架"，对近岸的其他物体的位置和形状起着制约作用，在实地上也比较稳定，故应保持其位置不动，而移动其他物体。

（2）河流和居民地关系的处理。

河流对居民地有重要的制约作用，在处理相互关系时，应保持河流位置不变，移动居民地。

制图综合规范表明：水系在地形图上占有极其重要的位置，是地形的"骨架"，制约着其他各种不同的要素，在实地中是较稳定的要素，不会发生重大的变化，因此在套合精度定量化描述模型中将水系要素看作基准要素。

▶ 6.2.2　地形形态特征

地形表面高低起伏、凹凸不平，虽然形态各异、千姿百态，但都可以分解为一系列面、线和点的基本单元。地形面、地形线、地形点决定了地形形态的几何特征和基本走势。

地形点：两条或几条地形线相交形成的某些特征点，或孤立的微地形体构成的地形点，这种地形点实际上是一个小区域。例如，山脊线相交的山峰点、鞍部点，位于两条谷底线汇合处的低地底部或位于河口的谷口点，位于封闭低地底部的洼点。

地形线：两个相邻地形面的交线，通常由地形点构成。地形线可以是直线，也可以是弯曲起伏的曲线。主要有分水线（分水岭、山脊线）、山谷线（汇水线、沟谷线）、坡麓线、坡折线等。

地形面：位于两条相邻地形线之间的坡面。地形面有水平面、各种坡度的斜面、曲面等类型。

DEM 是地形表面特征的离散化表达，基于 DEM 可以提取基本的地形形态特征。存在两类基本的提取地形形态特征的方法：一类是基于地形形态的分析法（又称解析法）；另一类是基于地表物质运动的水流模拟法（又称模拟法）。另外，黄培之（2001）结合解析法和模拟法提出了混合方法。

▶ 6.2.3 套合偏移量隶属度函数

　　水系和地形套合精度定量化描述模型用于定量地计算水系和地形之间的套合程度。由于地形特征线可以从 DEM 中精确提取，因此水系和地形之间的套合程度可以转换为计算水系和地形特征线之间的偏移程度。其中，水系为基准要素，地形特征线（基于 DEM 重构的山谷线）为比较要素，两者的偏移计算属于线线偏移计算。进一步地，如果计算山谷线和基于 DEM 重构等高线的交叉点到相应水系的距离，那么线线偏移计算就转化为点线偏移计算。如图 6.4 所示，其中，A、B、C、D 为重构等高线和重构山谷线的交叉点，A'、B'、C'、D' 分别为 A、B、C、D 到相应水系的垂直交叉点，显然 AA'、BB'、CC'、DD' 反映了水系和地形之间的套合偏移程度，运用中误差等统计量可以实现 DEM 保真精度的定量计算。

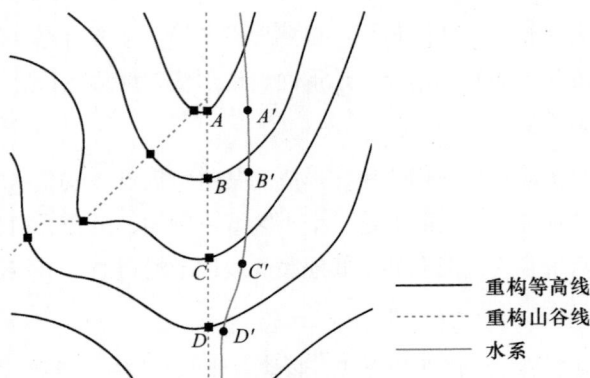

图 6.4　水系和地形特征线套合偏移示意

　　但是，不同尺度 DEM 得到的偏移中误差是不同的，不同实验区域得到的偏移中误差也是不同的。在这种情况下，判断哪个实验区域水系和地形的套合程度较另一个实验区域更加精确比较困难。因此，有必要依据制图综合规范中的线状要素位移规定，将运用模糊数学建立的水系和地形套合偏移量隶属度函数作为 DEM 保真精度的评估标准，用于评估任意区域、任意尺度 DEM 的保真精度。

　　建立水系和地形套合偏移量隶属度函数必须考虑 5 条基本准则。

准则 1：必须根据制图综合规范中明确规定的，"线状要素的平面位置除按制图综合规范进行的位移外，中误差必须控制在±0.3mm 以内"的标准执行。当水系线和地形特征线的偏移中误差在 0.3mm 以内时，可以认为套合程度较好（隶属度达到 0.8 以上）；当水系线和地形特征线的偏移中误差在 0.4mm 以内时（在制图时一般设置最小间隔为 0.1mm），可以认为套合程度一般（隶属度为 0.5 左右）；当水系线和地形特征线的偏移中误差大于 0.4mm 时，可以认为套合程度较差（隶属度在 0.5 以下）。

准则 2：在建立套合偏移量隶属度函数时必须考虑尺度因素的影响。同样是准则 1 建立的判断准则，但在不同尺度下有所差别。根据 6.3 节讨论的 DEM 最佳分辨率可知：1：10000 地形图建立的最佳 DEM 分辨率为 12.5m，1：50000 地形图建立的最佳 DEM 分辨率为 25m，1：100000 地形图建立的最佳 DEM 分辨率为 50m，1：250000 地形图建立的最佳 DEM 分辨率为 100m，1：1000000 地形图建立的最佳 DEM 分辨率为 200m。表 6.1 表明，同样是准则 1 确定的 0.4mm 偏移量，在不同尺度 DEM 中对应的实地偏移量不同。

表 6.1 地形图比例尺、DEM 分辨率和 0.4mm 实地偏移量之间的关系

地形图比例尺	DEM 分辨率（m）	0.4mm 实地偏移量（m）
1：10000	12.5	4
1：50000	25	20
1：100000	50	40
1：250000	100	100
1：1000000	200	400

但是，在实际运用过程中，如果简单地以 0.4mm 对应的实地偏移量为准则判断水系和地形的套合程度，那么在不同 DEM 尺度下将导致严重的偏差。具体表现为：随着 DEM 尺度的增大，水系和地形实际套合偏移量的增大并不是非常明显；而若以表 6.1 作为判断准则，则大尺度 DEM 的隶属度远远好于小尺度 DEM 的隶属度（见表 6.2）。

从表 6.2 可以看出，当 DEM 分辨率为 12.5m 时，水系和等高线套合偏移中误差为 7.7649m，按照表 6.1 的准则，7.7649m 的偏移量是非常巨大的偏移量；而当 DEM 分辨率为 200m 时，水系和等高线套合偏移中误差为 36.9228m，按

照表 6.1 的准则，用于判断它的标准是 400m，无疑这是非常精确的套合。但是，从目视效果看，12.5m 分辨率 DEM 的水系和地形套合效果却明显优于 200m 分辨率的情况。这种悖离现象在所有实验区域普遍存在，因此准则 2 必须修改。

表 6.2 同一实验区域不同 DEM 尺度的套合结果

DEM 分辨率	12.5m	25m	50m	100m	200m
水系和等高线套合图					
最小偏移量	0.0334m	0.1264m	0.4962m	0.3256m	6.7992m
最大偏移量	18.9219m	27.4830m	27.3320m	38.4321m	67.2635m
偏移中误差	7.7649m	11.2915m	16.2545m	20.4039m	36.9228m

开方根规律法是德国 Topfer 提出的一种地图概括的数量处置方法，用于解决资料地图和新编地图由于比例尺的变换而产生的数量简化问题（王家耀，2006；毛赞猷等，2007）。他认为：资料地图和新编地图的比例尺分母之比的开方根，就是新编地图应选取的地图要素的数量，即

$$\frac{N_{\text{new}}}{N_{\text{orign}}} = \sqrt{\frac{M_{\text{orign}}}{M_{\text{new}}}} \tag{6.1}$$

式中，N_{new} 为新编地图的地图要素数量，N_{orign} 为资料地图的地图要素数量，M_{new} 为新编地图的比例尺分母，M_{orign} 为资料地图的比例尺分母。

开方根规律法适用于解决地图要素数量的选取问题，研究对象主要是不同比例尺地图中的地图要素数量。假设地图要素均匀分布，那么延伸可知，不同比例尺地图要素之间的平均距离也应该符合开方根规律法，即

$$\frac{D_{\text{new}}}{D_{\text{orign}}} = \sqrt{\frac{M_{\text{orign}}}{M_{\text{new}}}} \tag{6.2}$$

式中，D_{new} 为新编地图地图要素之间的平均距离，D_{orign} 为资料地图地图要素之间的平均距离。考虑到新编地图与资料地图之间的范围差异，还应该在式（6.2）中增加改正因子 C，即

$$\frac{D_{\text{new}}}{D_{\text{orign}}} = \sqrt{C \times \frac{M_{\text{orign}}}{M_{\text{new}}}} \qquad (6.3)$$

式中，C 为范围改正因子，当新编地图比例尺为 1：100000、资料地图比例尺为 1：50000 时，相当于将 4 幅比例尺为 1：50000 的资料地图编绘为 1 幅比例尺为 1：100000 的新编地图，则 C 取 4。

因此，按照式（6.3）修改表 6.1，结果如表 6.3 所示。

表 6.3　地形图比例尺、DEM 分辨率和 0.4mm 实地偏移量之间的关系（按照开方根法修改）

地形图比例尺	DEM 分辨率（m）	0.4mm 实地偏移量（m）
1：10000	12.5	5.6
1：50000	25	20
1：100000	50	28.3
1：250000	100	35.8
1：1000000	200	71.6

准则 3：在建立套合偏移量隶属度函数时需要考虑实验区域平均坡度的影响。实验区域平均坡度较小意味着该区域的等高线特征不明显，在等高线特征不明显的实验区域研究水系和地形的套合程度没有太大意义，因而在多数情况下可以默认水系和地形的套合程度较好。在制图综合规范中同样规定，在"平原地区"可以将"线状要素的位移中误差放宽到±0.6mm 以内"，因此可以建立平原地区的地形图比例尺、DEM 分辨率和 0.4mm 实地偏移量之间的关系（见表 6.4）。

表 6.4　地形图比例尺、DEM 分辨率和 0.4mm 实地偏移量之间的关系（平原地区）

地形图比例尺	DEM 分辨率（m）	0.4mm 实地偏移量（m）
1：10000	12.5	11.2
1：50000	25	40
1：100000	50	56.8
1：250000	100	71.6
1：1000000	200	143.2

准则 4：在建立套合偏移量隶属度函数时需要考虑最大套合偏移量的影响。在实验过程中发现，偏移中误差是根据地形特征线和等高线（根据 DEM 追踪

得到的）的交叉点到相应水系的垂直距离计算得到的。由于考虑的是总体偏离程度，因而并没有考虑单独某个点的影响。假如可以用于计算的交叉点为 N 个（概数概念，多于 1 个），在大多数情况下计算得到的套合偏移量较小，而其中某个交叉点的套合偏移量较大，最终计算得到的偏移中误差也会较小，无法将最大套合偏移量的情况较好地反映出来。因此，应该单独考虑最大套合偏移量的影响，其在套合偏移量隶属度函数中应占据一定的比率（实验表明以 20%为佳）。最大套合偏移量一般为偏移中误差的 2 倍。

准则 5：在建立套合偏移量隶属度函数时需要考虑目视观察效果。首先，在同一个实验区域不同尺度 DEM 之间，如果目视观察效果比较类似，则计算得到的隶属度不应该存在较大的差别。如表 6.5 所示，实验区域的 12.5m、25m、50m 这 3 个尺度的目视观察效果类似，那么计算得到的隶属度就不应存在较大差异。其次，在不同实验区域相同尺度 DEM 之间，如果目视观察效果比较类似，则计算得到的隶属度也不应该存在较大的差别。如表 6.6 所示，5 个不同实验区域的目视观察效果类似，那么计算得到的隶属度就不应该存在较大差异。

表 6.5 同一个实验区域不同尺度 DEM 之间的目视观察效果比较

尺　度	12.5m	25m	50m	100m	200m
实验区域样图					

表 6.6 不同实验区域相同尺度 DEM 之间的目视观察效果比较

尺　度	12.5m	25m	50m	100m	200m
实验区域样图					

上述 5 条基本准则中准则 1、准则 2 必须严格遵守，准则 3、准则 4、准则 5 属于具有细微调节作用的准则。因此，参照上述 5 条基本准则，可以建立水系和地形套合偏移量隶属度函数，由套合偏移量中误差隶属度函数 $f_{\text{RMSE}}(\Delta D)$ 和最大套合偏移量中误差隶属度函数 $f_{\max}(\Delta D)$ 组成。

（1）套合偏移量中误差隶属度函数为

$$f_{\text{RMSE}}(\Delta D) = \begin{cases} 1/\left(1+\exp\left(0.9902\times(\Delta D-5.6)\right)\right) & D_{\text{size}}=12.5, \quad D_{\text{slope}}>2, \quad D_{\Delta h}>80 \\ 1/\left(1+\exp\left(0.2273\times(\Delta D-20.0)\right)\right) & D_{\text{size}}=25, \quad D_{\text{slope}}>2, \quad D_{\Delta h}>80 \\ 1/\left(1+\exp\left(0.1899\times(\Delta D-28.3)\right)\right) & D_{\text{size}}=50, \quad D_{\text{slope}}>2, \quad D_{\Delta h}>80 \\ 1/\left(1+\exp\left(0.1575\times(\Delta D-35.8)\right)\right) & D_{\text{size}}=100, \quad D_{\text{slope}}>2, \quad D_{\Delta h}>80 \\ 1/\left(1+\exp\left(0.0788\times(\Delta D-71.6)\right)\right) & D_{\text{size}}=200, \quad D_{\text{slope}}>2, \quad D_{\Delta h}>80 \end{cases}$$

$$(6.4)$$

或者

$$f_{\text{RMSE}}(\Delta D) = \begin{cases} 1/\left(1+\exp\left(0.9902\times(\Delta D-11.2)\right)\right) & D_{\text{size}}=12.5, \quad D_{\text{slope}}\leqslant2, \quad D_{\Delta h}\leqslant80 \\ 1/\left(1+\exp\left(0.2273\times(\Delta D-40.0)\right)\right) & D_{\text{size}}=25, \quad D_{\text{slope}}\leqslant2, \quad D_{\Delta h}\leqslant80 \\ 1/\left(1+\exp\left(0.1899\times(\Delta D-56.6)\right)\right) & D_{\text{size}}=50, \quad D_{\text{slope}}\leqslant2, \quad D_{\Delta h}\leqslant80 \\ 1/\left(1+\exp\left(0.1575\times(\Delta D-71.6)\right)\right) & D_{\text{size}}=100, \quad D_{\text{slope}}\leqslant2, \quad D_{\Delta h}\leqslant80 \\ 1/\left(1+\exp\left(0.0788\times(\Delta D-143.2)\right)\right) & D_{\text{size}}=200, \quad D_{\text{slope}}\leqslant2, \quad D_{\Delta h}\leqslant80 \end{cases}$$

$$(6.5)$$

式中，ΔD 为每个实验区域计算得到的偏移中误差，D_{size} 为 DEM 格网尺寸，D_{slope} 为每个实验区域计算得到的平均坡度（以分辨率 25m 的 DEM 为基准），$D_{\Delta h}$ 为每个实验区域计算得到的高差。不同尺度 DEM 建立的套合偏移量中误差隶属度函数的图形效果如图 6.5 所示。

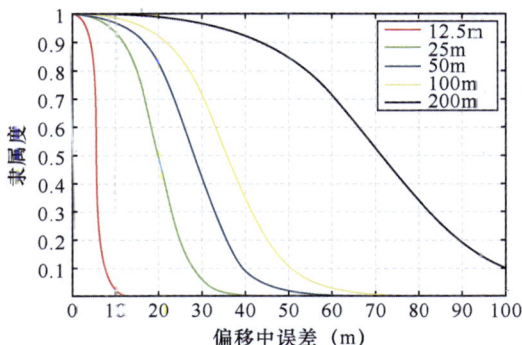

图 6.5　套合偏移量中误差隶属度函数的图形效果（非平原地区）

（2）最大套合偏移量中误差隶属度函数为

$$f_{\max}(\Delta D)=\begin{cases} \mathrm{zmf}(\Delta D,\ [5.6\ \ 11.2]) & D_{\mathrm{size}}=12.5, & D_{\mathrm{slope}}>2, & D_{\Delta h}>80 \\ \mathrm{zmf}(\Delta D,\ [20\ \ 40]) & D_{\mathrm{size}}=25, & D_{\mathrm{slope}}>2, & D_{\Delta h}>80 \\ \mathrm{zmf}(\Delta D,\ [28.3\ \ 56.6]) & D_{\mathrm{size}}=50, & D_{\mathrm{slope}}>2, & D_{\Delta h}>80 \\ \mathrm{zmf}(\Delta D,\ [35.8\ \ 71.6]) & D_{\mathrm{size}}=100, & D_{\mathrm{slope}}>2, & D_{\Delta h}>80 \\ \mathrm{zmf}(\Delta D,\ [71.6\ \ 143.2]) & D_{\mathrm{size}}=200, & D_{\mathrm{slope}}>2, & D_{\Delta h}>80 \end{cases}$$

(6.6)

或者

$$f_{\max}(\Delta D)=\begin{cases} \mathrm{zmf}(\Delta D,\ [11.2\ \ 22.4]) & D_{\mathrm{size}}=12.5, & D_{\mathrm{slope}}\leqslant 2, & D_{\Delta h}\leqslant 80 \\ \mathrm{zmf}(\Delta D,\ [40\ \ 80]) & D_{\mathrm{size}}=25, & D_{\mathrm{slope}}\leqslant 2, & D_{\Delta h}\leqslant 80 \\ \mathrm{zmf}(\Delta D,\ [56.6\ \ 113.2]) & D_{\mathrm{size}}=50, & D_{\mathrm{slope}}\leqslant 2, & D_{\Delta h}\leqslant 80 \\ \mathrm{zmf}(\Delta D,\ [71.6\ \ 143.2]) & D_{\mathrm{size}}=100, & D_{\mathrm{slope}}\leqslant 2, & D_{\Delta h}\leqslant 80 \\ \mathrm{zmf}(\Delta D,\ [143.2\ \ 286.4]) & D_{\mathrm{size}}=200, & D_{\mathrm{slope}}\leqslant 2, & D_{\Delta h}\leqslant 80 \end{cases}$$

(6.7)

式中，ΔD 为每个实验区域计算得到的偏移中误差；D_{size} 为 DEM 格网尺寸；D_{slope} 为每个实验区域计算得到的平均坡度（以分辨率 25m 的 DEM 为基准）；$D_{\Delta h}$ 为每个实验区域计算得到的高差。

zmf 为 z 型隶属度函数，它是一种基于样条插值的函数（张德丰，2009）。两个参数 a、b 分别定义了样条插值的起点和终点，当 $a < b$ 时，曲线在 (a, b) 是光滑的样条曲线，在 a 左段为 1，在 b 右段为 0；当 $a \geqslant b$ 时，曲线为阶梯 0～1 的阶梯函数，跳跃点是 $(a+b)/2$。zmf 隶属度函数的特性正好符合最大套合偏移量的描述，不同尺度 DEM 建立的最大套合偏移量中误差隶属度函数的图形效果如图 6.6 所示。

在确定套合偏移量中误差隶属度函数和最大套合偏移量中误差隶属度函数之后，就可以根据两个隶属度函数的比例关系确定套合偏移量隶属度函数。其中，套合偏移量中误差隶属度函数属于主要因素，对套合偏移量隶属度函数的最终取值起到决定影响；而最大套合偏移量中误差隶属度函数属于次要因素，对套合偏移量隶属度函数的最终取值起到细微调节作用。套合偏移量隶属度函

数 $f(\Delta D)$ 由套合偏移量中误差隶属度函数、最大套合偏移量中误差隶属度函数共同组成，比例关系确定为 4∶1，即

$$f\left(\Delta L\right)=0.8\times f_{\mathrm{RMSE}}\left(\Delta D\right)+0.2\times f_{\max}\left(\Delta D\right) \qquad (6.8)$$

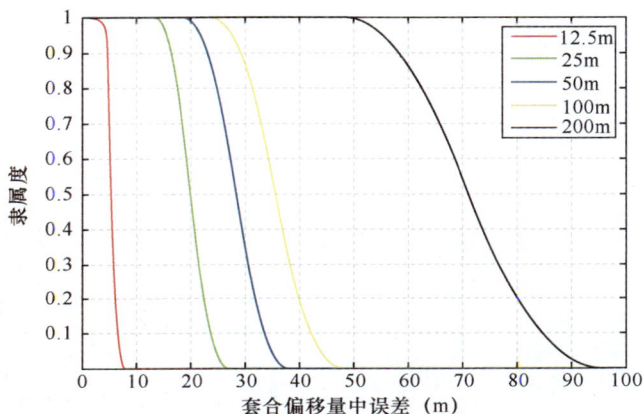

图 6.6 最大套合偏移量中误差隶属度函数的图形效果（非平原地区）

6.3 DEM 插值算法尺度适应性实验

为了研究不同插值算法实现多尺度 DEM 的差异，以及 DEM 尺度转换的适宜范围问题，本章设计了 DEM 插值算法尺度适应性实验，通过中误差精度模型从精度方面分析不同转换算法得到的多尺度 DEM 之间的差异；通过水系和地形套合精度定量化描述模型分析 DEM 尺度转换的适宜范围。

▶ 6.3.1 实验数据来源与特征

考虑地貌类型的多样性，分别选取山东潍坊、吉林永安、河南登封、福建马甲、甘肃张掖 5 个实验区域 25.6km×25.6km 的 1∶50000 地形图数据作为基础源数据，并计算相应的地形描述参数（见表 6.7）。其中，山东潍坊实验区域

属于平原地貌，吉林永安实验区域属于丘陵地貌，河南登封实验区域属于低山地貌，福建马甲实验区域属于中山地貌，甘肃张掖实验区域属于高山地貌（见图 6.7）。

表 6.7　实验区域地形描述参数

地形描述参数	山东潍坊	吉林永安	福建马甲	河南登封	甘肃张掖
最低高程（m）	3	259	3	180	2310
最高高程（m）	82	707	797	1512	5024
平均坡度（°）	0.2264	4.5886	14.8372	13.2945	27.9083

（a）山东潍坊　　　　　　　（b）吉林永安　　　　　　　（c）福建马甲

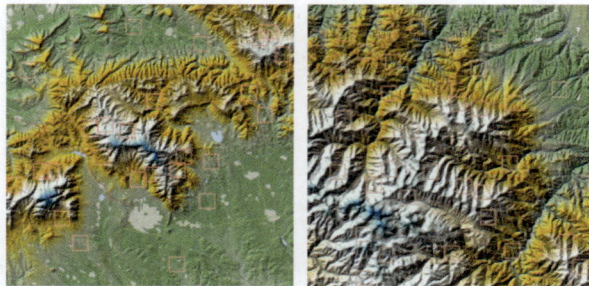

（d）河南登封　　　　　　　（e）甘肃张掖

图 6.7　实验区域示意

根据 6.3 节确定的 DEM 最佳分辨率建立相应的规则格网 DEM，同时计算 DEM 的平均坡度和相应 DEM 的中误差，其结果符合国家测绘地理信息局制定的 1∶50000 DEM 的精度标准要求。

► **6.3.2　实验方法**

1．中误差精度模型

（1）中误差。

中误差（Root Mean Square Error，RMSE）是最常使用的精度度量指标。国家测绘地理信息局采用更高精度的 28 个随机检查点，通过计算检查点的中误差评价整幅 DEM 的精度。中误差计算公式为

$$\text{RMSE} = \sqrt{\frac{\sum \left(Z_{\text{DEM}} - Z_{\text{REF}}\right)^2}{n}} \tag{6.9}$$

式中，Z_{DEM} 是通过量测 DEM 获得的高程；Z_{REF} 是更高精度的测量高程，即真值；n 是采样点数目。

但是，中误差的假设前提是误差的随机性，即误差必须服从均值为 0 的正态随机分布。在多数情况下，误差的均值并不等于 0，因此不能解释误差中的系统成分。所以，中误差只从整体意义上描述了地形参数与其真值的离散程度。

也有一些学者建议使用更为全面的误差描述手段，如均差（Mean Error，ME）和标准差（Standard Deviation，SD），即

$$\text{ME} = \frac{\sum \left(Z_{\text{DEM}} - Z_{\text{REF}}\right)}{n} \tag{6.10}$$

$$\text{SD} = \sqrt{\frac{\sum \left[\left(Z_{\text{DEM}} - Z_{\text{REF}}\right) - \text{ME}\right]^2}{n-1}} \tag{6.11}$$

但是，均差和标准差也存在与中误差同样的缺陷。

这里依然采用中误差指标对实验结果进行度量，用于判断各种不同尺度转换算法建立的多尺度 DEM 的精度。

（2）检查点选择。

利用中误差精度模型计算得到的 DEM 精度明显受到检查点数目的影响。

Li（1991）指出：太少的检查点数目将导致不可靠的精度结果，最终会误导用户的使用，甚至在地形分析过程中产生不正确的结果；太多的检查点数目将导致投入过于巨大。因此，在相应的置信水平下选择适宜的检查点数目是必要的。

我国的 1：10000 和 1：50000 DEM 精度标准规定，中误差精度模型使用 28 个分布在图幅内、图幅边缘的检查点。

本章用于中误差精度模型计算的检查点数目远大于国家精度标准的要求，因此可以认为计算得到的 DEM 精度是稳定的、可靠的。

（3）DEM 精度规定。

美国地质调查局在制定的 DEM 精度标准中要求，中误差不允许超过 1/3 等高距，最大误差不允许超过 2/3 等高距。我国地域辽阔，地貌类型千差万别，有平原、丘陵、山地、高山地等。对于同一个比例尺的原始地形图，不同地区所采用的等高距也不一定相同，更新的时间也差别较大。所以，我国对于 DEM 的精度要求是：采用 1：50000 和 1：100000 比例尺的地形图获取 DEM 的区域，DEM 精度与相应比例尺的地形图相当；而采用 1：10000 比例尺的地形图获取 DEM 的区域，DEM 精度要高于比例尺的 1：50000 地形图的精度要求，但低于比例尺的 1：10000 地形图的精度要求。另外，对于原始资料精度较差的地区，可放宽精度要求，其 DEM 内插点的高程中误差按表 6.8 中数据的 1.2 倍计算，特殊的密林等隐蔽地区的高程中误差按表 6.8 中数据的 1.5 倍计算（王光霞，2005）。

表 6.8　不同比例尺 DEM 的精度标准（单位：m）

地貌类型	1：10000				1：50000		1：100000	
	等高距	格网点高程中误差			等高距	格网点高程中误差	等高距	格网点高程中误差
		1 级	2 级	3 级				
平地	1	0.5	0.7	1.0	10（5）	4		
丘陵	2.5	1.2	1.7	2.5	10	7	20	10
山地	5	2.5	3.3	5.0	20	11	40	20
高山地	10	5.0	6.7	10.0	20	19	80	40

2. 水系和地形套合精度定量化描述模型

6.2 节详细描述了水系和地形套合精度定量化描述模型的建立思路。在

DEM 插值算法适应性实验中,针对选定的实验区域定量化地描述水系和地形套合精度,最终得到 DEM 尺度转换的适宜范围。

（1）针对 5 个实验区域随机、均匀地选择相应数目的实验样区。其中,山东潍坊实验区域由于地形坡度较小、等高线特征不明显,导致水系和地形套合的分析意义不大,故而没有选择相应的实验样区进行分析;吉林永安实验区域选择了 20 个实验样区,河南登封实验区域选择了 25 个实验样区,福建马甲实验区域选择了 30 个实验样区,甘肃张掖实验区域选择了 35 个实验样区（见图 6.7）。由于无法针对全部实验区域计算所有的套合点,因此对实验区域进行随机、均匀地采样,通过对实验样区套合点的计算来估计实验区域水系和地形的套合程度,并最终利用水系和地形套合精度定量化描述模型实现 DEM 尺度转换有效范围的判断。

（2）利用多流向路径算法,基于 4 个实验区域（山东潍坊实验区域除外）的多尺度 DEM 数据,计算相应的汇水面积,提取相应的山谷线。图 6.8～图 6.11 为由分辨率 25m 的 DEM 计算得到的汇水面积,以及提取的山谷线。

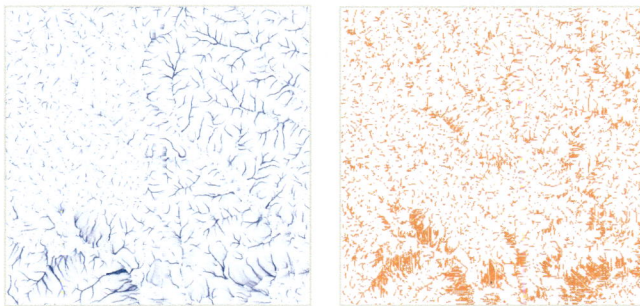

（a）汇水面积　　　　　　　　　（b）山谷线

图 6.8　吉林永安实验区域计算得到的汇水面积和山谷线

从图 6.8～图 6.11 可以发现,通过多流向路径算法提取的山谷线比原始数据的水系多;随着 DEM 分辨率的增大,提取得到的山谷线在某些位置可能遗漏。因此,在计算山谷线和水系线的套合程度时,可能需要进行人工干预。这也是选择实验样区的原因之一。

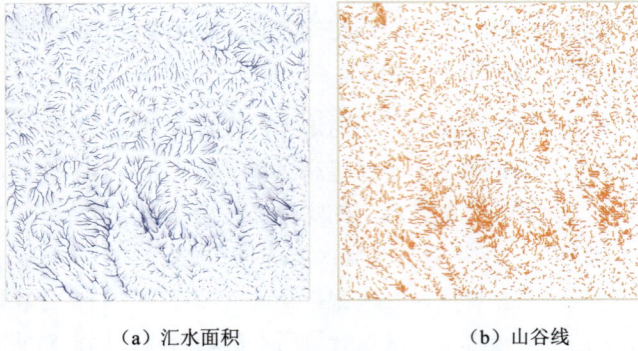

（a）汇水面积　　　　　　　　　（b）山谷线

图 6.9　河南登封实验区域计算得到的汇水面积和山谷线

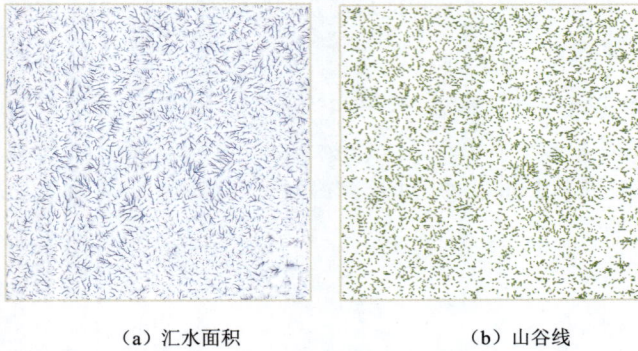

（a）汇水面积　　　　　　　　　（b）山谷线

图 6.10　福建马甲实验区域计算得到的汇水面积和山谷线

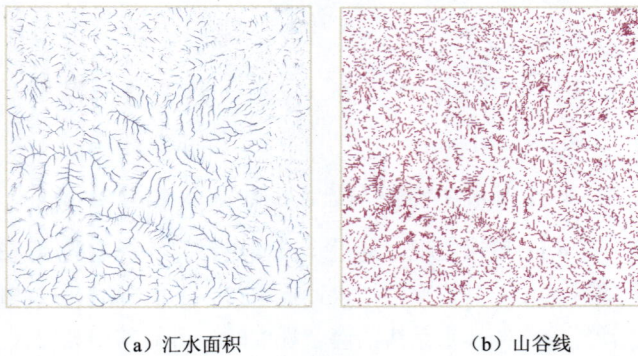

（a）汇水面积　　　　　　　　　（b）山谷线

图 6.11　甘肃张掖实验区域计算得到的汇水面积和山谷线

（3）基于 4 个实验区域的多尺度 DEM 数据，分别内插计算等高距为 10m（适用于吉林永安、河南登封、福建马甲实验区域）和 20m（适用于甘肃张掖实验区域）的等高线。追踪等高线的主要目的是计算山谷线和等高线的交叉点，并将其用于计算水系线和山谷线套合的偏移量，也就是水系和地形的套合偏移量。

（4）计算 110 个实验样区水系和地形的套合偏移量，并分别统计套合偏移量的最小值、最大值和中误差。

▶ 6.3.3 实验流程

DEM 插值算法的尺度适应性实验流程如图 6.12 所示。

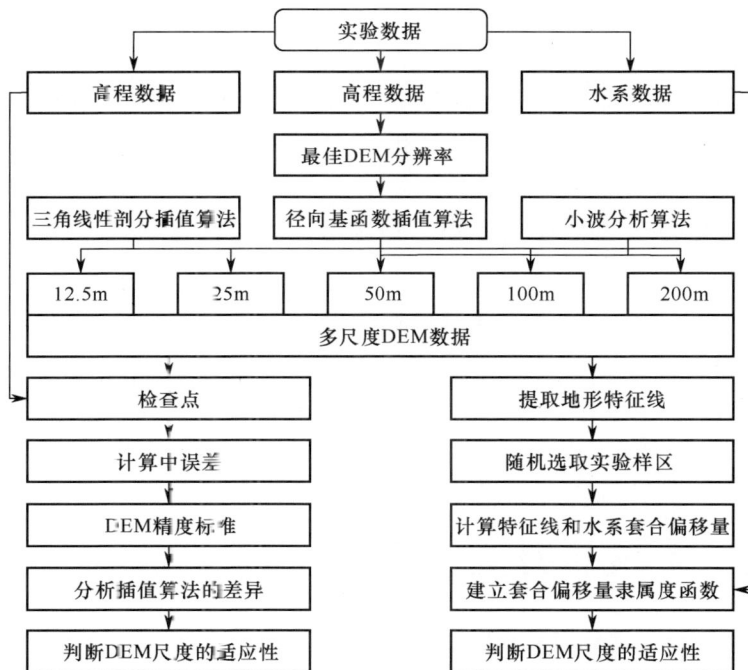

图 6.12 DEM 插值算法的尺度适应性实验流程

步骤 1：确定实验区域，并分别提取相应的高程数据和水系数据。其中，高程数据用于建立多尺度 DEM 数据，高程数据中的三角点、高程点用于计算所得中误差的检查。

步骤 2：确定 1∶50000 比例尺地形图数据建立的最佳 DEM 分辨率。

步骤 3：使用三角线性剖分插值算法、径向基函数插值算法插值建立分辨率为 12.5m、25m、50m、100m、200m 的 DEM 数据，并以三角线性剖分插值算法插值建立的分辨为 25m 的 DEM 数据为基础，使用 Daubechies 4 系数小波基函数简化建立分辨率为 50m、100m、200m 的 DEM 数据。

步骤 4：使用高程数据中的三角点、高程点计算各 DEM 数据的中误差，并根据不同尺度 DEM 的精度标准判定不同插值算法和小波分析算法生成的多尺度 DEM 的差异性，以及 DEM 尺度转换用于精度控制的适宜范围。

步骤 5：基于建立的多尺度 DEM 数据提取地形特征线（运用多流向路径算法提取山谷线）。

步骤 6：在实验区域选取实验样区用于水系和地形套合程度的测量。选择实验样区的主要目的在于：水系并非在实验区域中所有位置都存在，而且随着实验区域的不同其水系密度也不相同；在这种情况下，针对实验区域的特性，随机、均匀地选取含有水系和地形的实验样区用于水系和地形套合程度的测量，并将每个实验样区计算得到的偏移中误差的平均值作为该实验区域的最终结果。

步骤 7：计算实验样区中水系和地形特征线的平均偏移中误差。

步骤 8：建立平均套合偏移量中误差隶属度函数，并对每个实验样区进行隶属度计算。

步骤 9：根据隶属度判断 DEM 尺度转换的适宜范围。

▶ 6.3.4 实验分析及结论

1. DEM 最佳分辨率的确定

本章采用的原始数据是离散高程点数据，因此首先需要基于原始离散高程点数据确定最佳 DEM 分辨率。

确定最佳 DEM 分辨率是 DEM 尺度研究的关键，一般存在 3 种确定最佳 DEM 分辨率的方法。

（1）基于地形参数（如坡度、剖面曲率等）确定 DEM 适宜分辨率的方法，本质上是利用DEM分辨率对地形参数的尺度效应，最终确定最佳DEM分辨率。

　　Hutchinson（1996）提出了一种基于坡度中误差确定最佳 DEM 分辨率的方法。该方法的基本思路是：首先，以较大分辨率建立 DEM，并计算 DEM 的坡度中误差；然后，将 DEM 分辨率逐步对半递减，每递减一次重新计算 DEM 坡度中误差；最后，建立以 DEM 分辨率为横轴、以坡度中误差为纵轴的变化趋势图，当坡度中误差趋于稳定时相应的分辨率就是最佳 DEM 分辨率。Hutchinson（1996）得到的最佳DEM 分辨率为15m。

　　汤国安和龚建雅（2001）对 DEM 地形描述误差的空间结构进行了分析，建立了 DEM 描述误差、DEM 分辨率和平均剖面曲率之间的定量公式。王光霞等（2004）在此基础上对定量公式进行了相应改进，分别提出了基于坡度（S）和 DEM 描述误差（RMSE_t）（见式 6.12），以及基于剖面曲率（P）和 DEM 描述误差（RMSE_t）（见式 6.13）确定最佳 DEM 分辨率的方法，为确定适宜的 DEM 分辨率提供了理论依据。

$$R = \left(\mathrm{RMSE}_t - 0.0008\,S^2 + 0.0508\,S - 0.3559 \right) / \left(0.0001\,S^2 + 0.0031\,S + 0.0301 \right) \quad (6.12)$$

$$R = \left(\mathrm{RMSE}_t - 0.001\,P^2 + 0.0649\,P - 0.5695 \right) / \left(0.0061\,P + 0.0027 \right) \quad (6.13)$$

　　于浩等（2009）利用式（6.12）和式（6.13）建立了 DEM 尺度转换模型，发现当模型变量大于 1∶100000 时，两者预测得到的 DEM 分辨率会产生较大的分歧。因而认为，此模型并不能无限综合下去，综合程度越高，其误差越大；只有在某个范围内才能够保证综合的精度。

　　杨勤科等（2006）利用多尺度 DEM 的"坡度均方差–栅格尺寸"关系曲线、"派生等高线–栅格尺寸"关系曲线，结合 DEM 地貌特征的分析，确定了黄土丘陵区 1∶250000 和 1∶10000 比例尺地形图生成 DEM 的适宜分辨率分别为50m 和 2.5m。郝振纯等（2005）采用信息熵度量不同分辨率的流域地形、平均坡度、河网长度等地形参数的变化，以确定合理的 DEM 分辨率。史明昌和沈晶玉（2006）分析网格尺寸的变化与坡度、坡向、剖面曲率、平面曲率计算结果之间的定性、定量关系，从精度和栅格数据量两个方面确定了 1∶10000 比例尺地形图生成 DEM 的适宜分辨率为5～10m。

　　（2）基于具体应用确定 DEM 适宜分辨率的方法。该方法主要结合特定应用需求，通过统计分析方法确定最佳DEM分辨率。Florinsky 和 Kuryakova（2000）从土壤湿度分布应用角度，通过实验统计方法探讨、分析了最佳 DEM 分辨率的确定方法。Claessens 和 Heuvelink（2005）从滑坡灾害和土壤侵蚀角度研究了 DEM 分辨率的影响，以及 DEM 分辨率的选择。孙孝林等（2008）比较了不同分辨率 DEM 中土壤景观模型及其预测制图的精度，并确定模型在分辨为 10～25m 的 DEM 中的制图精度较高。

（3）基于等高线结构特征确定最佳 DEM 分辨率。基于等高线数据内插生成 DEM 数据是常用的 DEM 内插方法之一，因此可以根据等高线结构特征确定最佳 DEM 分辨率。王东华等（2001）用相邻两条等高线之间的水平距离作为最佳 DEM 分辨率。Hengl 从等高线数据角度出发，依据制图和采样理论，给出了利用等高线长度和区域面积计算生成 DEM 的最佳分辨率。

另外，国家测绘地理信息局和原总参作战部测绘局分别于 1998 年和 1999 年规定了相应比例尺地形图建立的最适宜 DEM 分辨率的对应关系（见表 6.9、表 6.10）。

表 6.9 1∶50000 比例尺 DEM 精度标准（国家测绘地理信息局，1998 年）

地形类别	地形图基本等高距(m)	地面坡度（°）	DEM 分辨率（m）	格网点高程中误差（m）
平地	1	<2	25	4
丘陵	2.5	2～6	25	7
山地	5	6～25	25	11
高山地	10	>25	25	19

表 6.10 不同比例尺 DEM 的分辨率（原总参作战部测绘局，1999 年）

编　号	比　例　尺	DEM 分辨率（″）	赤道处相应分辨率（m）
1	1∶1000000	15×15	450
2	1∶500000	10×10	300
3	1∶250000	5×5	150
4	1∶100000	3×3	90
5	1∶50000	1×1	30
6	1∶25000	1/2×1/2	15
7	1∶10000	1/4×1/4	7.5

综上所述，本章基于 1∶50000 比例尺地形图等高线数据插值生成的 DEM 的最适宜分辨率为 25m，并基于此进行了 DEM 尺度转换研究。

2．中误差精度模型实验分析

按照 6.3.2 节的叙述，本章运用三角线性剖分插值算法、径向基函数插值算法、Daubechies 4 系数（D4）小波分析算法建立各实验区域的多尺度 DEM，其中，小波分析算法是基于 25m 分辨率的 DEM 运用 Daubechies 4 系数小波窗口逐级二进简化生成的。另外，本章运用中误差度量指标建立各实验区域不同分辨率的中误差精度模型，得到如表 6.11～表 6.15 所示的实验结果。

表 6.11   山东潍坊实验区域中误差实验结果

DEM 尺度（m）	中误差（TIN）（m）	平均坡度（TIN）（°）	中误差（RBF）（m）	平均坡度（RBF）（°）	中误差（D4）（m）	平均坡度（D4）（°）
12.5	0.1706	0.2114	0.1741	0.2350		
25	0.3455	0.2088	0.3516	0.2264	0.3516	0.2264
50	0.6416	0.2038	0.6573	0.2172	0.8142	0.2156
100	1.1971	0.1939	1.2055	0.2043	1.8183	0.2023
200	1.9531	0.1758	1.9819	0.1838	2.6527	0.1813
400	2.7588	0.1503	2.8710	0.1553	3.5642	0.1501
800	3.3153	0.1283	3.5592	0.1308	4.2242	0.1196

表 6.12   吉林永安实验区域中误差实验结果

DEM 尺度（m）	中误差（TIN）（m）	平均坡度（TIN）（°）	中误差（RBF）（m）	平均坡度（RBF）（°）	中误差（D4）（m）	平均坡度（D4）（°）
12.5	0.9908	4.6517	0.9296	4.8937		
25	1.9140	4.5886	1.7967	4.8078	1.7967	4.5920
50	3.8937	4.4261	3.6804	4.6203	4.6681	4.1137
100	7.7069	4.0277	7.4643	4.1595	11.6434	3.3272
200	14.7005	3.3423	14.6009	3.4232	22.7058	2.4108
400	24.1579	2.5130	24.3278	2.5565	34.7177	1.5905
800	35.1566	1.7741	35.4262	1.7941	45.2896	4.5920

首先，分析各实验区域不同尺度 DEM 数据的中误差和平均坡度，可以发现：当 DEM 分辨率为 25m 时，计算得到的中误差符合"1∶50000 DEM 的精度标准"要求。这表明以 1∶50000 比例尺地形图等高线数据建立 25m 分辨率的 DEM 数据是适宜的。

表 6.13　河南登封实验区域中误差实验结果

DEM 尺度（m）	中误差（TIN）（m）	平均坡度（TIN）（°）	中误差（RBF）（m）	平均坡度（RBF）（°）	中误差（D4）（m）	平均坡度（D4）（°）
12.5	2.1481	13.5589	1.8047	13.9697		
25	4.2490	13.2945	3.7075	13.7056	3.7075	13.7056
50	8.4090	12.5821	7.6595	12.9423	9.9781	12.8909
100	16.4198	11.0849	15.8295	11.3330	26.0238	11.2010
200	35.0380	9.0583	34.7932	9.1874	50.2224	8.9594
400	55.0650	7.0423	54.9738	7.1057	83.0388	6.8147
800	88.2289	5.3887	88.3130	5.4200	118.5332	5.0943

表 6.14　福建马甲实验区域中误差实验结果

DEM 尺度（m）	中误差（TIN）（m）	平均坡度（TIN）（°）	中误差（RBF）（m）	平均坡度（RBF）（°）	中误差（D4）（m）	平均坡度（D4）（°）
12.5	1.8342	14.7767	1.5652	15.2132		
25	3.5211	14.3339	3.1196	14.7477	3.1196	14.7477
50	7.9059	13.2750	7.5418	13.6047	10.0475	13.5164
100	17.2950	11.4946	17.0727	11.7010	25.7521	11.5198
200	31.6742	9.3281	31.6356	9.4387	49.6867	9.1624
400	52.7456	7.1345	52.9083	7.1880	76.5774	6.8423
800	73.8158	5.2026	76.0644	5.2285	99.8950	4.7674

表 6.15　甘肃张掖实验区域中误差实验结果

DEM 尺度（m）	中误差（TIN）（m）	平均坡度（TIN）（°）	中误差（RBF）（m）	平均坡度（RBF）（°）	中误差（D4）（m）	平均坡度（D4）（°）
12.5	3.4437	28.3563	2.9934	28.9598		
25	6.8385	27.9083	6.0961	28.4178	6.0961	28.4178
50	13.2338	26.4756	12.5843	26.8446	18.6410	26.7123
100	26.5646	23.6093	26.1566	23.8193	47.0190	23.5226
200	52.7392	19.6306	52.6467	19.7232	93.4160	19.2136
400	89.7991	15.2286	89.8619	15.2678	154.4799	14.4716
800	136.9187	11.0999	136.9972	11.1246	220.4975	10.1877

其次，观察各实验区域中误差实验结果，可以得到如下结论。

（1）三角线性剖分插值算法和径向基函数插值算法建立的多尺度 DEM 数

据的中误差和 DEM 平均坡度在不同尺度范围下具有不同的表现。

当 DEM 分辨率为 12.5～100m 时，随着 DEM 分辨率的增大，DEM 中误差呈现线性增大趋势，这符合李志林和朱庆（2003）、汤国安和龚建雅（2001）、王光霞等（2004）的研究成果［见图 6.13（a）］；当 DEM 分辨率为 12.5～800m 时，随着 DEM 分辨率的增大，DEM 中误差的增大趋势逐渐变缓，此时 DEM 中误差和 DEM 分辨率之间表现出很强的幂指数关系［见图 6.13（b）］。这就是于浩等（2009）在运用汤国安和龚建雅（2001）、王光霞等（2004）提出的"DEM 描述误差模型"时得出矛盾结果的原因。

（2）Daubechies 4 系数小波分析算法建立的多尺度 DEM 数据，在中误差与 DEM 分辨率关系方面与三角线性剖分插值算法、径向基函数插值算法相比，结果较为相似。

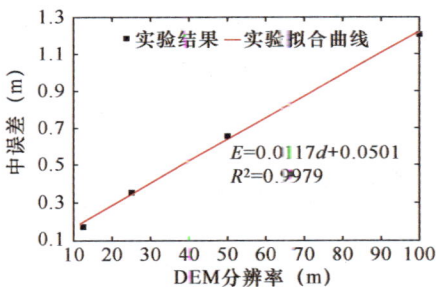

$E=0.0117d+0.0501$
$R^2=0.9979$

（a）山东潍坊实验区域（小尺度 DEM）

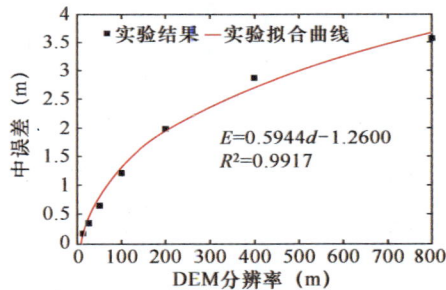

$E=0.5944d-1.2600$
$R^2=0.9917$

（b）山东潍坊实验区域（大尺度 DEM）

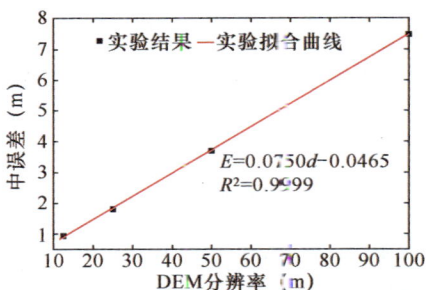

$E=0.0750d-0.0465$
$R^2=0.9999$

（c）吉林永安实验区域（小尺度 DEM）

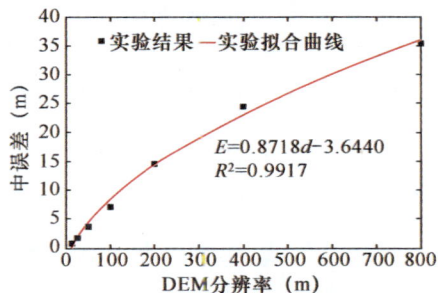

$E=0.8718d-3.6440$
$R^2=0.9917$

（d）吉林永安实验区域（大尺度 DEM）

图 6.13　DEM 分辨率与中误差的关系（基于 RBF 插值算法）

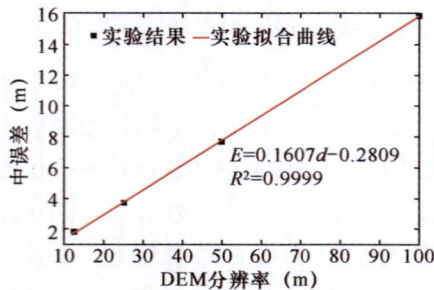

（e）河南登封实验区域（小尺度 DEM）

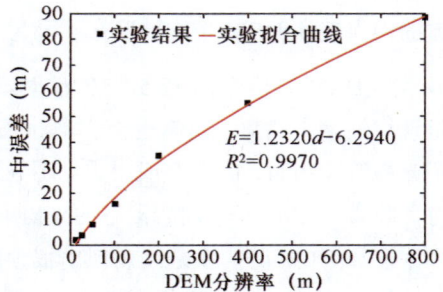

（f）河南登封实验区域（大尺度 DEM）

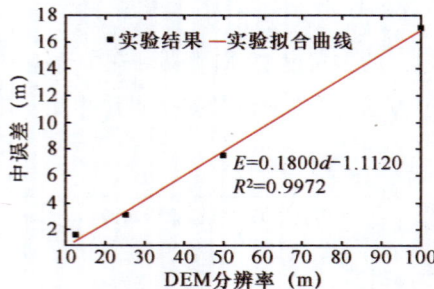

（g）福建马甲实验区域（小尺度 DEM）

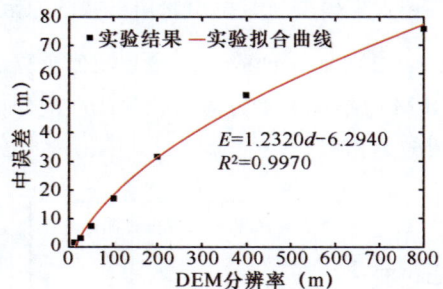

（h）福建马甲实验区域（大尺度 DEM）

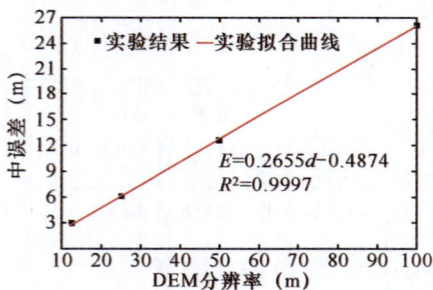

（i）甘肃张掖实验区域（小尺度 DEM）

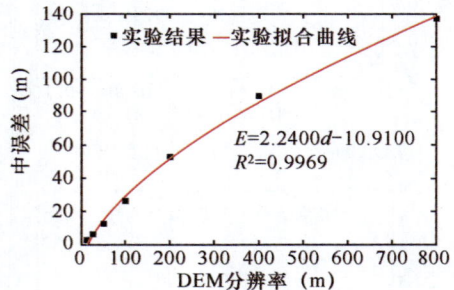

（j）甘肃张掖实验区域（大尺度 DEM）

图 6.13　DEM 分辨率与中误差的关系（基于 RBF 插值算法）（续）

　　但是，在同一分辨率下，小波分析算法较三角线性剖分插值算法的中误差更大，精度更低（见图 6.14），甚至 Daubechies 4 系数小波分析算法的三级重构或四级重构的中误差和三角线性剖分插值算法、径向基函数插值算法的下一级 DEM 中误差相近。例如，在甘肃张掖实验区域，Daubechies 4 系数小波分析算法三级重构的 DEM 分辨率为 200m，中误差为 93.4160m，而径向基函数插值算法构建的 400m 分辨率的 DEM 的中误差为 89.8619m。

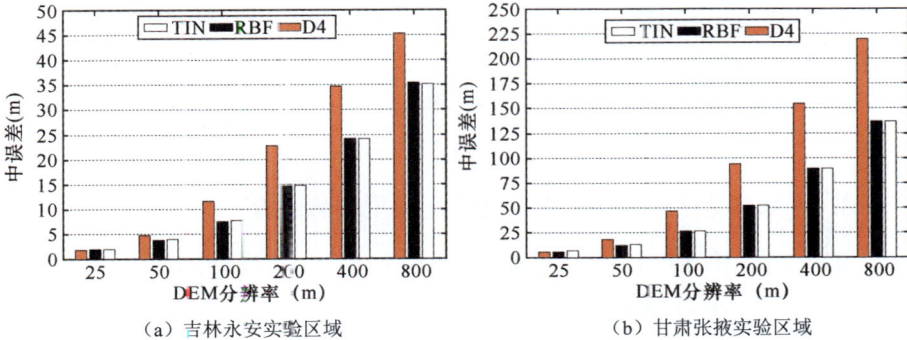

(a) 吉林永安实验区域　　　　　(b) 甘肃张掖实验区域

图 6.14　不同尺度转换算法在不同分辨率下的中误差比较

（3）从 DEM 精度的角度出发探讨 DEM 尺度转换的有效范围，可以发现不同地貌类型、不同尺度转换算法对应的 DEM 尺度转换有效范围是有差异的。

表 6.8 规定了 1∶10000、1∶50000 和 1∶100000 比例尺 DEM 的精度标准，可以看出：以 25m 分辨率为基准，其大致对应 1∶50000 比例尺 DEM 数据。对于三角线性剖分插值算法、径向基函数插值算法而言，当 DEM 尺度上推到 12.5m 时（相当于 1∶10000 比例尺 DEM 数据），符合 DEM 数据的精度要求，即 DEM 尺度上推 1 个等级符合 DEM 数据的精度要求；当 DEM 尺度下推到 50m 时（相当于 1∶100000 比例尺 DEM 数据），符合 DEM 数据的精度要求；当 DEM 尺度下推到 100m 时（相当于 1∶250000 比例尺 DEM 数据），虽然没有相应的 DEM 数据的精度要求，但 100m 分辨率下的 DEM 精度仍然符合 1∶100000 比例尺 DEM 数据的精度要求；当 DEM 尺度下推到 200m 时（相当于 1∶1000000 比例尺 DEM 数据），除平原地貌（山东潍坊实验区域）外，没有相应的 DEM 数据的精度要求，但又大于 1∶100000 比例尺 DEM 所要求的精度，因此可以认为 DEM 尺度不能继续下推。对于平原地貌（山东潍坊实验区域）而言，当 DEM 尺度下推到 800m 时，依然符合 1∶50000 比例尺 DEM 所要求的精度（其实这是可以理解的，对于一个平坦地区的简化，即使仅使用两个最简单的三角形拟合，数据精度也不会存在太大的差异）。对于 Daubechies 4 系数小波分析算法而言，其比三角线性剖分插值算法、径向基函数插值算法的效果差，当 DEM 尺度下推到 50m 时（相当于 1∶100000 比例尺 DEM 数据），符合 DEM 数据的精度要求；当 DEM 尺度

下推到 100m 时，已经不符合 1∶100000 比例尺 DEM 数据的精度要求。

因此可以认为，DEM 中误差和 DEM 分辨率在小尺度范围内呈现良好的线性关系；随着 DEM 分辨率的增大，两者之间的关系逐渐转变为幂指数关系；对于尺度转换的有效范围而言，一般上推 1 个尺度和下推 2 个尺度是比较适宜的。

3. 水系和地形套合精度定量化描述模型实验分析

按照 6.3.2 节的描述，本章对 110 个实验样区分别计算套合最小偏移量、套合最大偏移量、套合偏移量中误差和相应的隶属度。

（1）坡度和套合精度的关系。

一般而言，DEM 尺度和地形特征因子的变化关系表现为，随着 DEM 尺度的增大，最小高程变大，最大高程变小，平均坡度变小，整个区域逐渐趋于平坦化。这种变化规律在地形复杂区域变化较为激烈，在地形平坦区域相对较为平缓，因此实验区域平均坡度的大小将影响套合精度的表现。

当实验区域的平均坡度较小（<5°）时，难以提取相应的重构山谷线信息，导致水系和相应重构山谷线正确配对的概率减小。同时，由于实验区域平均坡度较小，不同尺度 DEM 描述的地形特征变化平缓，重构等高线并不产生明显的差异，因此实验得到的隶属度呈现两极变化的趋势，即当某一尺度 DEM 的套合精度较高时，其他尺度 DEM 的套合精度也较高（见表 6.16）；反之亦然（见表 6.17）。在表 6.16 中，由于实验样区平均坡度较小（=1.0690°），基于不同尺度 DEM 重构得到的等高线分布较类似，表现为 25m、50m、100m 和 200m 分辨率 DEM 的套合均达到较高精度；而 12.5m 分辨率 DEM 的隶属度也达到 0.2160，虽然相对较小，但在缺少更多高程信息时，已经是不错的套合精度了。在表 6.17 中，实验样区的平均坡度略有增大（=3.9148°），基于不同 DEM 重构得到的等高线分布，除 100m、200m 分辨率 DEM 之外，其他分辨率的 DEM 仍然比较类似，但是水系和重构等高线的套合整体上存在较大偏移，导致不同尺度的 DEM 的套合精度均较差。

当实验样区的平均坡度较大（＞5°）时，地形特征逐渐复杂，随着尺度的不断增大，基于不同尺度 DEM 重构得到的等高线分布特征逐渐发生较大变化。

当 DEM 分辨率大于 50m 时，其地形特征已经和实际地形特征存在较大差别，水系和重构等高线的套合状况也发生了较大变化，甚至可能出现地形表达的逻辑错误，即水系跨越山脊线（见表 6.18）、水系跨越山顶、水系跨越鞍部（见表 6.19）等现象。对于存在地形表达逻辑错误的实验样区，在实验过程中将最大偏移量定义为 9999.0。当 DEM 分辨率为 25m 和 50m 时，由于地形特征保持相对完整，因而具有较高的套合精度（见表 6.20）。

表 6.16   同一实验样区不同尺度 DEM 和水系套合结果目视观察效果比较 1

分　辨　率	12.5m	25m	50m	100m	200m
水系和等高线套合图					
平均坡度（°）	1.0690				
最小偏移量（m）	5.6635	9.7055	0.0801	0.7194	13.3156
最大偏移量（m）	8.5309	15.4183	26.4409	26.5363	37.7000
偏移中误差（m）	7.2700	12.8826	18.6966	18.7709	28.2718

表 6.17   同一实验样区不同尺度 DEM 和水系套合结果目视观察效果比较 2

分　辨　率	12.5m	25m	50m	100m	200m
水系和等高线套合图					
平均坡度（°）	3.9148				
最小偏移量（m）	17.6308	16.9671	12.9922	29.4696	7.7355
最大偏移量（m）	43.0299	49.2723	56.0664	69.1926	263.5196
偏移中误差（m）	35.5607	38.3877	45.8704	47.9503	164.8679

（2）最佳 DEM 分辨率的确定。

确定最佳 DEM 分辨率是 DEM 尺度研究的关键，存在基于地形参数、基于具体应用、基于等高线特征这 3 种确定最佳 DEM 分辨率的方法。美国国家地理空间信息局于 1998 年制定了相应比例尺地形图建立最适宜 DEM 分辨率的对应关系（见表 6.1）。DEM 保真精度实验的结果再次验证了这个选择。

表 6.18　同一实验样区不同尺度 DEM 和水系套合结果目视观察效果比较 3

分　辨　率	12.5m	25m	50m	100m	200m
水系和等高线套合图					
平均坡度（°）	14.1645				
最小偏移量（m）	5.4908	0.7011	2.2824	/	/
最大偏移量（m）	24.0458	15.6979	11.2741	9999	9999
偏移中误差（m）	14.2369	7.3382	6.3493	9999	9999

表 6.19　同一实验样区不同尺度 DEM 和水系套合结果目视观察效果比较 4

分　辨　率	12.5m	25m	50m	100m	200m
水系和等高线套合图					
平均坡度（°）	18.0914				
最小偏移量（m）	1.1501	0.3167	0.2948	/	/
最大偏移量（m）	25.0031	28.7753	24.8308	9999	9999
偏移中误差（m）	14.6096	16.5879	13.1169	9999	9999

表 6.20　同一实验样区不同尺度 DEM 和水系套合结果目视观察效果比较 5

分　辨　率	12.5m	25m	50m	100m	200m
水系和等高线套合图					
平均坡度（°）	12.0691				
最小偏移量（m）	0.4143	0.0713	0.6041	3.1784	19.4309
最大偏移量（m）	20.4077	20.2686	46.9248	147.9060	388.7617
偏移中误差（m）	11.8518	10.0680	21.4391	52.2058	195.2171

　　实验对 110 个实验样区分别计算套合的最小偏移量、最大偏移量、偏移中误差，并利用套合偏移量隶属度函数计算相应的隶属度，各实验区域的隶属度平均值如表 6.21 所示。实验结果显示，25m、50m 分辨的 DEM 计算得到的水

系和地形套合精度最高，12.5m 分辨的 DEM 得到的套合精度最差。这表明在基于 1：50000 等高线数据建立的多尺度 DEM 数据中，25m、50m 分辨的 DEM 对原始等高线数据中隐含高程信息的再现最精确。另外，由于 1：50000 等高线数据隐含的高程信息是有限的，如果希望生成更大尺度的 DEM 数据（如分辨率为 12.5m），则从套合精度表现来看，并不能满足要求。也就是说，1：50000 等高线数据中隐含的高程信息并不能通过不同 DEM 插值算法得到补充，唯一的方法是增加新的高程信息，否则任何希望利用插值算法提高 DEM 精度的操作都是徒劳的。

表 6.21　各实验区域多尺度 DEM 水系和地形隶属度的平均值

DEM 尺度	吉林永安实验区域	河南登封实验区域	福建马甲实验区域	甘肃张掖实验区域
12.5m	0.4604	0.0393	0.2557	0.0313
25m	0.8718	0.7301	0.9370	0.6990
50m	0.7602	0.7365	0.9031	0.7429
100m	0.6130	0.4093	0.4578	0.5448
200m	0.7122	0.3861	0.4081	0.5164

（3）DEM 尺度转换适宜范围的确定。

通过对每个实验样区进行水系和重构山谷线的套合精度及其隶属度的计算，可以了解水系和重构山谷线的套合精度在不同尺度 DEM 数据中的表现。通过比较系列尺度 DEM 数据的套合精度，就可以大致确定 DEM 尺度转换的适宜范围。

前文描述了基于 1：50000 比例尺地形图数据可以生成的 DEM 最佳尺度为 25m，因此以 25m 分辨率 DEM 为基准判断 DEM 尺度转换的适宜范围。

表 6.21 的实验结果表明，基于 25m 分辨率的 DEM 在进行尺度下推变换时，下推 1 个等级是完全合理的，下推 2 个等级则需要斟酌，因为 100m、200m 分辨的 DEM 数据计算得到的结果中存在地形表达的逻辑错误；但是，基于 25m 分辨率的 DEM 在进行尺度上推变换时，没有任何意义，即套合精度的计算结果极差，这说明 1：50000 等高线数据中隐含的高程信息并不能通过不同 DEM 插值算法得到补充。

此外，吉林永安实验区域的各种尺度 DEM 数据计算得到的隶属度整体优于其他实验区域，这表明地形平均坡度越小的区域，在进行尺度变换时差异越小，越能够实现 DEM 尺度的"平缓"变换，甚至可以尺度下推 2～3 个等级。

6.4　本章小结

尺度问题是地学研究中的主要问题。作为地形表面的数字化表达，DEM 在通过离散方式表达连续变化的地形表面过程中，存在尺度依赖性。尺度变换是有效解决 DEM 多尺度变换的有效途径。本章运用中误差精度模型、水系和地形套合精度定量化描述模型研究了 DEM 插值算法对 DEM 尺度变化的适应性，以及 DEM 插值算法、小波分析算法对尺度变换的有效性。实验结论如下。

（1）对于不同的 DEM 插值算法而言（径向基函数插值算法和三角线性剖分插值算法），径向基函数插值算法优于三角线性剖分插值算法；这两种插值算法在不同 DEM 尺度下具有相似的表现，即 DEM 中误差与 DEM 分辨率在小尺度范围内呈现良好的线性关系，随着 DEM 分辨率的增大，两者之间的关系逐渐转变为幂指数关系。当 DEM 进行尺度下推时，运用小波分析算法得到的 DEM 中误差较 DEM 插值算法更大，甚至存在 1 个等级的差异。

（2）运用水系和地形套合精度定量化描述模型分析 DEM 尺度转换的有效范围，结果表明无论使用何种 DEM 插值算法，由于不存在更高精度的高程信息，导致即使上推 1 个等级 DEM 尺度仍然不可取，但下推 1～2 个等级 DEM 尺度是合理的；同时发现，地形平均坡度越是小的区域，在进行多尺度变换时差异越小，越能够实现 DEM 尺度的"平缓"变换。

数据处理与地形建模软件

摘要

　　为了实现第 3~6 章涉及的 DEM 插值算法适应性实验，本书的部分实验选择了 DPS 数据处理系统、自动地球科学分析系统（System for Automated Geoscientific Analyses，SAGA）和 Golden Software Surfer 系统，完成了实验数据处理、数字高程模型建模、实验结果统计分析等工作。本章简单介绍上述商用软件提供的相应功能，包括相关分析、方差分析、模糊聚类分析、趋势面分析、基础地形分析、空间插值算法等。

7.1　DPS 数据处理系统

▶ 7.1.1　DPS 数据处理系统简介

　　DPS 是 Data Processing System 的缩写，DPS 数据处理系统是一套通用的多功能数据处理、数值计算、统计分析和模型建立软件，具有较强的统计分析和数学模型模拟分析功能。作为目前国内功能最为完整的统计软件包，DPS 数据处理系统完全可以媲美"统计产品与服务解决方案"（Statistical Product and Service Solutions，SPSS）。

　　DPS 数据处理系统将实验设计、统计分析、数值计算、模型模拟，以及数据挖掘等功能融为一体，提供了全方位的数据处理功能，具体如下。

　　（1）DPS 数据处理系统是目前国内唯一的一款实验设计和统计分析功能齐全、具有自主知识产权、技术水平达到国际先进水平的国产多功能统计分析软件包。其中，均匀实验设计和混料实验设计采用了独创算法，使得均匀实验设计、多元统计分析中的动态聚类分析及混料实验设计处于国际领先地位。

　　（2）DPS 数据处理系统的统计分析功能，涵盖了几乎所有的统计分析技术，是目前国内统计分析功能最全的软件包。它可以处理 SPSS 菜单操作、SAS 编程等很难实现的多因素裂区混杂设计、格子设计等方差分析问题。

（3）DPS 数据处理系统的专业统计分析模块适应各学科的特殊需求，它设计了如数据包络分析、随机前沿面分析、结合分析、顾客满意度指数（结构方程）模型、数学生态学方法、生物测定、地理统计、遗传育种、生存分析、水文频率分析、量表分析、质量控制图、ROC 曲线分析等内容。

（4）DPS 数据处理系统还包括非统计分析功能，如模糊数学方法、灰色系统方法，以及各种类型的线性规划、非线性规划、层次分析、BP 神经网络、径向基函数（RBF）、投影寻踪回归和分类等。

本书使用了 DPS 数据处理系统提供的相关分析、方差分析和模糊聚类分析3 个基本功能，这里分别对它们进行简单介绍。

▶ 7.1.2　相关分析

1. 相关分析基本原理

相关分析是经典统计分析中最基本的方法之一，主要从统计分析的角度，定量分析要素之间的相关程度，拟合变量之间的数量关系。要素之间的相关分析揭示了要素之间的密切程度，而要素之间密切程度的测定，主要通过相关系数（r）的计算与检验来完成（徐建华，2010）。常用的相关系数主要有 Pearson 简单相关系数、Spearman 等级相关系数和 Kendall τ 相关系数（张庆利，2011）。这里使用 Pearson 简单相关系数定量分析各变量之间的相关关系。

Pearson 简单相关系数用于度量定距型变量之间的线性相关关系，其计算公式如式（7.1）所示。

$$r = \frac{\sum_{i=1}^{n}(x_i - \overline{x})(y_i - \overline{y})}{\sqrt{\sum_{i=1}^{n}(x_i - \overline{x})^2 (y_i - \overline{y})^2}} \qquad (7.1)$$

式中，n 为样本容量，x_i、y_i 为两个变量的样本值。

相关系数 r 的取值一般在 -1 到 1 之间。当 $r > 0$ 时，两个变量之间存在正相关关系；反之，两个变量之间存在负相关关系。一般认为，当相关系数的绝对值大于 0.8 时，两个变量之间具有较强的线性关系；当相关系数的绝对值小于 0.3 时，两个变量之间的相关关系较弱。

在计算得到两个变量的相关系数之后，需要检验其对两个变量的样本所来自的总体是否存在显著的线性关系。Pearson 简单相关系数的检验统计量为 t 统计量，定义为

$$t=\frac{r\sqrt{n-2}}{\sqrt{1-r^2}} \tag{7.2}$$

在给定置信水平 0.05 时检验相关系数的显著性，如果计算得到 $p < 0.05$，表示相关系数具有显著性意义；反之，相关系数不存在显著性意义，即两个变量之间不存在强线性相关关系。

2．DPS 数据处理系统的操作步骤

相关分析是经典统计分析中最基本的方法，其主要从统计分析的角度，定量地描述地理要素之间的相关程度，并拟合地理变量之间的数量关系。

DPS 数据处理系统中的“多元分析”→“相关分析”实现相关分析功能。其步骤为：假设存在实验数据（见图 7.1），选取需要处理的数据内容，触发“多元分析”→“相关分析”完成相关分析，相关分析结果如图 7.2 所示。

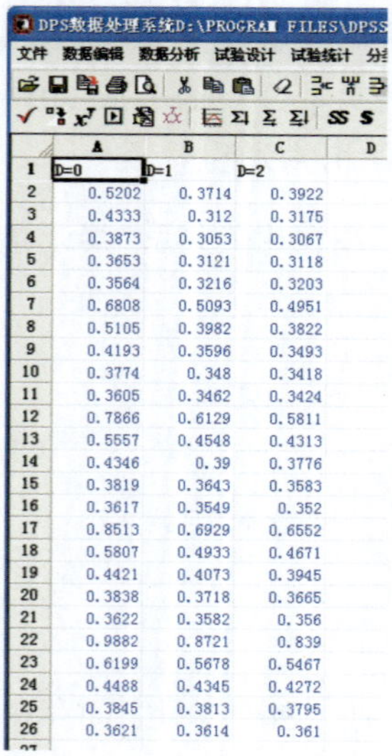

	A	B	C	D
1	D=0	D=1	D=2	
2	0.5202	0.3714	0.3922	
3	0.4333	0.312	0.3175	
4	0.3873	0.3053	0.3067	
5	0.3653	0.3121	0.3118	
6	0.3564	0.3216	0.3203	
7	0.6808	0.5093	0.4951	
8	0.5105	0.3982	0.3822	
9	0.4193	0.3596	0.3493	
10	0.3774	0.348	0.3418	
11	0.3605	0.3462	0.3424	
12	0.7866	0.6129	0.5811	
13	0.5557	0.4548	0.4313	
14	0.4346	0.39	0.3776	
15	0.3819	0.3643	0.3583	
16	0.3617	0.3549	0.352	
17	0.8513	0.6929	0.6552	
18	0.5807	0.4933	0.4671	
19	0.4421	0.4073	0.3945	
20	0.3838	0.3718	0.3665	
21	0.3622	0.3582	0.356	
22	0.9882	0.8721	0.839	
23	0.6199	0.5678	0.5467	
24	0.4488	0.4345	0.4272	
25	0.3845	0.3813	0.3795	
26	0.3621	0.3614	0.361	

图 7.1 相关分析实验数据

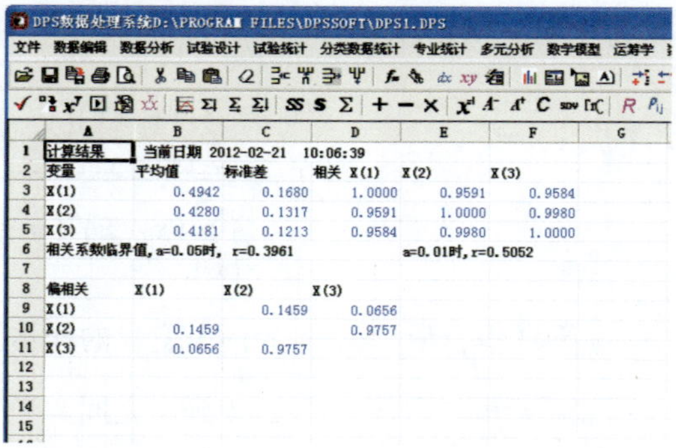

	A	B	C	D	E	F	G
1	计算结果	当前日期 2012-02-21 10:06:39					
2	变量	平均值	标准差	相关 X(1)	X(2)	X(3)	
3	X(1)	0.4942	0.1680	1.0000	0.9591	0.9584	
4	X(2)	0.4280	0.1317	0.9591	1.0000	0.9980	
5	X(3)	0.4181	0.1213	0.9584	0.9980	1.0000	
6	相关系数临界值，a=0.05时，r=0.3961				a=0.01时，r=0.5052		
7							
8	偏相关	X(1)	X(2)	X(3)			
9	X(1)		0.1459	0.0656			
10	X(2)	0.1459		0.9757			
11	X(3)	0.0656	0.9757				
12							
13							
14							
15							

图 7.2 相关分析结果

▶ 7.1.3 方差分析

方差分析是科学实验中的常用工具，是生物统计分析的核心内容之一。在科学实验中，实验结果往往是变化的。这种变化大致二由两类因素引起：一类是受随机因素影响而产生的波动，这类因素的影响在实验中常常是不能控制的，因而不可避免；另一类是人为控制因素的影响使实验结果产生变化。当人为控制因素对实验结果有显著影响时，必然会明显地改变实验结果，并同随机因素一起出现。反之，当人为控制因素对实验结果无显著影响时，相应的变化就不会明显地表现出来，从而使实验结果的变化基本上归结于随机因素的影响。科学实验的目的通常是判断这类人为控制因素对实验结果的影响是否确实存在？

方差分析是通过对实验结果数据变动的分析，对上述问题做出判断的有效工具。因为它可以将随机变动和非随机变动从混杂状态下分离开来，帮助人们发现起主导作用的变异来源，从而抓住主要矛盾或关键因素，并采取有效措施。

1. 方差分析基本原理

以单因素、每组样本数相等的情形为例，介绍方差分析的基本原理。假设实验因素有 a 种处理方法，每种处理重复 m 次，在实验结束后，其实验资料整理如表 7.1 所示。

表 7.1　单因素方差分析实验资料整理

处　理	实验数据（重复）	$T_i = \sum\limits_{i=1}^{m} x_{ij}$	均值 $\bar{x}_i$
1	$x_{11}, x_{12}, \cdots, x_{1m}$	T_1	$\bar{x}_1 = \dfrac{1}{m} T_1$
2	$x_{21}, x_{22}, \cdots, x_{2m}$	T_2	$\bar{x}_2 = \dfrac{1}{m} T_2$
$\vdots$	$\vdots$	$\vdots$	$\vdots$
i	$x_{i1}, x_{i2}, \cdots, x_{im}$	T_i	$\bar{x}_i = \dfrac{1}{m} T_i$
$\vdots$	$\vdots$	$\vdots$	$\vdots$
a	$x_{a1}, x_{a2}, \cdots, x_{am}$	T_a	$\bar{x}_a = \dfrac{1}{m} T_a$

在表 7.1 中，每行数据可以看成来自 a 个总体的 m 个样本，并且假定这 a 个总体都服从正态分布，并且具有相同的方差 σ_x^2。每个样本是采用重复采样方式

抽取的，即满足独立、正态、等方差 3 个假设。实际上，一般的实验基本上都能满足上述 3 个条件。

第 1 步：进行统计假设，也就是假设各处理的数据都抽取自平均数相同的总体。

第 2 步：根据正态、等方差条件，以及当前的统计假设，$a \times m$ 个数据可以视为来自总体方差为 σ_x^2 的、同一正态分布总体的样本，然后对该样本的变异进行分解。

（1）总变异的平方和 SS_T 是各样本观测值 x_{ij} 与它们的平均值 $\bar{x}$ 的离差平方和，即

$$SS_T = \sum_{i=1}^{a}\sum_{j=1}^{m}\left(x_{ij} - \bar{x}\right)^2 \tag{7.3}$$

其自由度 $df_T = am - 1$。

（2）各组样本内（处理内）变异的平方和 SS_i 为各处理内观察值与其平均值 $\bar{x}_i$ 的离差平方和。对于处理 1，有

$$SS_1 = \sum_{j=1}^{m}\left(x_{1j} - \bar{x}_1\right)^2 \text{，其自由度 } df_1 = m - 1 \text{。}$$

对于处理 2，有

$$SS_2 = \sum_{j=1}^{m}\left(x_{2j} - \bar{x}_2\right)^2 \text{，其自由度 } df_2 = m - 1 \text{。}$$

依次类推，对于处理 a，有

$$SS_a = \sum_{j=1}^{m}\left(x_{aj} - \bar{x}_a\right)^2 \text{，其自由度 } df_a = m - 1 \text{。}$$

SS_1，SS_2，$\cdots$，SS_a 都属于随机误差平方和的估计值，因此可以将它们合并计算得到随机误差平方和 $SS_e = SS_1 + SS_2 + \cdots + SS_a = \sum_{i=1}^{a}\sum_{j=1}^{m}\left(x_{ij} - \bar{x}_i\right)^2$，其相应的自由度为 $df_e = df_1 + df_2 + \cdots + df_a = a(m-1)$。

（3）在表 7.1 中，样本内（处理内）平均数之间的平方和 SS_t 为各样本平均

值 $\bar{x}_i$ 与总平均值 $\bar{x}$ 的离差平方之和，即 $SS_t = \sum_{i=1}^{a} \left(\bar{x}_i - \bar{x} \right)^2$，其自由度为 $df_t = a-1$。

至此，就已经完成了实验数据资料平方和与自由度之间的分解，即有 $SS_T = SS_t + SS_e$，即总和变异等于样本间变异与样本内变异之和。

根据上述变异的分解，还可以得到样本间的均方 $MS_t = SS_t / (a-1)$ 和样本内的均方 $MS_e = SS_e / \left[a(m-1) \right]$。此时，$MS_t$ 和 MS_e 是 σ^2 的两个独立的估计值，根据这两个估计值可以进行 F 检验，即 $F = MS_t / MS_e$。

第 3 步：在统计假设条件下进行统计推断。在方差分析中，当处理实验数据及检查各处理是否具有显著性差异时，总是先建立无效假设，即

$$H_0: \quad \mu_1 = \mu_2 = \cdots = \mu_a$$

或者说，各实验处理的样本都看作从同一个总体随机抽取的样本。因此，在显著性检验中接受 H_0 的假设，理论上可以推导出 $F = MS_t / MS_e$ 应当接近 1。所以，在进行 F 检验时，经典的假设检验一般给出显著性水平 α，求出临界值 F_α（$\alpha = 0.05$ 或 $\alpha = 0.01$）。如果实际计算的 $F > F_\alpha$，则拒绝接受 H_0，表示各组样本并非来自同一个总体，即实验处理效应大于误差效应，从而认为实验中的各处理间有真实的差异存在；反之，如果 $F < F_\alpha$，则接受 H_0，即可以认为实验中的各处理间没有真实的差异存在。

一般而言，方差分析结果大多数以表格形式给出，表 7.2 所示为方差分析结果示例。

表 7.2　方差分析结果

变异来源	自　由　度	平　方　和	均　　　　方	F　值
处理间	$a-1$	SS_t	MS_t	MS_t / MS_e
处理内	$a(m-1)$	SS_e	MS_e	
总变异	$am-1$	SS_T		

此外，方差分析的一个重要前提是方差齐次性检验，即检验样本之间的方差是否相等。一般使用 Levene 检验，若检验出这种齐次性不存在，也就是说随机样本来自方差不相等的总体，则通过方差分析得到的结论可能不正确。

2．DPS 数据处理系统的操作步骤

DPS 数据处理系统中的“实验统计”→“完全随机设计”→“二因素有重复实验统计分析”实现方差分析相关功能。

假设存在实验数据（见图 7.3），选取需要处理的数据内容，触发“实验统计”→“完全随机设计”→“二因素有重复实验统计分析”完成方差分析，分析结果如图 7.4 所示。

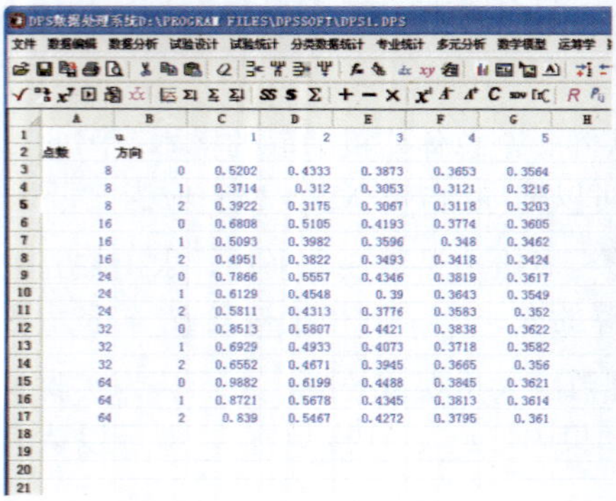

	A	B	C	D	E	F	G	H
1		u	1	2	3	4	5	
2	点数	方向						
3	8	0	0.5202	0.4333	0.3873	0.3653	0.3564	
4	8	1	0.3714	0.312	0.3053	0.3121	0.3216	
5	8	2	0.3922	0.3175	0.3067	0.3118	0.3203	
6	16	0	0.6808	0.5105	0.4193	0.3774	0.3605	
7	16	1	0.5093	0.3982	0.3596	0.348	0.3462	
8	16	2	0.4951	0.3822	0.3493	0.3418	0.3424	
9	24	0	0.7866	0.5557	0.4346	0.3819	0.3617	
10	24	1	0.6129	0.4548	0.39	0.3643	0.3549	
11	24	2	0.5811	0.4313	0.3776	0.3583	0.352	
12	32	0	0.8513	0.5807	0.4421	0.3838	0.3622	
13	32	1	0.6929	0.4933	0.4073	0.3718	0.3582	
14	32	2	0.6552	0.4671	0.3945	0.3665	0.356	
15	64	0	0.9882	0.6199	0.4488	0.3845	0.3621	
16	64	1	0.8721	0.5678	0.4345	0.3813	0.3614	
17	64	2	0.839	0.5467	0.4272	0.3795	0.361	
18								
19								
20								
21								

图 7.3　方差分析实验数据

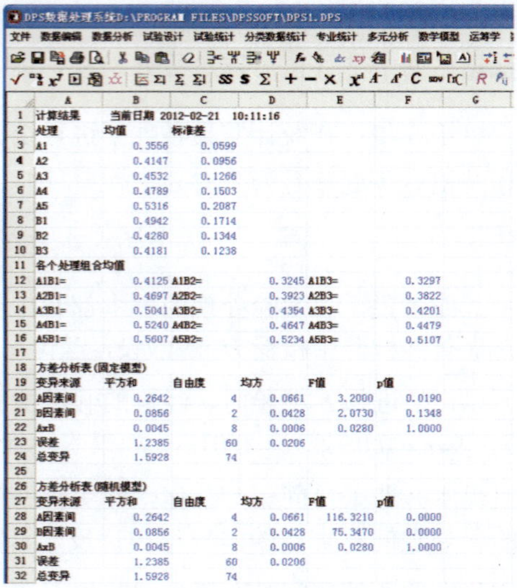

	A	B	C	D	E	F	G
1	计算结果	当前日期 2012-02-21 10:11:16					
2	处理	均值	标准差				
3	A1	0.3556	0.0599				
4	A2	0.4147	0.0956				
5	A3	0.4532	0.1266				
6	A4	0.4789	0.1503				
7	A5	0.5316	0.2087				
8	B1	0.4942	0.1714				
9	B2	0.4280	0.1344				
10	B3	0.4181	0.1238				
11	各个处理组合均值						
12	A1B1=	0.4125	A1B2=	0.3245	A1B3=	0.3297	
13	A2B1=	0.4697	A2B2=	0.3923	A2B3=	0.3822	
14	A3B1=	0.5041	A3B2=	0.4354	A3B3=	0.4201	
15	A4B1=	0.5240	A4B2=	0.4647	A4B3=	0.4479	
16	A5B1=	0.5607	A5B2=	0.5234	A5B3=	0.5107	
17							
18	方差分析表(固定模型)						
19	变异来源	平方和	自由度	均方	F值	p值	
20	A因素间	0.2642	4	0.0661	3.2000	0.0190	
21	B因素间	0.0856	2	0.0428	2.0730	0.1348	
22	AxB	0.0045	8	0.0006	0.0280	1.0000	
23	误差	1.2385	60	0.0206			
24	总变异	1.5928	74				
25							
26	方差分析表(随机模型)						
27	变异来源	平方和	自由度	均方	F值	p值	
28	A因素间	0.2642	4	0.0661	116.3210	0.0000	
29	B因素间	0.0856	2	0.0428	75.3470	0.0000	
30	AxB	0.0045	8	0.0006	0.0280	1.0000	
31	误差	1.2385	60	0.0206			
32	总变异	1.5928	74				

图 7.4　方差分析结果

7.1.4　模糊聚类分析

模糊聚类分析是从模糊集理论来探讨事物数量分类的方法。一般而言，可以利用模糊集理论进行基于模糊等价关系的聚类分析。

1．模糊集的概念

对于一个普通的集合 A，以及空间中任意元素 x，要么 $x \in A$，要么 $x \notin A$，两者必有其一。这个特征可以使用函数 $A(x)=\begin{cases}1, & x \in A \\ 0, & x \notin A\end{cases}$ 表示，这里 $A(x)$ 即集合 A 的特征函数。将特征函数推广至模糊集，在普通集合中只取 0、1 两个值，

推广到模糊集中为区间[0,1]。

定义 7.1 设 X 为全域，如果 A 为 X 上取值[0,1]的一个函数，则称 A 为模糊集。

定义 7.2 如果 A 为 X 上的任意模糊集，对于任意的 $0 \leqslant \lambda \leqslant 1$，记 $A\lambda = \{x \mid x \subset X, A(x) \geqslant \lambda\}$，称 $A\lambda$ 为 A 的 λ 截集。

$A\lambda$ 是普通集合，而不是模糊集。由于模糊集的边界是模糊的，如果要把模糊概念转化为数学语言，需要选取不同的置信水平 λ（$0 \leqslant \lambda \leqslant 1$）来确定其隶属关系。$\lambda$ 截集就是将模糊集转化为普通集的方法。模糊集 A 是一个具有游移边界的集合，它随 λ 值的减小而增大，即当 $\lambda_1 < \lambda_2$ 时，有 $A\lambda_1 \bigcap A\lambda_2$。

定义 7.3 模糊集运算定义。若 A、B 为 X 上的两个模糊集，它们的和集、交集和 A 的余集都是模糊集，其隶属度分别定义为

$$(A \vee B)(x) = \max(A(x), B(x)) \tag{7.4}$$

$$(A \wedge B)(x) = \min(A(x), B(x)) \tag{7.5}$$

$$A^C(x) = 1 - A(x) \tag{7.6}$$

关于模糊集的和、交等运算，可以推广到任意多个模糊集。

定义 7.4 若一个矩阵的元素取值为[0,1]内的数，则称该矩阵为模糊矩阵。和普通矩阵一样，有模糊单位阵，记为 I；有模糊零矩阵，记为 $\mathbf{0}$；有元素皆为 1 的矩阵，用 J 表示。

定义 7.5 若 A 和 B 是 $n \times m$ 和 $m \times l$ 的模糊矩阵，则他们的乘积 $C = AB$ 为 $n \times l$ 的矩阵，其元素为

$$C_{ij} = \vee_{k=1}^{m} (a_{ik} \wedge b_{kj}) \qquad i = 1, 2, \cdots, n; \quad j = 1, 2, \cdots, l$$

符号"$\vee$"和"$\wedge$"定义为：$a \vee b = \max(a, b)$，$a \wedge b = \min(a, b)$。模糊矩阵乘法性质包括：

（1）$(AB)C = A(BC)$；

（2）$AI = IA = A$；

（3）$A0 = 0A = 0$；

（4）　$AJ = JA$;

（5）若 A、B 均是模糊矩阵，并且 $a_{ij} \leqslant b_{ij}$（对于一切 i，j），则 $A \leqslant B$；又若 $A \leqslant B$，则 $AC \leqslant BC$，$CA \leqslant CB$。

2. 模糊分类关系

模糊聚类是在模糊分类关系的基础进行的，由集合概念可以给出如下定义。

定义 7.6　将由 n 个样本的全体所组成的集合 X 作为全域，令 $X \times Y = \{(X, Y)|x \in X, y \in Y\}$，则 $X \times Y$ 称为 X 的全域乘积空间。

定义 7.7　设 R 为 $X \times Y$ 上的一个集合，并且满足如下条件。

（1）反身性：$(x_i, y_i) \in R$，即集合中的每个元素和它自己属于同一类。

（2）对称性：若 $(x, y) \in R$，则 $(y, x) \in R$，即当集合中的 (x, y) 元素同属于类 R 时，(y, x) 也同属于类 R。

（3）传递性：$(x, y) \in R$，$(y, z) \in R$，则有 $(x, z) \in R$。

上述 3 条性质称为等价关系，满足这 3 条性质的集合 R 为一个分类关系。

聚类分析的基本思想是用相似性尺度衡量事物之间的亲疏程度，并以此来实现分类。模糊聚类分析的实质就是根据研究对象本身的属性构造模糊矩阵，并在此基础上根据一定的隶属度确定其模糊分类关系。

定理 7.1　集合 R 为 X 上的一个分类关系的充分必要条件是：① $R_{ij} = 1$；② $R_{ij} = Y_{ji}$；③ $R \times R \leqslant R$。

这 3 条结论等价于分类关系的反身性、对称性和传递性。

定理 7.2　集合 R 为 X 上的一个模糊分类关系的充分必要条件是：对每个 λ（$0 \leqslant \lambda \leqslant 1$）都使得 $R\lambda$ 为普通分类关系。

这说明，当模糊分类关系 R 确定之后，对于给定的 $\lambda \in [0,1]$，就可以相应地得到普通分类关系 R，即可以决定一个 λ 水平的分类。

3. 模糊聚类

具体的模糊聚类过程参见 4.3.3 节的有关内容。

4. DPS 数据处理系统的操作步骤

假设存在 78 个样区的地形特征因子指标（见图 7.5），分别是最低高程、最高高程、平均高程、高差、平均坡度、平均坡度变率、平面曲率、剖面曲率、地表粗糙度、地形起伏度、高程变异系数、地表切割深度。对上述 12 个地形特征因子进行模糊聚类分析。

图 7.5　78 个样区的地形特征因子指标

在 DPS 数据处理系统中，先将数据定义为矩阵块，在菜单方式下选择"模糊数据"→"模糊聚类"功能，单击"回车"，DPS 数据处理系统将弹出模糊聚类参数设置界面，提示用户选择数据转换方法（见图 7.6）。

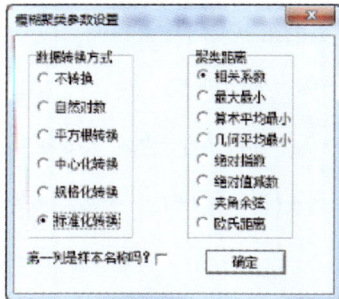

图 7.6　模糊聚类参数设置界面

在界面中选择"标准化转换"模式，从 8 种备选方法中选择"相关系数"建立模糊相似关系，单击"确定"得到模糊聚类结果，参见第 4 章的表 4.14～表 4.16 和图 4.17。

▶ 7.1.5 趋势面分析

1. 趋势面分析的基本原理

趋势面分析（Trend Surface Analysis）是拟合数学面的一种统计分析方法。它可以通过一般线性模型用最小二乘法拟合观测得到的数据，实质上是一种二维高次非线性回归分析。在某些研究领域，数学模型多为非线性模型，而寻求这些非线性模型的函数表达式一般比较困难，在这种情况下可以采用多项式拟合回归方程。在利用趋势面分析拟合回归方程时，所选择的趋势面模型必须使剩余值比较小，使回归平方和比较大，这样才能使拟合度较高，结果才能达到足够的准确性。例如，粮食产量与气温、降雨量等自然因素的关系是非线性关系，那么可以采用趋势面分析拟合回归方程从而预测粮食产量。

假设存在观测数据 z_i、x_i、y_i（$i = 1, 2, \cdots, n$），通常使用回归分析方法求出 z 的回归方程 $z = f(x, y)$，使得 $Q = \sum_{i=1}^{n} \left[z_i - f(x_i - y_i) \right]^2$ 趋于最小，这就是在最小二乘法意义下的曲面拟合问题。可以用于计算趋势面的数学表达式包括多项式函数和傅里叶级数，其中最常用的是多项式函数。因为任何函数在一个适当的范围内都可以使用多项式逼近，而调整多项式的次数，使得所求的回归方程满足需求。多项式函数的形式如下。

一次函数：$f(x, y) = b_0 + b_1 x + b_2 y$；

二次函数：$f(x, y) = b_0 + b_1 x + b_2 y + b_3 x^2 + b_4 xy + b_5 y^2$；

三次函数：$f(x, y) = b_0 + b_1 x + b_2 y + b_3 x^2 + b_4 xy + b_5 y^2 + b_6 x^3 + b_7 x^2 y + b_8 xy^2 + b_9 y^3$。

根据高斯-马尔可夫定理，通过最小二乘法给出多项式系数的最佳线性无偏估计值，这些无偏估计值使残差平方和达到最小。所以，回归拟合就是根据观测值 z_i、x_i、y_i（$i = 1, 2, \cdots, n$）确定多项式的系数 b_0，b_1，$\cdots$，b_p，并使残差平方和最小。

令 $x = x_1$，$y = x_2$，$x^2 = x_3$，$xy = x_4$，$y^2 = x_5$，$\cdots$，则 $\hat{Z} = b_0 + b_1 x_1 + b_2 x_2 + \cdots + b_p x_p$。

　　由此，多项式回归分析问题可以转化为多元线性回归问题。根据最小二乘法原理，可以求出参数 b_i（ $i=1,2,\cdots,p$ ）。由于在其正规方程组的系数矩阵 $X'X$ 中，矩阵元素大小和级次相差悬殊（特别是在对一个次数很高的趋势面进行分析时），当矩阵中元素在 $[0,1]$ 中时，对高次多项式进行最小二乘法拟合，系数矩阵接近于奇异矩阵，故系统采用正交变换法求解正规方程，设多元线性方程为

$$z = b_0 + b_1 x_1 + b_2 x_2 + \cdots + b_p x_p \tag{7.7}$$

$$b_0 = \overline{z} - \left(b_1 \overline{x}_1 + b_2 \overline{x}_2 + \cdots + b_p \overline{x}_p \right) \tag{7.8}$$

将式（7.8）代入式（7.7），有

$$z - \overline{z} = b_1 \left(x_1 - \overline{x}_1 \right) + b_2 \left(x_2 - \overline{x}_2 \right) + \cdots + b_p \left(x_p - \overline{x}_p \right) \tag{7.9}$$

式（7.9）可以用矩阵表示，并进行中心化变化，变为 $Z = Xb$ ，其中

$$Z = \begin{bmatrix} z_1 - \overline{z} \\ z_2 - \overline{z} \\ \vdots \\ z_n - \overline{z} \end{bmatrix}, \quad X = \begin{bmatrix} x_{11} - \overline{x}_1 & x_{21} - \overline{x}_2 & \cdots & x_{p1} - \overline{x}_p \\ x_{12} - \overline{x}_1 & x_{22} - \overline{x}_2 & \cdots & x_{p2} - \overline{x}_p \\ \vdots & \vdots & \ddots & \vdots \\ x_{1n} - \overline{x}_1 & x_{2n} - \overline{x}_2 & \cdots & x_{pn} - \overline{x}_p \end{bmatrix}$$

所以，有正规方程组

$$X'Xb = X'Z \tag{7.10}$$

再设 U 为 $p \times p$ 的正交阵，并且 $UU' = I$ ，则有

$$X'XUU'b = X'Z \tag{7.11}$$

用 U' 左乘以式（7.11），可得

$$\left(U'X'XU \right) U'b = \left(U'X' \right) Z \tag{7.12}$$

令 $Y = XU$ ， $b^* = U'b$ ，则有

$$Y'Yb^* = Y'Z \tag{7.13}$$

这就是正交变换后的新的正规方程组，对 Y 进行回归分析可以得到新的回归系数 b^* ，取

$$U = \begin{bmatrix} a_{11} & a_{21} & \cdots & a_{p1} \\ a_{12} & a_{22} & \cdots & a_{p2} \\ \vdots & \vdots & \ddots & \vdots \\ a_{1n} & a_{2n} & \cdots & a_{pn} \end{bmatrix} \tag{7.14}$$

式中，$\boldsymbol{a}_i = a_{i2} \begin{bmatrix} a_{i1} \\ a_{i2} \\ \vdots \\ a_{in} \end{bmatrix}$ 为 $\boldsymbol{A} = \boldsymbol{X}'\boldsymbol{X}$ 对应特征值 λ_i 的特征向量。于是 $\boldsymbol{Y} = \boldsymbol{X}\boldsymbol{U}$ 可以表示为

$$\begin{bmatrix} y_{11} & y_{21} & \cdots & y_{p1} \\ y_{12} & y_{22} & \cdots & y_{p2} \\ \vdots & \vdots & \ddots & \vdots \\ y_{1n} & y_{2n} & \cdots & y_{pn} \end{bmatrix} = \begin{bmatrix} x_{11} & x_{21} & \cdots & x_{p1} \\ x_{12} & x_{22} & \cdots & x_{p2} \\ \vdots & \vdots & \ddots & \vdots \\ x_{1n} & x_{2n} & \cdots & x_{pn} \end{bmatrix} \begin{bmatrix} a_{11} & a_{21} & \cdots & a_{p1} \\ a_{12} & a_{22} & \cdots & a_{p2} \\ \vdots & \vdots & \ddots & \vdots \\ a_{1n} & a_{2n} & \cdots & a_{pn} \end{bmatrix} \tag{7.15}$$

式中，$y_{ki} = \sum_{i=1}^{n} a_{kj} x_{ji}$（$k = 1, 2, \cdots, p$；$i = 1, 2, \cdots, n$），且 $\sum_{i=1}^{n} a_{ij} a_{kj} = \delta_{ik} = \begin{cases} 0, & i \neq k \\ 1, & i = k \end{cases}$，

即每个特征向量的长度为 1，并且任意两个不同的特征向量互相正交。对称矩阵经正交变换后，可以使之对角化，所以有

$$\begin{bmatrix} \lambda_1 & & & \\ & \lambda_2 & & \\ & & \ddots & \\ & & & \lambda_p \end{bmatrix} \begin{bmatrix} b_1^* \\ b_2^* \\ \vdots \\ b_p^* \end{bmatrix} = \begin{bmatrix} \sum_{i=1}^{n} y_{1i} z_i \\ \sum_{i=1}^{n} y_{2i} z_i \\ \vdots \\ \sum_{i=1}^{n} y_{pi} z_i \end{bmatrix} \tag{7.16}$$

即 $b_k^* = \left(\sum_{i=1}^{n} y_{ki} z_i \right) / \lambda_k$。

使用 $\boldsymbol{U}$ 左乘以 $\boldsymbol{b}^* = \boldsymbol{U}'\boldsymbol{b}$，得 $\boldsymbol{U}\boldsymbol{b}^* = \boldsymbol{U}\boldsymbol{U}'\boldsymbol{b} = \boldsymbol{b}$，因而有 $\boldsymbol{b} = \boldsymbol{U}\boldsymbol{b}^*$，即

$$\begin{bmatrix} b_1 \\ b_2 \\ \vdots \\ b_p \end{bmatrix} = \begin{bmatrix} a_{11} & a_{21} & \cdots & a_{p1} \\ a_{12} & a_{22} & \cdots & a_{p2} \\ \vdots & \vdots & \ddots & \vdots \\ a_{1n} & a_{2n} & \cdots & a_{pn} \end{bmatrix} \begin{bmatrix} b_1^* \\ b_2^* \\ \vdots \\ b_p^* \end{bmatrix} \tag{7.17}$$

所以有，$b_k = \sum_{i=1}^{p} a_{ik} b_i^*$，$b_0 = \overline{z} - \sum_{i=1}^{p} \overline{x}_i b_i$。

趋势面的适度问题关系到趋势面分析的应用效果，因此趋势面分析要进行适度检验。从统计分析学观点来看，趋势面分析拟合程度的高低是回归效果好坏的关键。常用 F 检验来检验趋势面的适度问题，其方法是将 z 的总离差平方和分解为两个部分，即

$$SS_T = SS_S + SS_R = \sum_{i=1}^{N} \left(z_i - \hat{z}_i \right)^2 + \sum_{i=1}^{N} \left(\hat{z}_i - \overline{z}_i \right)^2 \tag{7.18}$$

式中，剩余平方和 $SS_S = \sum_{i=1}^{N} \left(z_i - \hat{z}_i \right)^2$，它是其他随机因素对因变量 z 的变异的影响；回归平方和 $SS_R = \sum_{i=1}^{N} \left(\hat{z}_i - \overline{z}_i \right)^2$，它是所有 p 个自变量对因变量 z 的变异的影响。SS_R 越大（或 SS_S 越小）表示因变量 z 与自变量的线性关系越密切，回归效果越好。以 $SS_R / SS_T \times 100\%$ 表示趋势面的拟合度，显然拟合度越高，回归效果越好。因此，对于 K 次趋势面回归分析的显著性检验，可以使用统计量进行方差分析，即

$$F = \left(n - p - 1 \right) SS_R / p / SS_S \tag{7.19}$$

若 F 值大于临界 F 值，则趋势面拟合显著；反之，则趋势面拟合不显著。

2．DPS 数据处理系统的操作步骤

DPS 数据处理系统中的"多元分析"→"回归分析"→"趋势面分析"实现趋势面分析相关功能。

假设存在实验数据（见图 7.7），选取需要处理的数据内容，触发"多元分析"→"回归分析"→"趋势面分析"完成趋势面分析，分析结果如图 7.8 所示。

DPS数据处理系统C:\DPSSOFT\DPSW.TXT

	A	B	C
1	点数	光滑因子	中误差
2	8	0	7.28935
3	8	20	8.06498
4	8	40	8.62157
5	8	60	8.09471
6	8	80	7.00741
7	8	100	5.97005
8	8	200	8.24138
9	8	300	12.51758
10	8	400	15.12722
11	8	500	16.70902
12	8	600	17.71361
13	8	700	18.38242
14	8	800	18.84642
15	8	900	19.1798
16	8	1000	19.42656
17	16	0	2.62008
18	16	20	3.3784
19	16	40	5.02555
20	16	60	6.49986
21	16	80	7.38163
22	16	100	7.69439
23	16	200	5.72518
24	16	300	4.69246
25	16	400	5.49118
26	16	500	6.51605
27	16	600	7.3276
28	16	700	7.92428
29	16	800	8.36155
30	16	900	8.68657
31	16	1000	8.93267
32	24	0	1.42535
33	24	20	1.75024

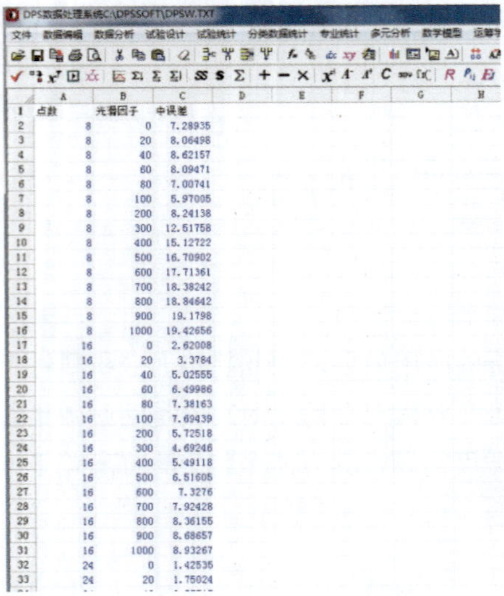

图 7.7 趋势面分析实验数据

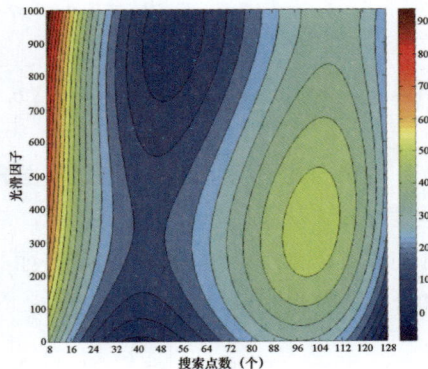

图 7.8 趋势面分析结果

7.2 自动地球科学分析系统

7.2.1 自动地球科学分析系统简介

自动地球科学分析系统（System for Automated Geoscientific Analyses，SAGA）最初由德国哥廷根大学开发，如图 7.9 所示。2004 年，SAGA 的大部分源代码在开源软件许可协议下公开发布。它主要包含 4 个部分，分别如下：

（1）一套面向地理分析所有基本功能的 API；

（2）42 个模型库和 234 个具备地学功能的模型（见图 7.10）；

（3）一套可供用户直接调用的 GUI，用户通常通过 GUI 管理数据，然后实现模型的功能；

（4）一个命令行解释器，不仅可以用于执行现有模块，而且可以用于编写脚本，以实现复杂工作流程的自动化。

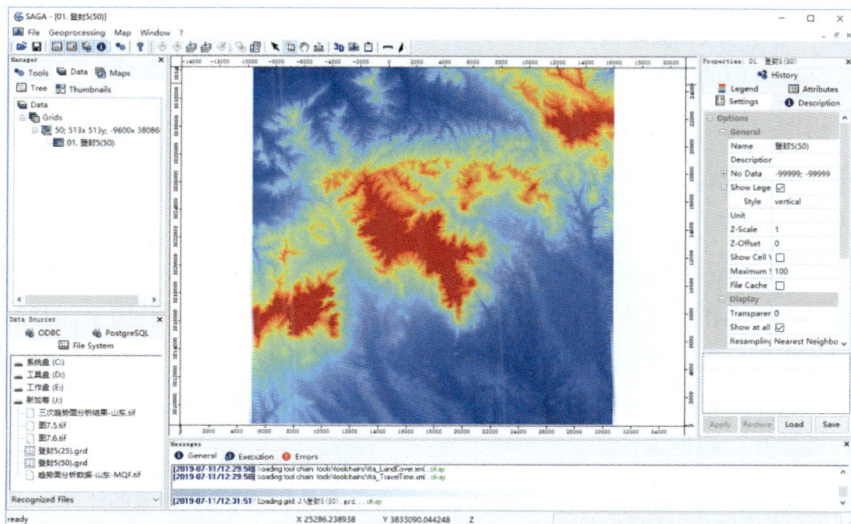

图 7.9　自动地球科学分析系统界面

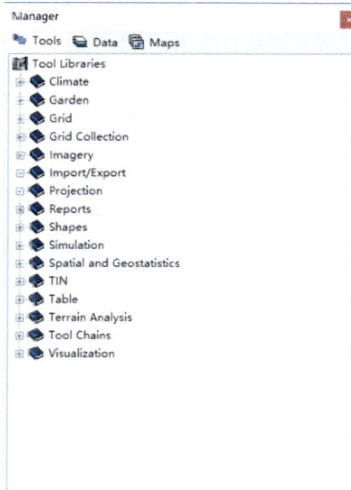

图 7.10　SAGA 基础地形分析功能

目前，SAGA 已经成为一个完全成熟的 GIS 系统，它专注于空间分析和可视化。SAGA 为 DEM 分析提供了强大的工具，可以用于计算大部分的地表参数和地表对象。SAGA 提供了导入多种 DEM 格式（包括 GDAL 支持的所有格式）的功能，同时提供了 5 种基于采样点生成格网 DEM 的方法（自然邻点插

值法、三角网法、反距离加权法、改进谢别德法和普通克里格法），以及平滑或
锐化高程表面的附加功能。

坡度、坡向和各种曲率可以使用多种方法和收敛指数进行计算，它使用相
邻单元的坡向表征水流的聚合与发散。收敛指数类似于平面曲率，但是它不依
赖绝对高度差。

此外，SAGA 还提供了大量不同的模型，用于计算水文特定的地表参数。
D8、D∞ 和 FMFD 算法用于计算汇水面积，ADK、DEMON 算法用于计算河流
流向。其他与水文相关的大多数模型，都使用 D8、FMFD 算法计算其他的地表
参数。表 7.3 涵盖了各种主要地表参数（上坡面积、下坡面积、流长、流深）、
高程残差和次级地表参数。

表 7.3　SAGA 模型库和模型列表，侧重于地表参数和地形对象的计算

模 型 库	模型（工具和工作流程）	
网格化	①反距离加权法 ②核密度估计法 ③改进谢别德法	④自然邻点插值法 ⑤形状到网格法 ⑥三角网法
网格样条	①B 样条逼近 ②三次样条逼近 ③多级 B 样条逼近 ④多级 B 样条插值	⑤（全局）薄板样条 ⑥（局部）薄板样条 ⑦（TIN）薄板样条
水文模拟	①坡面流——八方向运动波	②保水能力
地形河道	①河道网络和流域盆地 ②河道网络 ③到河道网络的坡面流距离	④STRAHLER 分级 ⑤到河道网络的垂直距离 ⑥集水盆地
地形水文	①将河流网络套合到 DEM ②汇水面积（流量追踪） ③汇水区（递归） ④汇水面积 ⑤格元平衡 ⑥边缘污染 ⑦洼地填充 ⑧平面方向 ⑨流经长度 ⑩流宽和单位汇水面积	⑪湖泊洪水 ⑫坡长坡度因子 ⑬SAGA 湿度因子 ⑭洼地排水路径检测 ⑮洼地移除 ⑯坡长 ⑰水流强度指数 ⑱地形湿度因子 ⑲上坡面积

（续表）

模型库	模型（工具和工作流程）	
地形形态	①收敛指数	⑪谷底平坦度的多分辨率指数
	②收敛指数（搜索半径）	⑫实际面积计算
	③曲率分类	⑬相对高度和坡位
	④昼夜各向异性加热	⑭坡度、坡向和曲率
	⑤下坡距离梯度	⑮表面特定点
	⑥有效气流高度	⑯地形粗糙度指数
	⑦测高	⑰地形位置指数
	⑧地表温度	⑱基于地形位置指数的地形分类
	⑨质量平衡指数	⑲矢量粗糙度测量
	⑩形态保护指数	⑳风效应
地形剖面	①横剖面	③线剖面
	②点表剖面	

这里仅简单介绍 SAGA 提供的基础地形分析、等高线提取和河流网络提取等功能。

▶ 7.2.2 基础地形分析

DEM 作为地形的数字化表达，是基于地形的数学模型，可以看作一个或多个函数之和。通常，地形特征因子作为地形的固有特征，反映了地形的高低起伏、沟壑纵横等基本特征。通过 DEM 可以推导出许多地形特征因子，找出地形的空间分布特征。地形分析的主要任务是以 DEM 为数据基础，提取反映地形特征的各因子。如果对 DEM 进行一阶导数变换并组合，那么可以得到如坡度、坡向、变差系数、变异系数等地形特征因子；如果对 DEM 进行二阶导数变换并组合，那么可以得到如坡度变化率、坡向变化率、曲率、凹凸系数等地形特征因子。通过对 DEM 进行低阶导数变换得到地形特征因子的过程，称为基础地形分析。SAGA 提供了丰富而完善的基础地形分析功能，包括坡度、坡向、平面曲率、剖面曲率、总汇水面积、地形湿度指数等（见图 7.11）。

SAGA 使用"Terrain Analysis"→"Compound Analysis"→"Basic Terrain Analysis"实现基础的地形分析功能，生成一系列地形基本特征数据。

假设 SAGA 已经读取了某个格网的 DEM 数据（*.GRD），如图 7.12 所示。运行"Basic Terrain Analysis"，系统自动生成坡度 [见图 7.13（a）]、坡向 [见

图 7.13 （b）]、平面曲率 [见图 7.13（c）]、剖面曲率 [见图 7.13（d）]、总汇水面积 [见图 7.13（e）]、地形湿度指数 [见图 7.13（f）] 等地形特征因子。

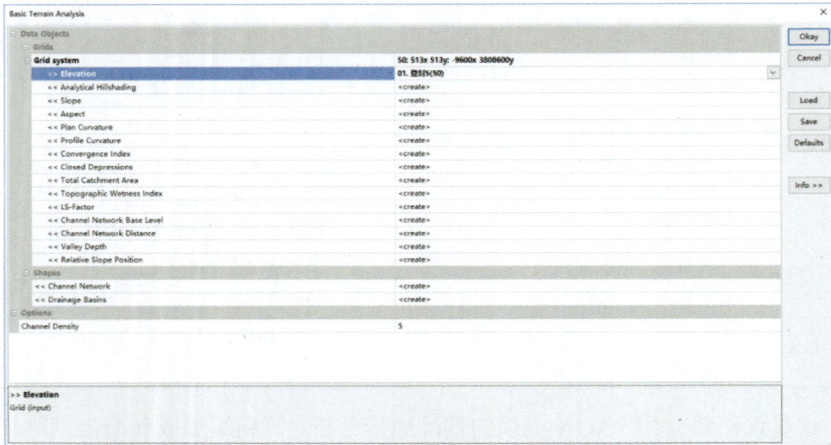

图 7.11　SAGA 基础地形分析功能

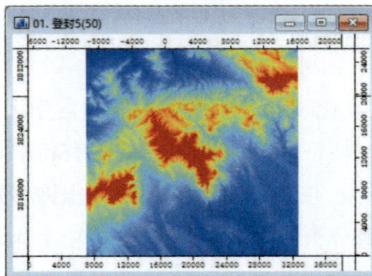

图 7.12　某个格网的 DEM 数据（*.GRD）

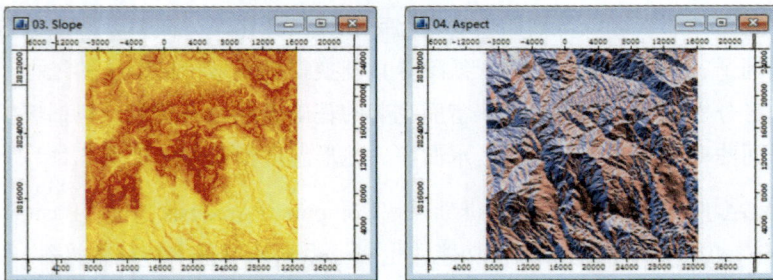

（a）坡度　　　　　　　　　　　　　　（b）坡向

图 7.13　SAGA 基础地形分析结果示意

（c）平面曲率

（d）剖面曲率

（e）总汇水面积

（f）地形湿度指数

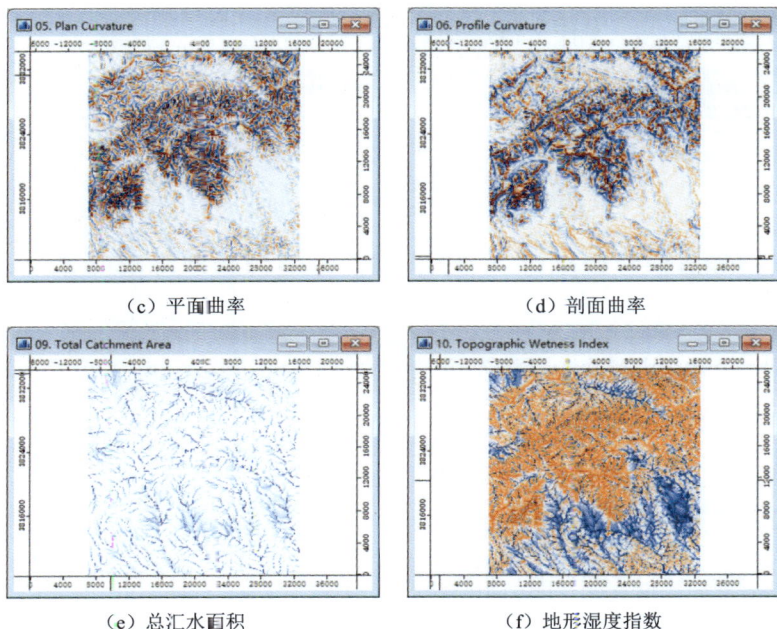

图 7.13　SAGA 基础地形分析结果示意（续）

▶ 7.2.3　等高线提取

目前，等高线、规则格网 DEM、不规则格网 DEM（TIN）是三维地形数据表达的 3 种主要手段。其中，规则格网 DEM 和 TIN 由于紧密覆盖整个制图区域，适用于计算机处理连续的三维空间，而且适用于彩色晕渲图等新颖的表达方式。但是，在兼顾传递定性、定量信息方面，等高线仍然有无可比拟的优势。它通过成组的一维曲线传递地形的高度、走向、坡度陡缓等信息，科学且形象地表达连续的三维地貌微观形态和宏观特征，通过识别相邻等高线的距离、相对方向获得局部地形参数，以及区域内山脉、谷地、洼地等地貌形态的分布和结构关系。

SAGA 中使用"Shapes"→"Shapes-Grid Tools"→"Basic Contour Lines from Grid"实现等高线的提取，获得指定等高距的等高线数据。

假设 SAGA 已经读取了某个格网的 DEM 数据（*.GRD），如图 7.12 所示。运行"Basic Contour Lines from Grid"，在设定等高距之后，系统自动追踪生成相应的等高线数据（见图 7.14）。

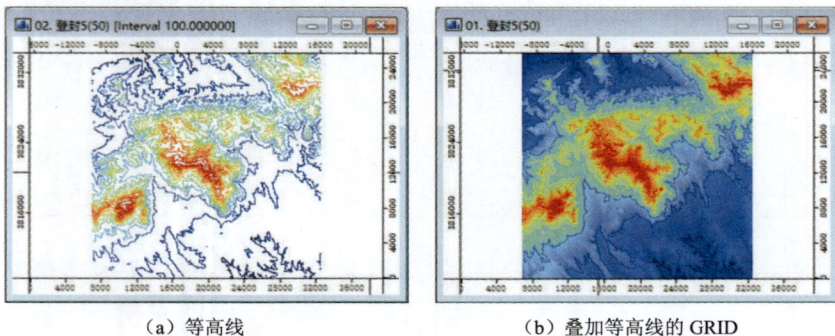

（a）等高线　　　　　　　　　　（b）叠加等高线的 GRID

图 7.14　SAGA 等高线提取结果示意

▶ 7.2.4　山谷线提取

地形表面高低起伏、凹凸不平，凸如高原、山地、丘陵，凹如洼地、河谷、冲沟，平如平原、台地。虽然形态各异、千姿百态，但是地形表面都可以分解成一系列的面、线和点。这些地形面、地形线、地形点决定了地貌形态的几何特征和基本走势。

地形线是两个地形面的交线，通常由地形点构成。它们可以是直线，也可以是弯曲起伏的曲线，主要包括山脊线、山谷线、坡麓线、坡折线等。

地形线的提取可以使用模拟方法实现，即根据地表物质运动的特点，特别是水流运动的特点，利用水流模拟的方法提取地形线。在水文分析中，汇水面积描述了地表水流流经给定等高线长度上游所经过的区域，称为上游汇水面积，或流量累积。汇水面积具有这样的特性：山脊线的分水作用使其汇水面积比较小，山谷线则因具有汇水作用而具有较大的上游汇水面积，山坡上的汇水面积介于两者之间。基于这样的考虑，如果能够计算出 DEM 格网单元的上游汇水面积，在给定阈值条件可以提取给定区域的地形山脊线或山谷线。

在 SAGA 中，从 Grid（格网）数据中提取山谷线数据需要分两步完成：第一步提取相应的汇水面积（Catchment Area），即通过"Terrain Analysis"→"Hydrology"→"Catchment Area"→"Parallel Processing"实现；第二步将汇

水面积（Catchment Area）数据当作初始格网数据完成山谷线数据的提取，即通过"Channels"→"Channel Netmork"实现。

假设 SAGA 已经读取了一个格网数据，如图 7.12 所示。提取的汇水面积数据如图 7.15（a）所示，提取的河网数据如图 7.15（b）所示，提取的山谷线数据如图 7.15（c）、图 7.15（d）所示。

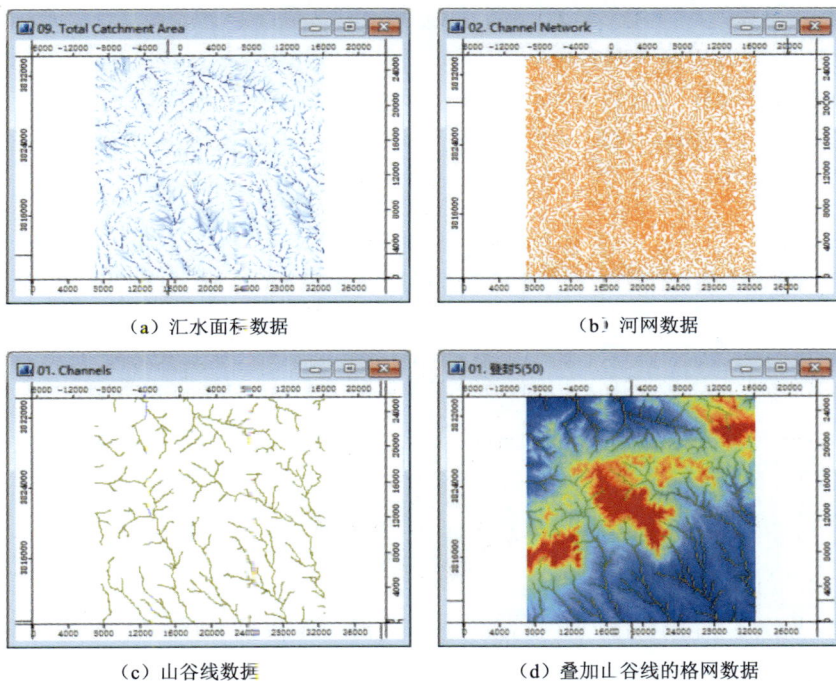

（a）汇水面积数据

（b）河网数据

（c）山谷线数据

（d）叠加山谷线的格网数据

图 7.15　SAGA 山谷线提取结果示意

7.3　Golden Software Surfer

▶ 7.3.1　Golden Software Surfer 简介

Golden Software Surfer 是美国 Golden Software 公司的系列绘图软件之一，它功能强大，涉及数据网络化、等值线图绘制、三维曲面图绘制等主要功能。

Golden Software Surfer 是一款具有网格化插值功能的绘图软件，即使输入数据是不等间距的，甚至是离散点数据（*X-Y-Z* 数据文件），依然可以通过网格化生成等间距的格网数据，然后使用绘图函数进行图形绘制。同时，它也是一款绘制等值线图的绘图软件，除此之外还可以绘制散点图（Post Map）、分类散点图（Classed Post Map）、矢量图（Vector Map）、影像图（Image Map）、线框图（Wireframe Map）、三维曲面图（3D Surface Map）等地图。

图 7.16 简单地描述了 *X-Y-Z* 数据文件和格网数据文件与等值线图、三维曲面图之间的关系。显然，Golden Software Surfer 还可以应用于任何基于格网的图形类型。图 7.16 中仅显示了两个基于格网的图形（等值线图和三维曲面图）。

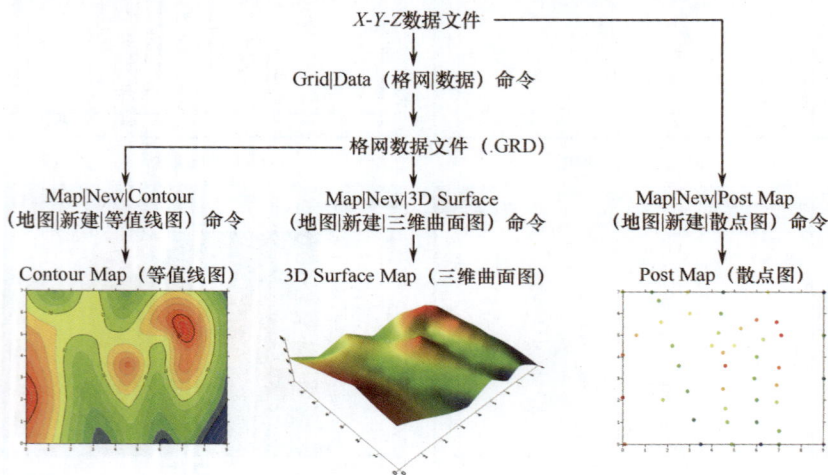

图 7.16　Golden Software Surfer 流程

另外，Golden Software Surfer 是脚本编辑程序的兼容客户端，它适用于任何 ActiveX 自动化兼容的客户端，如 Visual Basic。脚本是一个文本文件，其中包含了执行运行脚本需要的一系列指令。脚本可以将重复的任务自动化和整合成完整的步骤。脚本编辑器可以用于执行 Golden Software Surfer 上的几乎任何指令，甚至可以模拟手工用鼠标或键盘。

▶ 7.3.2　空间插值方法

Golden Software Surfer 提供了 12 种空间插值方法，这些插值方法具有各自的优点和缺点，其中插值性能较好的是克里格插值算法。克里格插值算法在绘图时兼顾了区域化变量参数的随机性和相关性，还考虑了参数空间分布的结构特征。因此，以克里格插值算法为基础绘制的地形图，能更好地反映实际的地形特征。

第 2 章详细介绍了反距离加权插值算法、改进谢别德插值算法、径向基函数插值算法和克里格插值算法，因此这里仅对其他的插值方法进行简单介绍。

1. 最小曲率法

最小曲率法（Minimum Curvature）广泛应用于地球科学。使用最小曲率法生成的插值面类似于一个通过各数据值的、具有最小弯曲量的长条形薄弹性片。最小曲率法试图在尽可能严格地尊重数据的同时，生成尽可能圆滑的曲面（见图 7.17）。

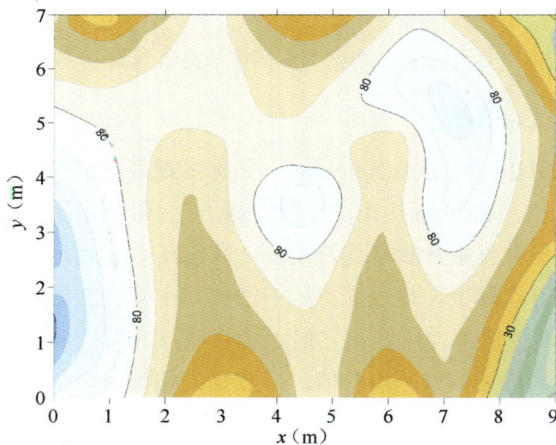

图 7.17　最小曲率法插值效果

在使用最小曲率法时涉及两个参数：最大残差参数和最大循环次数参数。它们控制最小曲率的收敛标准。

2. 自然邻点插值法

自然邻点插值法（Natural Neighbor）广泛应用于某些研究领域。它的基本原理是：对于一组泰森多边形而言，当在数据集中加入一个新数据点时，实时修改这些泰森多边形，并使用邻点的权重平均值决定待插值点的权重，待插值点的权重和目标泰森多边形成比例。实际上，在这些泰森多边形当中，部分泰森多边形的尺寸将缩小，没有一个泰森多边形的尺寸会增大。另外，自然邻点插值法在数据点凸起的位置并不外推等值线（见图 7.18）。

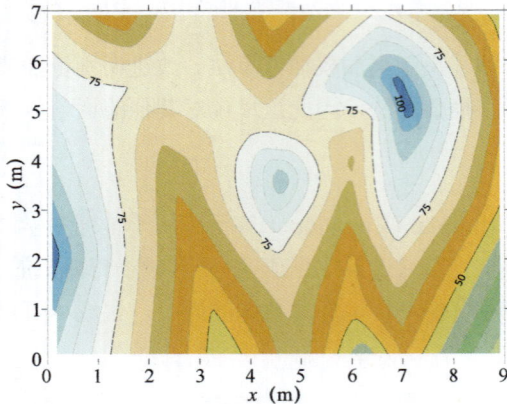

图 7.18　自然邻点插值法插值效果

3．最近邻点插值法

最近邻点插值法（Nearest Neighbor）又称泰森多边形法。泰森多边形法是荷兰气象学家 A. H. Thiessen 提出的一种分析方法，最初应用于从离散分布的气象站观测的降雨量数据中计算平均降雨量，目前在 GIS 和地理分析中经常使用它进行快速赋值。实际上，最近邻点插值法的一个隐含的假设条件是：任意格网点 $p(x, y)$ 的属性值都使用距离它最近的格网点的属性值，用每个格网点的最近邻点的值作为待插值格网点的值。当数据为均匀间隔分布的数据时，可以使用最近邻点插值法将数据转换为 Golden Software Surfer 需要的格网文件；或者当数据紧密、完整，只有少数格网点没有取值时，可以使用最近邻点插值法填充无值的格网点（见图 7.19）。

4．多元回归法

多元回归法（Polynomial Regression）被应用于确定数据的大规模趋势和图案，通常可以使用几个选项确定需要的趋势面类型。多元回归法实际上不是插值器，因为它并不试图预测未知的 z 值，它仅是趋势面分析绘图程序。

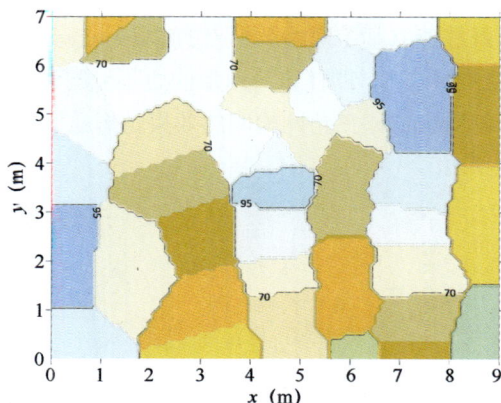

图 7.19　最近邻点插值法插值效果

　　使用多元回归法涉及曲面类型，以及 x、y 最高方次参数的设置，曲面类型可以是简单平面、双线性鞍面、二次曲面、三次曲面及用户自定义的多项式函数曲面。x、y 最高方次参数的设置指定多项式方程中 x 和 y 的最高次数。多元回归法插值效果如图 7.20 所示。

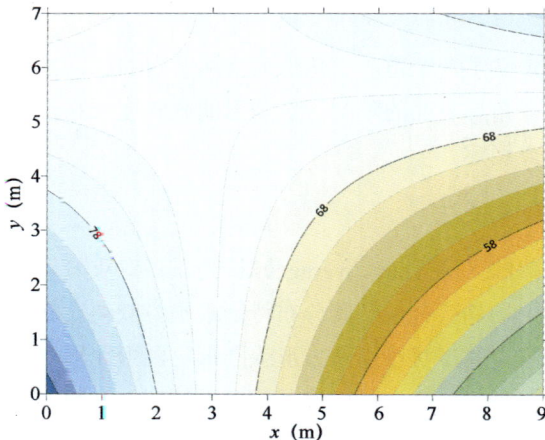

图 7.20　多元回归法插值效果

5．线性插值三角网法

　　线性插值三角网法（Triangulation with Linear Interpolation）作为一种精确的插值器，其工作路线与手工绘制等值线相近。

　　线性插值三角网法建立基于原始数据点的 Delaunay 三角网，所有三角网满足 Delaunay 三角网构网法则，即任意三角形的边不能与其他三角形相交、所有三角形都是最优的。Delaunay 三角网构网的效果是形成了一张覆盖原始数据的三角形网络（见图 7.21）。

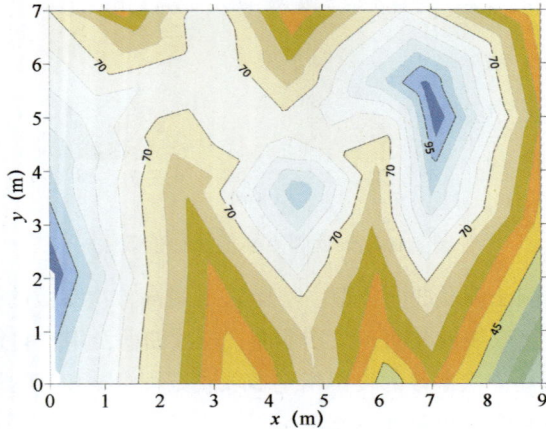

图 7.21　线性插值三角网法插值效果

　　每个三角形定义了一个覆盖三角形内格网节点的面，三角形内的全部格网节点都要受到该三角形表面的限制。三角形的倾斜度和高程由定义这个三角形的 3 个原始数据点确定。

6. 移动平均插值法

　　移动平均插值法（Moving Average）认为，任意点的场趋势分量可以从它邻域内的其他点的场趋势分量及其分布特征求平均获得。其中，参与平均计算的邻域为窗口，窗口的形状可以是方形或圆形。圆形比较合理，但方形的计算效率更高。在计算平均值时，可以使用算术平均值、众数或其他加权平均值。逐格移动窗口，逐点、逐行地计算直到覆盖全区，就可以得到格网化的数据点图（见图 7.22）。

　　当原始采样点分布较稀疏且不规则时，可以采用定点数而不定范围的取数方法，即搜索近邻的点直到预先确定的数目。搜索方法可以是四方向限制搜索或八方向限制搜索等。由于距离可能相差较大，因此经常同时采用距离倒数或距离平方倒数加权的办法，以便降低远处数据点的影响。

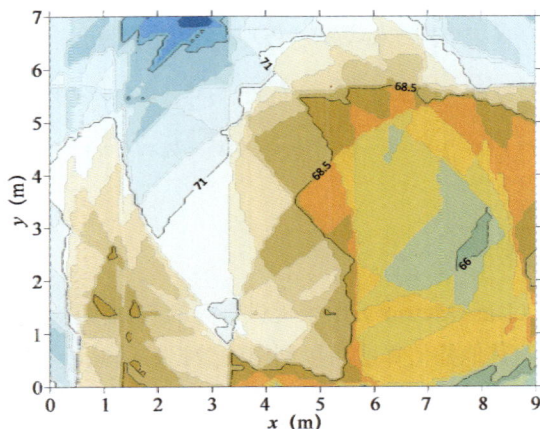

图 7.22　移动平均插值法插值效果

7．局部多项式法

多项式插值法是常用的一种插值算法。但是，在进行多项式插值时，寻找一个合理的函数并不容易，而且当多项式的阶数太大时，"龙格"振荡现象将非常明显。鉴于此，经常使用局部多项式法（Local Polynomial）。

局部多项式法的步骤为，首先按照一定划分规则划分插值区域，然后分别建立每个分块的特定阶数的多项式，其插值效果如图 7.23 所示。局部多项式法插值产生的曲面更多依赖局部多项式的形式，在 Golden Software Surfer 中多项式如下。

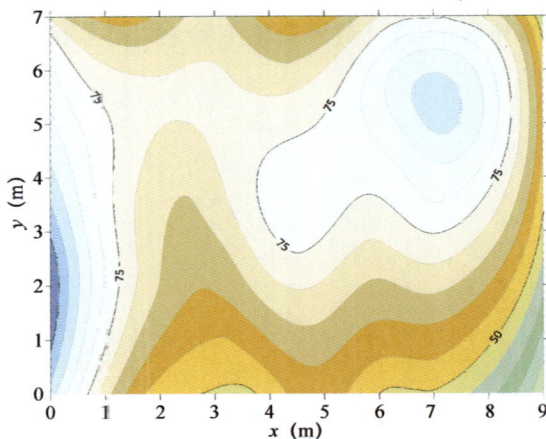

图 7.23　局部多项式法插值效果

一次多项式：$f(x, y) = b_0 + b_1x + b_2y$；

二次多项式：$f(x, y) = b_0 + b_1x + b_2y + b_2x^2 + b_4xy + b_5y^2$；

三次多项式：$f(x, y) = b_0 + b_1x + b_2y + b_3x^2 + b_4xy + b_5y^2 + b_6x^3 + b_7x^2y + b_8xy^2 + b_9y^3$

8. 数据度量法

数据度量法（Data Metrics）用来提供有关的数据信息。它根据度量所得的数据信息，提供给其他插值算法可以利用的数据。因此，本质上来说数据度量法并非一种插值算法，而是一种数据度量方法。通过数据度量法可以找到比较合适的插值算法。

7.4　本章小结

为了实现第 3～6 章提出的 DEM 插值算法适应性实验，本书选择了一系列商用软件系统，包括 DPS 数据处理系统、自动地球科学分析系统（System for Automated Geoscientific Analyses，SAGA）、Golden Software Surfer。这些商业软件系统分别完成了实验数据处理、数字高程模型建立、实验结果计算和统计分析等工作，本章简单介绍了上述商业软件系统的相应功能。

8

总结与展望

摘要

自 20 世纪 50 年代 Miller 教授提出数字地形表达的概念以来，与数字高程模型相关的研究内容得到了长足发展，包括 DEM 插值算法、DEM 插值精度模型等方面的内容。近些年来，关于 DEM 插值算法的研究并不多，其发展方向变得比较模糊，甚至存在两种截然不同的观点，但也存在一些需要深入研究的内容。在这种复杂的环境下，不断地调整研究内容和方向，并逐渐形成了《DEM 插值算法适应性理论与方法》一书。

DEM 插值算法适应性研究尝试从影响 DEM 插值精度的不同因素出发，分析其对 DEM 插值精度的影响，并通过适应性研究降低影响 DEM 插值精度的不确定性。因此，本书围绕 DEM 插值参数、地貌类型适应性、采样数据分布特征适应性、尺度适应性等问题展开了研究和实践，并取得了一些成果。

8.1　主要研究工作

1. 研究了 DEM 插值算法适应性理论和方法

在 DEM 发展进程中，许多学者提出了多种 DEM 插值算法，《DEM 插值算法适应性理论与方法》在借鉴和分析国内外大量关于 DEM 插值算法研究成果的基础上，从影响 DEM 插值精度的因素出发，系统地研究了 DEM 插值算法适应性的相关内容，包括 DEM 插值参数的"优选"、地貌类型的适应性、采样数据分布特征的适应性、尺度转换的适应性等方面的内容。DEM 插值算法适应性研究的目的在于通过分析影响 DEM 插值精度的因素，选择合理的 DEM 插值算法，最终降低由于 DEM 插值算法所产生的不确定性，提高 DEM 插值精度。

2. 完成了一系列 DEM 插值算法适应性相关实验

在研究过程中，综合运用实验分析、统计建模、数据挖掘等方法，完成了一系列 DEM 插值算法适应性相关实验的研究。

（1）完成了 DEM 插值参数"优选"实验。DEM 插值参数是构成 DEM 插值算法的基本元素，合理的插值参数才能得出"最佳"的插值结果，从而提高 DEM 插值精度。《DEM 插值算法适应性理论与方法》将 DEM 插值参数分为确定性插值参数和不确定性插值参数两类，并通过实验确定了不确定性插值参数的"最优"取值范围。实验结果将为广大用户，特别是非专业人员或初学者提供插值参数选择的实验基础，消除 DEM 插值参数选择的随意性。

（2）建立了基于规则采样分布数据的地貌类型模糊隶属度判别函数，为地貌类型模糊判别奠定了理论基础；提出了宏观地形特征因子最佳分析区域预测模型，实现了根据区域的高差、平均高程、平均坡度和平均坡度变率预测宏观地形特征因子的最佳分析区域，使所有参与地貌类型判别的地形特征因子在相同的基础上完成计算；运用模糊聚类分析方法对其进行了划分，将地形特征因子划分成 5 类：高程类、坡度类、高差类、高程变异系数类和曲率类，为今后不同地貌类型判别标准提供了地形特征因子选择依据；实现了基于形态特征分类的地貌类型和 DEM 插值算法的适应性研究。

（3）提出了局部地形特征描述模型，用于实现 DEM 插值算法的采样数据分布特征适应性研究。各种 DEM 插值算法都有不同的优点和不足，而对于绝大多数 DEM 插值算法而言，插值过程都是在局部范围内进行的，这在很大程度上依赖局部范围内的采样点数据集的特性。因此，对局部范围内的采样数据分布特征的分析有助于 DEM 插值算法的选择。《DEM 插值算法适应性理论与方法》提出的局部地形特征描述模型采用了 3 个指标：表面粗糙度指标、点格局指标、距离指标；并且根据局部地形特征描述模型实现了 DEM 插值算法和采样数据分布特征的适应性研究。

（4）完成了 DEM 尺度转换适应性实验，专门用于研究不同插值算法实现 DEM 尺度转换的差异，以及 DEM 尺度转换的适应性问题。《DEM 插值算法适应性理论与方法》通过中误差精度模型从精度角度分析了不同转换算法得到的多尺度 DEM 之间的差异，通过水系和地形套合精度定量化描述模型确定了 DEM 尺度转换的适宜范围。

8.2 主要创新点

《DEM 插值算法适应性理论与方法》从影响 DEM 插值精度的不同因素出发，分析其对 DEM 插值精度的影响，并通过适应性研究降低了 DEM 插值精度的不确定性。主要创新点如下。

1. 运用多种实验方法系统地研究了 DEM 插值参数的"优选"问题

本书提出了 DEM 插值参数的确定性和不确定性分类标准，运用交叉验证方法、相关分析、趋势面分析、方差分析等一系列实验方法，系统地研究了不确定性插值参数的"优选"问题。实验结果将为广大用户提供插值参数选择的"最优"取值区间，以消除插值参数选择的随意性。

2. 建立了地貌类型模糊隶属度函数模型，实现了 DEM 插值算法的地貌类型适应性研究

本书运用模糊数学方法建立了基于规则分布采样数据的地貌类型模糊隶属度函数模型，实现了地貌类型的自动判别，为 DEM 插值算法的地貌类型适应性研究奠定了统一的地形基础；提出了宏观地形特征因子最佳分析区域预测模型，使得地形特征因子的计算在统一的基础上完成；提出了地形特征因子动态谱系图，为选择地形特征因子判别不同标准地貌类型提供了依据。

3. 提出了局部地形特征描述模型，实现了 DEM 插值算法的采样数据分布特征适应性研究

根据 DEM 插值算法的特性，本书选择表面粗糙度指标、点格局指标、距离指标，建立了局部地形特征描述模型，用于衡量局部区域内采样数据的地形特征，为 DEM 插值算法的采样数据分布特征适应性研究提供了全新的思路。

4. 提出了水系和地形套合精度定量化描述模型，实现了 DEM 插值算法的尺度适应性研究

根据水系和地形的特点，利用套合偏移量隶属度函数，建立了水系和地形套合精度定量化描述模型，实现了水系和地形套合精度的定量计算，为等高线综合、DEM 多尺度转换提供了崭新的方法。

上述创新成果从影响 DEM 插值精度的不同因素出发，研究了 DEM 插值算法对影响因素的适应程度，降低了 DEM 插值精度的不确定性，提高了 DEM 插值精度。

8.3 需要进一步研究的问题

1. 基于地形保真性检验的插值参数"优选"研究

在与 DEM 相关的研究主题中，除 DEM 插值算法外，DEM 精度评估模型是另一个非常重要的研究内容。它主要探讨影响 DEM 精度的各种因素，并采用各种理论、方法进行定性、定量和可视化描述，最终评估 DEM 的质量并修正 DEM 误差。DEM 插值算法适应性研究的一个重要目的在于提高 DEM 插值精度，而 DEM 插值精度是否得到提高需要 DEM 精度评估模型的评判。从这个意义上来说，DEM 插值算法适应性研究应包括 DEM 精度评估模型的研究，但是考虑到 DEM 精度评估本身就是一个非常宽广的主题，具有很多很成熟的评估方法，如中误差评估模型、等高线套合评估模型、地形保真评估模型等，因此本书不涉及相关内容。Longley 等（1999）指出，"仅通过预测插值能力的数量评估（如交叉验证方法）来选择适当的插值方法是不够的。"而本书在关于 DEM 插值参数"优选"实验中仅使用了中误差度量指标作为评估标准，显然不够。另外，可能存在这样的情况：使用经交叉验证后"优选"的插值参数插值得到的地形表面非常不光滑、保凸性较差（Zhang and You，2011）。这是一个不同的精度评估模型带来的"最优"插值参数选择的新问题，需要在今后的工作中深入研究。

2．基于成因的地貌类型模糊隶属度函数的建立

地貌类型是具有共同形态特征和成因的地貌单元，是影响 DEM 插值精度的主要因素。根据不同的分类指标和原则，可以形成不同的地貌类型分类方案，正如 4.4 节阐述的，这些分类指标和原则一般包括按照成因分类、按照形态分类、按照形态和成因组合分类等。第 4 章仅提出了基于基本地貌类型的模糊隶属度函数，也就是说仅可以用于基本地貌类型的判别。对于 DEM 插值算法的地貌类型适应性来说，实现基本地貌类型的判别仅是"万里长征"（DEM 插值算法的地貌类型适应性研究）的第一步，更重要的是实现按照成因的地貌类型判别，即实现流水地貌、湖成地貌、干燥地貌、风成地貌、黄土地貌、喀斯特地貌、海岸地貌、风化与坡地重力地貌等地貌类型的判别。按照第 4 章的结论，地形特征因子作为描述地貌形态特征的量化指标，其相似性和差异性成为地貌类型统一判别的基本依据；地形特征因子可以划分为 5 个不同的种类，那么高程变异系数类和曲率类是否可以成为按照成因的地貌类型分类的量化指标？这需要在今后的工作中深入研究。

3．采样数据分布特征综合指标的建立

采样数据分布特征是影响 DEM 插值精度的主要因素之一。根本上来说，地貌类型对 DEM 插值精度的影响是通过采样数据分布特征呈现的，不同的地貌类型决定了不同的采样数据分布方式和密度。考虑到绝大多数 DEM 插值算法的插值过程都是在局部范围内进行的，并在很大程度上依赖局部范围的采样点数据集的分布特性，本书提出了局部地形特征描述模型用于 DEM 插值算法的采样数据分布特征适应性研究，也取得了一些成果。但是，这里仅从不同指标和残差之间的图形角度出发研究了两者之间的关系，所得结论具有一定的局限性；没有将不同的指标组合之后形成一个新的指标，并用新指标定量地确定 DEM 插值算法的采样数据分布特征的适应性。这需要在今后的工作中深入研究。

参考文献

[1] 柴宗新. 按相对高度划分地貌基本形态的建议[A]. 见：中国科学院地理科学与资源研究所. 地貌制图研究文集[M]. 北京：测绘出版社，1936：90-97.

[2] 陈联. 用薄板样条函数建立沙漠地区的DEM[J]. 地理空间信息，2005，3(5)：56-57.

[3] 高俊，夏运均，游雄等. 虚拟现实在地形环境仿真中的应用[M]. 北京：解放军出版社，1999.

[4] 郝振纯，池宸星，王玲，王跃奎. DEM 空间分辨率的初步分析[J]. 地球科学进展，2005，20(5)：499-504.

[5] 韩富江，刘学军，潘胜玲. DEM 内插方法与可视性分析结果的相似性研究[J]. 地理与地理信息科学，2007，23(1)：31-35.

[6] 胡鹏. 新数字高程模型理论、方法、标准和应用[M]. 北京：测绘出版社，2007.

[7] 黄培之. 提取山脊线和山谷线的一种新方法[J]. 武汉大学学报（信息科学版），2001，26(3)：247-251.

[8] 侯景儒. 实用地质统计学[M]. 北京：地质出版社，1998.

[9] 贾旖旎，汤国安，刘学军. 高程内插方法对DEM所提取坡度、坡向精度的影响[J]. 地球信息科学学报，2009，11(1)：38-41.

[10] 靳国栋，刘衍聪，牛文杰. 距离加权反比插值法和克里金插值法的比较[J]. 武汉测绘科技大学学报，2003，24(3)：53-57.

[11] 柯正谊，何建邦，迟天河. 数字地面模型[M]. 北京：中国科学技术出版社，1993.

[12] 郎玲玲，程维明，朱启疆. 多尺度DEM提取地势起伏度的对比分析——以福建低山丘陵区为例[J]. 地球信息科学，2007，9(6)：1-6.

[13] 李炳元，潘保田，韩嘉福. 中国陆地基本地貌类型及其划分指标探讨[J]. 第四纪研究，2008，28(4)：535-543.

[14] 李含璞. 基于小波变换的DEM多尺度综合研究[D]. 兰州：兰州大学，2006.

[15] 李矩章. 中国地貌形态基本类型数量指标初探[J]. 地理学报，1982，37(1)：17-26.

[16] 李矩章. 中国地貌基本形态划分的探讨[J]. 地理研究，1987，6(2)：32-39.

[17] 李爽，姚静. 地理学数学方法[M]. 北京：科学出版社，2007.

[18] 李新，程国栋，卢玲. 空间内插方法比较[J]. 地球科学进展，2000，15(3)：260-265.

[19] 李志林，朱庆. 数字高程模型（第二版）[M]. 武汉：武汉大学出版社，2003.

[20] 刘爱利，汤国安. 中国地貌基本形态DEM的自动划分研究[J]. 地球科学进展，2006，8(4)：8-13.

[21] 刘春，王家林，刘大杰. 多尺度小波分析用于DEM网格数据综合[J]. 中国图像图形学报，2004，9(3)：340-345.

[22] 刘贤赵，张安定，李嘉竹. 地理学数学方法[M]. 北京：科学出版社，2009.

[23] 刘湘南，黄方，王平. GIS空间分析原理与方法[M]. 北京：科学出版社，2005.

[24] 刘学军. 基于规则格网数字高程模型解译算法误差分析与评价[D]. 武汉：武汉大学，2002.

[25] 刘学军，卢华兴，仁政，任志峰. 论DEM地形分析中的尺度问题[J]. 地理研究，2007，26(3)：433-442.

[26] 卢华兴. DEM误差模型研究[D]. 南京：南京师范大学，2008.

[27] 吕言. 数字地面模型的插值中多面函数法与配置法的比较研究[J]. 武汉测绘学院学报，1982，11(3)：185-191.

[28] 毛赞猷，朱良，周占鳌，韩雪培. 新编地图学教程（第二版）[M]. 北京：高等教育出版社，2007.

[29] 沈玉昌. 中国地貌区划（初稿）[M]. 北京：科学出版社，1959.

[30] 史文中. 空间数据与空间分析不确定性原理[M]. 北京：科学出版社，2005.

[31] 史明昌，沈晶玉. 不同地貌起伏状况下网格尺寸与DEM精度关系研究[J]. 水土保持研究，2006，13(3)：35-38.

[32] 舒广. 虚拟地形环境中三维地形模型的研究[D]. 郑州：解放军测绘学院，1999.

[33] 孙孝林，赵玉国，秦承志，等. DEM栅格分辨率对多元线性土壤——景观模型及其制图应用的影响[J]. 土壤学报，2008，45(4)：971-976.

[34] 汤国安，龚健雅. 数字高程模型地形描述精度量化模拟研究[J]. 测绘学报，2001，30(4)：361-365.

[35] 汤国安，刘学军，闾国年. 数字高程模型及地学分析的原理与方法[M]. 北京：科学出版社，2005.

[36] 汤国安，刘学军，房亮，罗明良. DEM及数字地形分析中尺度问题研究综述[J]. 武汉大学学报（信息科学版），2006，31(12)：1059-1066.

[37] 唐启义. DPS数据处理系统——实验设计、统计分析及数据挖掘[M]. 北京：科学出版社，2007.

[38] 涂汉明，刘振东. 中国地势起伏度最佳统计单元的求证[J]. 湖北大学学报（自然科学版），1990，12(3)：266-271.

[39] 万刚，朱长青. 多进制小波及其在DEM数据有损压缩中的应用[J]. 测绘学报，1999，28(1)：36-40.

[40] 王东华，刘建军，商瑶玲. 全国1：25万数字高程模型数据库的设计与建库[C]. 中国地理信息系统协会2001年年会论文集，2001：267-374.

[41] 王光霞，朱长青，史文中. 数字高程模型地形描述精度的研究[J]. 测绘学报，2004，30(4)：169-173.

[42] 王光霞. DEM精度模型建立与应用研究[D]. 郑州：信息工程大学，2005.

[43] 王家华，高海余，周坤. 克里金地质绘图技术——计算机的模型和算法[M]. 北京：石油工业出版社，1999.

[44] 王家耀. 空间信息系统原理[M]. 北京：科学出版社，2001.

[45] 王家耀. 地图学原理与方法[M]. 北京：科学出版社，2006.

[46] 王劲峰等. 空间分析[M]. 北京：科学出版社，2006.

[47] 王金玲，张东明. 空间数据插值算法比较分析[J]. 矿山测量，2010，4(2)：55-57.

[48] 王建，白世彪，陈晔. Sufer 8 地理信息制图[M]. 北京：中国地图出版社，2004.

[49] 王彦芳. DEM分辨率计算与转换研究[D]. 南京：南京师范大学，2010.

[50] 王耀革. DEM建模与不确定性分析[D]. 郑州：信息工程大学，2009.

[51] 吴凡，祝国瑞. 基于小波分析的地貌多尺度表达与自动综合[J]. 武汉大学学报（信息科学版），2001，26(2)：170-176.

[52] 吴勇，汤国安，杨昕. 小波派生多尺度DEM的精度分析[J]. 测绘通报，2007，4：38-41.

[53] 武胜林，张学礼，刘文锴. DEM中顾及方向的单点移面内插法[J]. 测绘科学，2001，26(2)：27-30.

[54] 徐建华. 地理建模方法[M]. 北京：科学出版社，2010.

[55] 杨勤科，张彩霞，李领涛，等. 基于信息含量分析法确定DEM分辨率的方法研究[J]. 长江科学院院报，2006，23(5)：21-23.

[56] 于浩，杨勤科，张晓萍，何浩. 基于小波多尺度分析的DEM数据综合及尺度转换[J]. 地理与地理信息科学，2009，25(4)：12-16.

[57] 岳天祥，杜正平. 高精度曲面建模：新一代GIS与CAD核心模块[J]. 自然科学进展，2005，15(3)：73-82.

[58] 岳天祥，杜正平. 高精度曲面建模与经典模型的误差比较分析[J]. 自然科学进展，2006a，16(8)：986-991.

[59] 岳天祥，杜正平. 高精度曲面建模最佳表达形式的数字实验分析[J]. 地球信息科学，2006b，8(3)：83-87.

[60] 张君. 不同算法下生成的数字高程模型对比分析研究[J]. 计算机应用与软件，2009，26(1)：88-90.

[61] 张仁铎. 空间变异理论及应用[M]. 北京：科学出版社，2005.

[62] 张景雄. 空间信息的尺度、不确定性与融合[M]. 武汉：武汉大学出版社，2008.

[63] 张庆利. SPSS宝典（第二版）[M]. 北京：电子工业出版社，2011.

[64] 张磊. 基于地形起伏度的地貌形态划分研究——以京津冀地区为例[D]. 河北：河北师范大学，2009.

[65] 张德丰. Matlab模糊系统设计[M]. 北京：国防工业出版社，2009.

[66] 钟晔，金昌杰. 水文尺度转换探讨[J]. 应用生态学报，2005，16(8)：1537-1540.

[67] 周成虎，裴韬等. 地理信息系统空间分析原理[M]. 北京：科学出版社，2011.

[68] 周启鸣，刘学军. 数字地形分析[M]. 北京：科学出版社，2006.

[69] 周廷儒，施雅风，陈述彭. 中国地形区划草案[A]. 见：中国地理志编辑部. 中国自然区划草案[M]. 北京：测绘出版社，1956：21-56.

[70] Aguilar F J, Agüera F, Aguilar M A, Carvajal F. Effects of Terrain Morphology, Sampling Density and Interpolation Methods on Grid DEM Accuracy[J]. Photogrammetric Engineering & Remote Sensing, 2005, 71(7): 805-816.

[71] Brus D J, Gruijter J J, Marsman B A, Visschers R, Bregt A K, Breeuwams A. The Performance of Spatial Interpolation Methods and Choropleth Maps to Estimate Properties at Points: A Soil Survey Case Study [J]. Environmetrics, 1996, 7: 1-16.

[72] Burrough P A, McDonnell R A. Principles of Geographical Information Systems[M]. Oxford: Oxford University Press, 1998.

[73] Caruso C, Quarta F. Interpolation Methods Comparison[J]. Computers Math. Applic., 1998, 35(12): 109-126.

[74] Creutin J D, Obled C. Objective Analyses and Mapping Techniques for Rainfall Fields: an Objective Comparison[J]. Water Resources Research, 1982, 18(1): 413-431.

[75] Cao C, Lam N S. Understanding the Scale and Resolution Effects in Remote Sensing and GIS[A]. Scale on Remote Sensing and GIS[C], Florida, Lewis Publishers, 1997: 57-72.

[76] Claessens L, Heuvelink G M, Schoorl J M, et al. DEM Resolution Effects on Shallow Landslide Hazard and Soil Redistribution Modeling[J]. Earth Surface Processes and Landforms, 2005, 30(4): 461-477.

[77] Dungan J L, Perry J N, et al. A Balanced View of Scale in Spatial Statistical Analysis[J]. Ecography, 2002, 25: 626-640.

[78] David Maidment. Influence of DEM interpolation methods in Drainage Analysis[J]. Geomorphology, 2009(112): 334-344.

[79] de Smith M J, Goodchild M F, Longley P A. Geospatial Analysis: A Comprehensive Guide to Principle, Techniques and Software Tools (Second Edition)[M]. The Winchelsea Press, 2007.

[80] Declercq F A N. Interpolation Methods for Scattered Sample Data: Accuracy, Spatial Patterns, Processing Time[J]. Cartography and Geographic Information Systems, 1996, 23(3): 128-144.

[81] Jaakkola O, Oksanen J. Creating DEMs from Contour Lines[J]. Geomatics Info Magazine, 2000, 14(9): 46-49.

[82] Fencík R, Vajsáblová M. Parameters of Interpolation Methods of Creation of Digital Model of Landscape[A]. The 9th AGILE Conference on Geographic Information Science[C], Visegrad, Hungary, 2006.

[83] Fisher P F. Algorithm and Implementation Uncertainty in Viewshed Analysis[J]. International Journal of Geographical Information System, 1993, 7(4): 331-347.

[84] Fisher P F. Improved Modeling of Elevation Error with Geostatistics[J]. Geoinformation, 1998, 2(3): 215-233.

[85] Fisher P F, Tate N J. Causes and Consequences of Error in Digital Elevation Models[J]. Progress in Physical Geography, 2006, 30(4): 467-489.

[86] Foley T A. Interpolation and Approximation of 3-D and 4-D Scattered Data[J]. Comput. Math. Appl., 1987, 13: 711-740.

[87] Franke R. Scattered data interpolation: tests of some methods[J]. Math. Comp, 1982, 38: 181-200.

[88] Florinsky I V, Kuryakova G A. Determination of Grid Size for Digital Terrain Modeling in Landscape Investigations-exemplified by soil moisture distribution at a micro-scale[J]. International Journal of Geographical Information Science, 2000, 14(8): 815-832.

[89] Florinsky I V. Accuracy of Local Topographic Variable Derived from Digital Elevation Model[J]. International Journal of Geographical Information Systems, 1998, 12(1): 47-61.

[90] Floriani L, Puppo E. An On-line Algorithm for Constrained Delaunay Triangulation[J]. CVGIP: Graphical Models and Image Processing, 1992, 54(3): 290-300.

[91] Gallichand J, Marcotte D. Mapping Clay Content for Subsurface in the Nile Delta[J]. Geoderma, 1993, 58: 165-179.

[92] George Y L, David W W. An Adaptive Inverse Distance Weighting Spatial Interpolation Technique[J]. Computers & Geosciences, 2008, 34: 1044-1055.

[93] Green P J, Sibson R. Computing Dirichlet Tessellations in the Plane[J]. Computer Journal, 1978, 21(2): 168-173.

[94] Hardy R L. Multiquadric equations of topography and other irregular surfaces[J]. Geophys. Res, 1971, 76: 1905-1915.

[95] Heritage G L, Milan D J, Andrew R G, et al. Influence of Survey Strategy and Interpolation Model on DEM Quality[J]. Geomorphology, 2009(112): 334-344.

[96] Hutchinson M F. A Locally Adaptive Approach to the Interpolation of Digital Elevation Models[A], Proceeding of the Third International Conference Integrating GIS and Environmental Models[C]. Santa Fe, New Mexico: 1996, 21-25 Janunry.

[97] Jaroslav Hofierka, Tomáš Cebecauer, Marcel Šúri. Optimisation of Interpolation Parameters Using a Cross-validation[J]. Earth Surface Processes and Landforms, 2005, 30(4): 461-477.

[98] Jay Gao. Construction of Regular Grid DEMs from Digitized Contour Lines: A Comparative Study of Three Interpolators[J]. Geographic Information Sciences, 2001, 7(1): 8-15.

[99] Johns K H. A Comparison of Algorithms used to Compute Hill Slope as a Property of the DEM[J]. Computer and Geosciences, 1998, 24(4): 315-323.

[100] Keranc-henko A N, D G Bullock. A Comparative Study of Interpolation Methods for Soil Properties[J]. J. Agron, 1999, 91: 393-400.

[101] Kinder D B. High-order Interpolation of Regular Digital Elevation Models[J]. International Journal of Remote Sensing, 2003, 21(14): 2981-2987.

[102] Laslett G M, and McEratney A B. Further comparison of spatial methods for predicting soil pH[J]. Soil Science Society of America Journal, 1990, 54: 1553-1558.

[103] Laslett G M. Krigirg and splines: an empirical comparison of their predictive performance in some applications[J]. Journal of the American Statistical Association, 1994, 89(426): 391-400.

[104] Lam N S. Spatial Interpolation Methods: A Review[J]. The American Cartographer, 1983, 10(2): 129-149.

[105] Lam N S. Quattrochi D A. On the issues of scale, resolution, and fractral analysis in the mapping sciences[M]. Prof. Geogr, 1992.

[106] Li Zhilin. On the Measure of Digital Terrain Model accuracy[J]. Photogrammetric Record, 1988, 12: 873-877.

[107] Li Zhilin. Effects of check points on the reliability of DTM accuracy estimates obtained from experimental tests[J]. Photogrammetric Engineering and Remote Sensing, 1991, 57(10): 1333-1340.

[108] Longley P A, Goodchild M F, Maguire D J, Rhind D W. Geographical Information Systems, Volume 1, Principles and Technical Issues, Second Edition[M]. John Wiley & Sons, 1999.

[109] Macedonia G, Pareschi M T. An Algorithm for the Triangulation of Arbitrarily Distributed Points: Applications to Volume Estimate and Terrain Fitting[J]. Computers & Geosciences, 1991, 17(7): 859-874.

[110] Macrceau D J. The Scale Issue in Social and Natural Sciences[J]. Canadian Journal of Romote Sensing, 1999, 25(4): 347-356.

[111] Mitasova H, Mitas L. Interpolation by Regularized Spline with Tension: I, Theory and Implementation[J]. Mathematical Geology, 1993, 25(6): 641-655.

[112] Rippa S. An algorithm for selecting a good value for the parameter c in radial basis function interpolation[J]. Advances in Computational Mathematics, 1999, 11(2-3): 193-210.

[113] Schuts G. Review of interpolation methods for digital terrain models[J]. International Archives of Photogrammetry, 1976, 21(3): 160 -167.

[114] Shamos M I, Hoey D. Closest-point Problems[C]. Proceedings of the 16th Annual Symposium on the Foundations of Computer Science. Washington, USA: [s. n.], 1975.

[115] Tran Quoc Binh, Nguyen Thanh Thuy. Assessment of the Influence of Interpolation Techniques on the Accuracy of Digital Elevation Model[J]. VNU Journal of Science, Earth Sciences, 2008, 24: 176-183.

[116] Tsai V J D. Delaunay Triangulations in TIN Creation: An Overview and a Linear-time Algorithm [J]. International Journal of Geographical Information Systems, 1993, 7(6): 501-524.

[117] Vincent Chaplot, Frédéric Darboux, Hocine Bourennane, Sophie Leguédois. Accuracy of Interpolation Techniques for the Derivation of Digital Elevation Models in Relation to Landform Types and Data Density[J]. Geomorphology, 2006, 77: 126-141.

[118] Weber D, Englund E. Evaluation and Comparison of Spatial Interpolators II[J]. Math.Geol., 1994, 26: 589-603.

[119] Wilson J P, Gallant J C. Terrain Analysis, Principles and Applications[M]. New York: Wiley Press, 2000.

[120] Wood J D. The Geomorphological Characterisation of Digital Elevation Model[D]. University of Leicester, 1996.

[121] Zhang Jinming, You Xiong. Effects of Interpolation Parameters in Multi-Log Radial Basis Function on the Interpolation Accuracy of DEM[C]. The 19th International Conference on GeoInformatics, ShangHai, 2011.

[122] Zimmerman D, Pavlik C, Ruggles A, Armstrong M. An Experimental Comparison of Ordinary and Universal kriging and Inverse Distance Weighting[J]. Mathematical Geology, 1999, 31: 375-390.